ちくま学芸文庫

物理現象のフーリエ解析

小出昭一郎

筑摩書房

はしがき

フーリエ解析は，物理学のほとんどあらゆる分野で活用されている有力な方法である．それは，きわめて巧妙な数学的手段であると同時に，音をフーリエ分解して聴くようにできている耳の構造や，光をスペクトル分解して観測する光学装置などに見られるように，具体的な実在や実験装置と密接に結びついているのである．現代物理学においては，この結びつきはさらに一層根源的であるとも言える．フーリエ解析を学ぶことによって人は，自然の精妙なからくりの一断面に触れたような気になるのではあるまいか．

本書は，このようなフーリエ解析の物理学への応用を，できるだけ多くの，なるべく身近な具体例を用いて解説し，読者がこの有力な方法の適用のしかたになじみ，自ら使うときの手引きとなるようにという目的で書かれた入門書である．フーリエ解析の深遠な数学的基盤に関する記述は，到底著者のなしうるところではないので，一切省いて数学書にまかせ，もっぱら物理的応用のみを記した．一般の正規直交系についても実例は省略し，三角関数だけに話を限定した．ラプラス変換にも言及していない．

そのように限っても，フーリエ解析の適用範囲はきわめて広く，物理学のほとんど全分野にわたるので，実例の取捨選択はあまり容易でない．そこで，とりあげる材料としては，あまり予備知識を多く必要とするものは省くことにした．読者に期待している予備知識は，大学一般教育（理科）程度の物理学と，初歩の微積分学である．説明は，他書を参照しなくてもよいように，ていねいにしたつもりであるが，上に述べたような理由から，フーリエ解析の本質的な部分とは関係ないところで，若干の天下り的な式を与えたところもある．そういう個所は，あまり気にされなくても結構である．

本書は最初，電気通信大学の権平健一郎教授と共同執筆をする予定で，全体の構想や材料の選択などについては，同教授に負うところが多かったのであるが，時間の関係で著者一人でまとめることになった．協力いただいた権平教授に感謝したい．二人で書けばもっとましな本になったかもしれないので，それが「幻の名著」になってしまったことは残念である．

出版にあたっては，東京大学出版会の大瀬令子氏，小池美樹彦氏にいろいろとお世話になった．厚くお礼申し上げたい．

1981 年 5 月

著　　者

目　次

物理現象のフーリエ解析

第1章　フーリエ級数

§1.1　フーリエと三角級数

フランスの数学者・科学者であったジョセフ・フーリエ（J. B. J. Fourier, 1768〜1830）は，ナポレオンに従ってエジプトで科学行政上の仕事をしたことでも有名な人であるが，数理物理学者としての功績はさらに大きい．彼は熱の伝わり方を研究してそれを数学的に表わす方法を示し，熱流は温度勾配に比例するという**フーリエの法則**を見出した（§3.4を参照）．そして，自分が導き出した微分方程式を具体的な問題に適用して解くための手段として，三角関数の無限級数を用いる方法を考案した．彼はこの理論をパリ科学アカデミーに報告して賞金を受けたが，のちにそれを『熱の解析的理論』（*Théorie Analytique de la Chaleur*）と題する書物にして出版した（1822年）．これは，物理現象の解析的処理法を確立した業績として非常に高く評価されるべき仕事であるが，とくにその三角級数は**フーリエ級数**と呼ばれ，物理学のほとんどあらゆる分野で不可欠の武器となった．それはまた，関数概念に新しい考え方を導入して，数学の発展にも大きな影響を与えた．

フーリエ級数論に入る前に，フーリエ自身が上記の著書

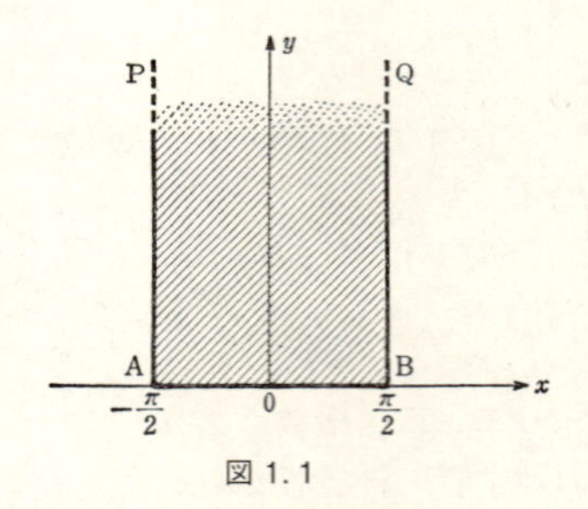

図 1.1

の中で用いた例題の一つを紹介することによって，この方法の有用性を読者に知っていただくことにしよう．

図 1.1 に示されているような半無限の板（斜線部分）を考える．AB 面を高温熱源（その温度を 1 とする）に，AP と BQ 面を低温熱源（温度を 0 とする）に接触させて定常状態に達したのち，板のなかの温度はどのようになるか，というのがその例題である．x と y の関数になっている温度 $u(x, y)$ は，微分方程式

$$\frac{\partial^2 u}{\partial x^2}+\frac{\partial^2 u}{\partial y^2}=0 \tag{1.1}$$

に従い，境界条件

$$u(x, 0)=1 \tag{1.2}$$

$$u\left(-\frac{\pi}{2}, y\right)=u\left(\frac{\pi}{2}, y\right)=0 \tag{1.3}$$

$$\lim_{y \to \infty} u(x, y)=0 \tag{1.4}$$

を満たすものとしてきめられねばならない（§3.4 参照）．

(1.1) の特別な解として，$u(x, y)=F(x)f(y)$ という

形の関数を仮定してみる．これを（1.1）に代入して，全体を $F(x)f(y)$ で割ってやると

$$\frac{\dfrac{d^2F}{dx^2}}{F(x)}+\frac{\dfrac{d^2f}{dy^2}}{f(y)}=0$$

がえられる．この式は，y を一定にしておいて x だけを変化させたり，その逆に y だけを変化させたときにも成り立たなくてはいけない．そのためには，左辺の各項がそれぞれ定数でなくてはならない．そこで，それらの定数を $-C, C$ とおくと

$$\frac{d^2F}{dx^2}=-CF(x),\quad \frac{d^2f}{dy^2}=Cf(y) \tag{1.5}$$

という 2 つの常微分方程式がえられる（**変数分離**）．

$C<0$ とすると，$f(y)$ は y の振動的な関数 $\propto\cos(\sqrt{-C}y+\phi)$ となるので，この問題の物理的な解としては現実性がないし，条件（1.4）も満たされない．$C=0$ の場合には，F は x の 1 次式，f は y の 1 次式となるが，条件（1.3）を満たすように定数を定めると $u\equiv 0$ となってしまい，（1.2）が満たされなくなる．したがって $C>0$ のときだけを考えればよいことがわかる．そこで $C=k^2$ とおくと，（1.5）の第 1 式から

$$F(x)=A\cos kx+B\sin kx\quad（A, B\text{ は任意定数}）$$

がえられるが，問題の対称性から考えて $F(x)$ は x の偶関数となるべきであるから $B=0$ であり，（1.3）から

$$F\left(\pm\frac{\pi}{2}\right)=0$$

が要求される．そのような解は $k=1,3,5,7,\cdots$ として

$$F(x)=A_k\cos kx \quad (k=1,3,5,7,\cdots)$$

で与えられる．これに対応する $f(y)$ は

$$\frac{d^2f}{dy^2}=k^2f, \quad \lim_{y\to\infty}f(y)=0$$

を満たすものとして

$$f(y)\propto e^{-ky}$$

であることがわかる．したがって，（1.3）と（1.4）を満たす（1.1）の解として

$$u_k(x,y)=A_ke^{-ky}\cos kx \quad (k=1,3,5,\cdots)$$

が求められた．A_k は任意定数である．

ところで（1.1）は線形の方程式であるから

$$u(x,y)=\sum_{n=0}^{\infty}A_{2n+1}e^{-(2n+1)y}\cos(2n+1)x \tag{1.6}$$

も同じ条件（1.3),（1.4）を満たす（1.1）の解になっている．残るのは条件の（1.2）である．（1.6）について記せば

$$1=A_1\cos x+A_3\cos 3x+A_5\cos 5x+\cdots \tag{1.7}$$

となる $A_1, A_3, A_5, \cdots$ を見出すことが問題となる．この係数 $A_1, A_3, A_5, \cdots$ の求め方についてフーリエはいろいろな方法を示しているが，ここでは，今後も用いる最も一般的なやり方を述べておこう．上の式の両辺に $\cos kx$ をかけて x について $-\pi/2$ から $\pi/2$ まで積分するのである．す

ぐにわかるように，k と k' を2つの奇数として

$$\int_{-\pi/2}^{\pi/2} \cos kx \cos k'x \, dx = \begin{cases} \pi/2 & k = k' \\ 0 & k \neq k' \end{cases}$$

であるから，右辺は1項のみを残して他はすべて消え

$$\int_{-\pi/2}^{\pi/2} \cos kx \, dx = A_k \int_{-\pi/2}^{\pi/2} \cos^2 kx dx$$

から

$$A_{2n+1} = (-1)^n \frac{4}{(2n+1)\pi} \quad (n = 0, 1, 2, \cdots) \tag{1.8}$$

がえられる．したがって $u(x, y)$ は

$$u(x, y) = \frac{4}{\pi} \left(e^{-y} \cos x - \frac{1}{3} e^{-3y} \cos 3x + \frac{1}{5} e^{-5y} \cos 5x - \cdots \right) \tag{1.9}$$

という級数の形で与えられることになる．

ところで，係数 $A_1, A_3, A_5, \cdots$ を（1.8）のように選んだ場合に，級数（1.7）の右辺は，$-\pi/2$ と $\pi/2$ の間のすべての x に対して，本当に1を与えるのであろうか．また，両端 $x = \pm\pi/2$ ではどうなっているのだろうか．

図1.2は，（1.7）の級数の項数をしだいに増していったときに，その和がどのような関数になるかを示したものである．両端 $x = \pm\pi/2$ では，項数をいくら増しても値は0のままにとどまっているが，中間の盛り上がり具合はしだいに角ばった平らなものとなり，$u(x, 0) = 1$ という水平直線に近づいていくことがわかる．注意すべきことは，

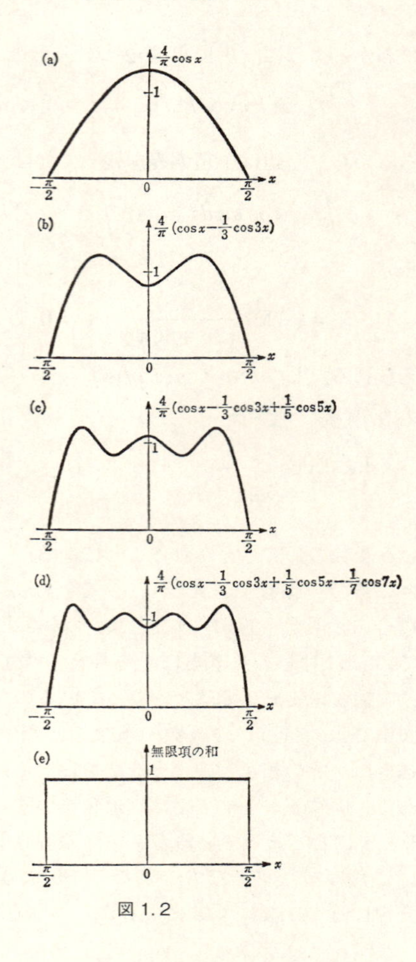
(a)
$\frac{4}{\pi}\cos x$
1
$-\frac{\pi}{2}$
0
$\frac{\pi}{2}$
x
(b)
$\frac{4}{\pi}(\cos x-\frac{1}{3}\cos 3x)$
1
$-\frac{\pi}{2}$
0
$\frac{\pi}{2}$
x
(c)
$\frac{4}{\pi}(\cos x-\frac{1}{3}\cos 3x+\frac{1}{5}\cos 5x)$
1
$-\frac{\pi}{2}$
0
$\frac{\pi}{2}$
x
(d)
$\frac{4}{\pi}(\cos x-\frac{1}{3}\cos 3x+\frac{1}{5}\cos 5x-\frac{1}{7}\cos 7x)$
1
$-\frac{\pi}{2}$
0
$\frac{\pi}{2}$
x
(e)
無限項の和
1
$-\frac{\pi}{2}$
0
$\frac{\pi}{2}$
x

図 1.2

この級数が $x=\pm\pi/2$ のところで不連続なとびを示している点である.

§ 1.2　フーリエ級数

前節の $u(x,0)$ を $\pi/2$ だけずらせてみよう. (1.9) 式で $y=0$ とおき, x を $x-\pi/2$ におきかえるのである. そうすると

$$S(x) \equiv \frac{4}{\pi}\left(\sin x + \frac{1}{3}\sin 3x + \frac{1}{5}\sin 5x + \cdots\right) \quad (1.10)$$

がえられることは容易にわかる. この級数は, 前節で知ったように,

$$S(x) = \begin{cases} 1 & 0 < x < \pi \\ 0 & x = 0, \pi \end{cases}$$

を与えるわけである. $\sin kx$ は x の奇関数であるから,

$$S(x) = \begin{cases} -1 & -\pi < x < 0 \\ 0 & x = 0, -\pi \end{cases}$$

となることも直ちにわかる.

さて, (1.10) 式の右辺の各項はすべて 2π を周期とする関数である. したがって, 変数 x に $[-\pi,\pi]$ の外の値をとらせると, $S(x)$ は, 2π を周期として図 1.3 をくり返す図 1.4 のような関数になる.

この関数は x が π の整数倍の値をとるところで不連続になっているが, そのときの $S(x)$ の値 $S(n\pi)$ は, その前後の値 ±1 のちょうど平均値 0 になっている.

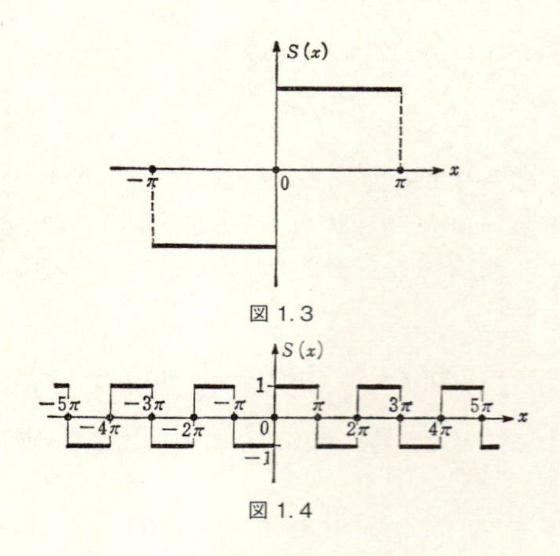

図 1.4

$$S(n\pi) = \frac{1}{2}\{S(n\pi-0)+S(n\pi+0)\}$$

以上を準備として，フーリエ級数の本論に入るとしよう．

定積分

$$\int_a^b f(x)dx$$

が存在するとき，$f(x)$ は区間 $[a,b]$ で**積分可能**（integrable）であるという．$[a,b]$ において連続な関数は積分可能である．不連続点があってもそれが有限個で，関数が有界であれば（**区分的に連続**という）積分可能である．以下，断わらない限りそのような関数を考える．

いま，区間 $[-\pi,\pi]$ で定義された有界で積分可能な関

数 $f(x)$ があるとき

$$a_n = \frac{1}{\pi}\int_{-\pi}^{\pi} f(x)\cos nx\,dx \quad (n=0, 1, 2, \cdots) \qquad (1.11a)$$

$$b_n = \frac{1}{\pi}\int_{-\pi}^{\pi} f(x)\sin nx\,dx \quad (n=1, 2, 3, \cdots) \qquad (1.11b)$$

として,

$$S(x) = \frac{1}{2}a_0 + \sum_{n=1}^{\infty}(a_n \cos nx + b_n \sin nx) \qquad (1.12)$$

で定義される級数を，$f(x)$ の**フーリエ級数**（Fourier series）という.

$f(x)$ およびその導関数 $f'(x)$ が区分的に連続なとき，$f(x)$ は**区分的になめらか**であるという．$[-\pi, \pi]$ で $f(x)$ が区分的になめらかならば，そのフーリエ級数はこの区間のすべての x（$-\pi \leqq x \leqq \pi$）に対して収束し，$f(x)$ が連続な点では $f(x)$ と $S(x)$ とは一致する．もし $f(x)$ が $x = x_i$ で不連続ならば

$$S(x_i) = \frac{1}{2}\{f(x_i - 0) + f(x_i + 0)\} \qquad (1.13)$$

となる．周期性から考えてわかるように，両端の f の値が異なるときには

$$S(\pm\pi) = \frac{1}{2}\{f(-\pi + 0) + f(\pi - 0)\} \qquad (1.14)$$

となる.

証明は省略するが，さきに示した例で，意味はわかると思う.

例題1　$[-\pi, \pi]$ で $f(x)=x$ となる関数のフーリエ級数を求めよ．

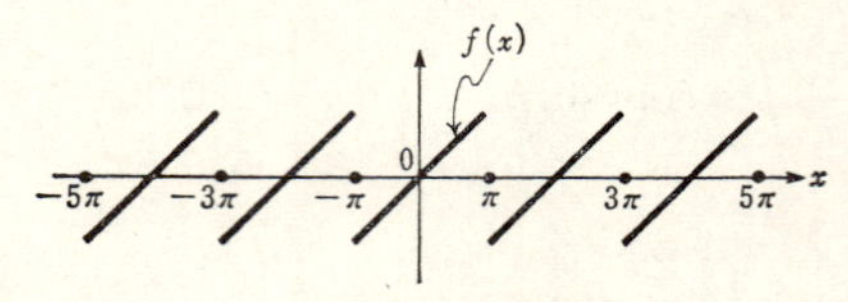

図1.5　鋸歯状波

解　奇関数 x と偶関数 $\cos nx$ の積は奇関数であるから，$-\pi$ から π までの積分が0になることは明らかである．したがって $a_0=a_1=a_2=\cdots=0$ であって，フーリエ級数は sine だけの和になる．その係数は，部分積分法によって

$$
\begin{aligned}
b_n &= \frac{1}{\pi}\int_{-\pi}^{\pi} x\sin nx\,dx \\
&= \frac{1}{\pi}\left[\frac{x\cos nx}{-n}\right]_{-\pi}^{\pi} + \frac{1}{\pi n}\int_{-\pi}^{\pi}\cos nx\,dx \\
&= (-1)^{n+1}\frac{2}{n}
\end{aligned}
$$

と求められる．したがって，フーリエ級数であることを～で表わすことにすると，

$$
x \sim 2\sin x - \sin 2x + \frac{2}{3}\sin 3x - \frac{1}{2}\sin 4x + \cdots \quad (1.15)
$$

例題2　$[-\pi, \pi]$ で $f(x)=\cos\dfrac{x}{2}$ であるとき，そのフーリエ級数を求めよ．

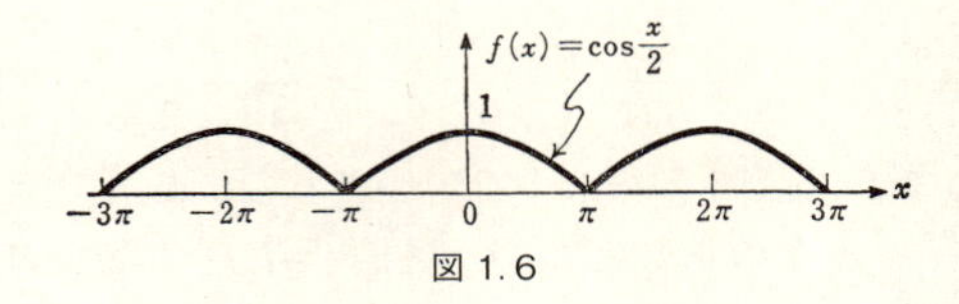

図 1.6

解　$f(x)$ は x の偶関数なので，b_n はすべて 0 となり，級数は定数項と cosine だけの和になる．

$$a_0 = \frac{1}{\pi}\int_{-\pi}^{\pi} \cos\frac{x}{2}dx = \frac{2}{\pi}\left[\sin\frac{x}{2}\right]_{-\pi}^{\pi} = \frac{4}{\pi}$$

$$\begin{aligned}
a_n &= \frac{1}{\pi}\int_{-\pi}^{\pi} \cos\frac{x}{2}\cos nx\,dx \\
&= \frac{1}{2\pi}\int_{-\pi}^{\pi}\left\{\cos\left(n+\frac{1}{2}\right)x+\cos\left(n-\frac{1}{2}\right)x\right\}dx \\
&= (-1)^{n+1}\frac{4}{\pi(4n^2-1)} \\
&= (-1)^{n+1}\frac{4}{\pi(2n-1)(2n+1)}
\end{aligned}$$

は容易に求められるから

$$\cos\frac{x}{2} \sim \frac{2}{\pi} + \frac{4}{\pi}\left(\frac{\cos x}{3}-\frac{\cos 2x}{15}+\frac{\cos 3x}{35}-\frac{\cos 4x}{63}+\cdots\right) \tag{1.16}$$

$x=0$ のとき両辺は等しいから，それを用いると，次の無限級数の和が計算できる．

$$\frac{1}{1\cdot 3}-\frac{1}{3\cdot 5}+\frac{1}{5\cdot 7}-\frac{1}{7\cdot 9}+\cdots=\frac{\pi}{4}-\frac{1}{2} \tag{1.17}$$

いままでは区間 $[-\pi, \pi]$ で定義された関数を考えてきたが，l を任意の正数として，区間 $[-l, l]$ の場合に拡張することは容易である．

$$f(x)\sim\frac{a_0}{2}+\sum_{n=1}^{\infty}\left(a_n\cos\frac{n\pi x}{l}+b_n\sin\frac{n\pi x}{l}\right) \tag{1.18}$$

$$\begin{cases} a_n=\dfrac{1}{l}\displaystyle\int_{-l}^{l}f(x)\cos\frac{n\pi x}{l}dx & (1.19\text{a}) \\ b_n=\dfrac{1}{l}\displaystyle\int_{-l}^{l}f(x)\sin\frac{n\pi x}{l}dx & (1.19\text{b}) \end{cases}$$

とすればよい．係数を求める際には

$$\int_{-l}^{l}\cos\frac{n\pi x}{l}\cos\frac{m\pi x}{l}dx$$
$$=\int_{-l}^{l}\sin\frac{n\pi x}{l}\sin\frac{m\pi x}{l}dx=\delta_{nm}l$$
$$\int_{-l}^{l}\cos\frac{n\pi x}{l}\sin\frac{m\pi x}{l}dx=0 \tag{1.20}$$

を用いればよい*．$f(x)$ が x の偶関数ならばフーリエ級数は定数項と cosine のみ，$f(x)$ が x の奇関数ならばフーリエ級数は sine のみの級数になることは，以上の例からも明らかであろう．

問題 1　図 1.7 に示された関数のフーリエ級数を求めよ．

---

*　δ_{nm} はクロネッカーのデルタと呼ばれる記号で，$n=m$ のとき $\delta_{nm}=1$，$n\neq m$ のとき $\delta_{nm}=0$ を表わす．

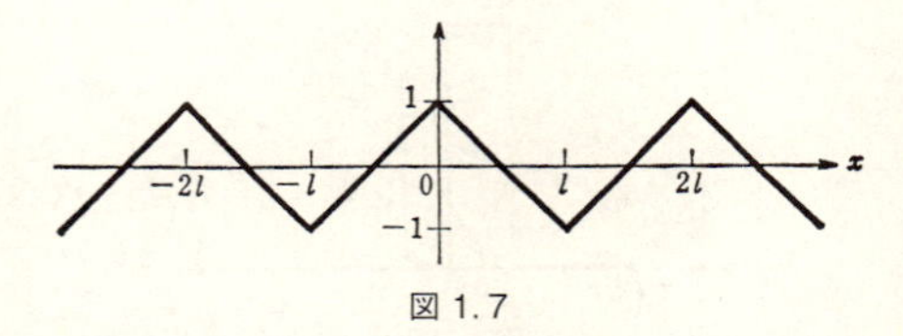

図 1.7

問題 2 図 1.8 に示された関数（$0<x<\pi$ で $f(x)=\sin x$, $-\pi<x<0$ で $f(x)=0$）のフーリエ級数を求めよ.

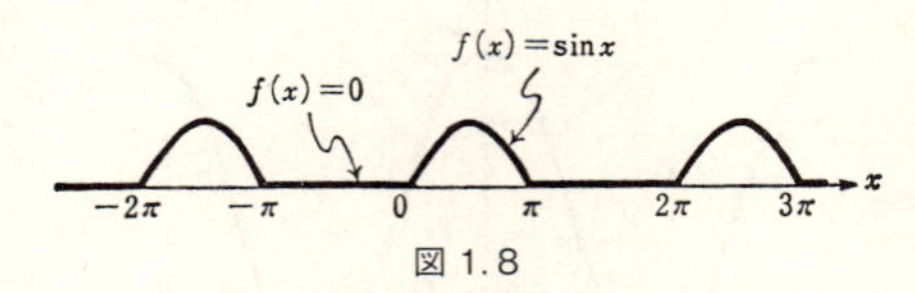

図 1.8

問題 3 図 1.9 に示された関数（区間 $[-\pi,\pi]$ で $f(x)=x^2$）のフーリエ級数を求めよ.

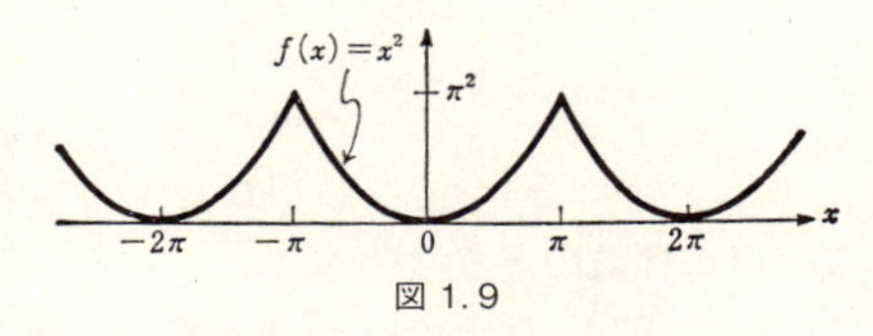

図 1.9

問題 4 前問の結果を用いて $\displaystyle\sum_{n=1}^{\infty}\frac{1}{n^2}=\frac{\pi^2}{6}$ であることを証明せよ.

問題 5 図 1.10 に示された関数（区間 $[-\varepsilon/2,\varepsilon/2]$ で $f(x)=1/\varepsilon$, その外では $f(x)=0$）のフーリエ級数を求めよ. それの $\varepsilon\to 0$ とした極限はどうなるか.

問題 6 $[-\pi,\pi]$ で $f(x)=x^4-2\pi^2x^2+\pi^4$ となる関数（図

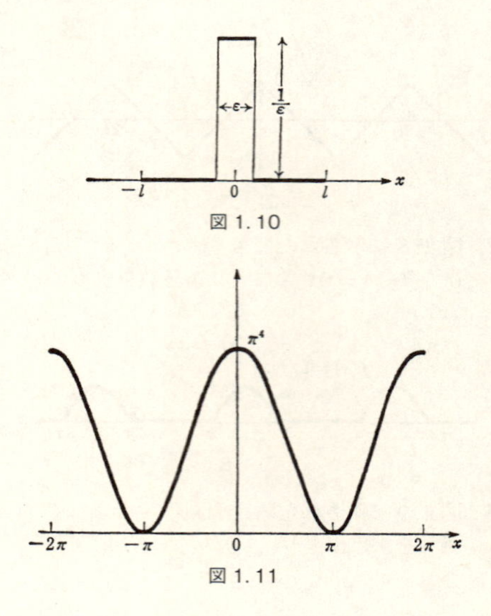

図 1.10

図 1.11

1.11）のフーリエ級数を求めよ.

§ 1.3　フーリエ係数の最終性

$[-l, l]$ における関数 $f(x)$ を $2k+1$ 項までの有限なフーリエ級数で近似することを考えてみよう.

$$S_k(x) = \frac{a_0}{2} + \sum_{n=1}^{k} \left(a_n \cos \frac{n\pi x}{l} + b_n \sin \frac{n\pi x}{l} \right) \quad (1.21)$$

として，これと $f(x)$ との差 $f(x) - S_k(x)$ の2乗を区間 $[-l, l]$ で平均したもの（平均2乗誤差）

$$M_k = \frac{1}{2l}\int_{-l}^{l}[f(x)-S_k(x)]^2 dx$$

がなるべく小さくなるように，係数 a_n, b_n を選ぶとする．(1.21) 式を代入し，(1.20) の関係を使えば

$$M_k = \frac{1}{2l}\int_{-l}^{l} f^2(x)dx - \frac{a_0}{2l}\int_{-l}^{l} f(x)dx - \frac{1}{l}\sum_{n=1}^{k}\left[a_n\int_{-l}^{l} f(x)\cos\frac{n\pi x}{l}dx + b_n\int_{-l}^{l} f(x)\sin\frac{n\pi x}{l}dx\right] + \frac{{a_0}^2}{4} + \frac{1}{2}\sum_{n=1}^{k}({a_n}^2+{b_n}^2) \tag{1.22}$$

がえられるから，

$$\frac{\partial M_k}{\partial a_0} = 0 \quad \text{より} \quad a_0 = \frac{1}{l}\int_{-l}^{l} f(x)dx$$

$$\frac{\partial M_k}{\partial a_n} = 0 \quad \text{より} \quad a_n = \frac{1}{l}\int_{-l}^{l} f(x)\cos\frac{n\pi x}{l}dx$$

$$\frac{\partial M_k}{\partial b_n} = 0 \quad \text{より} \quad b_n = \frac{1}{l}\int_{-l}^{l} f(x)\sin\frac{n\pi x}{l}dx$$

ととればよいことがわかる．この結果は (1.19a), (1.19b) と全く同じであって，k をいくつにとるかには関係しない．これを**フーリエ係数の最終性** (finality) という．

このようにきめた係数を (1.22) に入れれば

$$M_k = \frac{1}{2l}\int_{-l}^{l} f^2(x)dx - \frac{{a_0}^2}{4} - \frac{1}{2}\sum_{n=1}^{k}({a_n}^2+{b_n}^2) \tag{1.23}$$

となるわけであるが，定義から考えて $M_k \geqq 0$ であるから

$$\frac{1}{l}\int_{-l}^{l} f^2(x)dx \geqq \frac{{a_0}^2}{2} + \sum_{n=1}^{k}({a_n}^2 + {b_n}^2) \tag{1.24}$$

という不等式が成り立つことがわかる．

（1.23）式から

$$M_{k+1} = M_k - \frac{1}{2}({a_{k+1}}^2 + {b_{k+1}}^2)$$

がわかるから，$M_k \geqq M_{k+1} \geqq M_{k+2} \geqq \cdots \geqq 0$ であり，$f(x)$ がフーリエ級数によって表わせるときには有限個の不連続点を除いて $f(x) - \lim_{k\to\infty} S_k(x) = 0$ なのであるから，

$$\lim_{k\to\infty} M_k = 0$$

したがって

$$\frac{1}{2l}\int_{-l}^{l} f^2(x)dx = \frac{{a_0}^2}{4} + \frac{1}{2}\sum_{n=1}^{\infty}({a_n}^2 + {b_n}^2) \tag{1.25}$$

が成り立つ．これをパーセバル（Parseval）の等式という．

問題7　図1.9に示された関数（区間 $[-\pi, \pi]$ で $f(x) = x^2$）のフーリエ級数に（1.25）を適用して，$\sum_{n=1}^{\infty} 1/n^4 = \pi^4/90$ を証明せよ．

§1.4　フーリエ級数の項別微分積分

例えば図1.12の $f(x)$ は x_0 で連続であるがとがっている．この $f(x)$ を微分してえられる導関数 $f'(x)$ は，$x =$

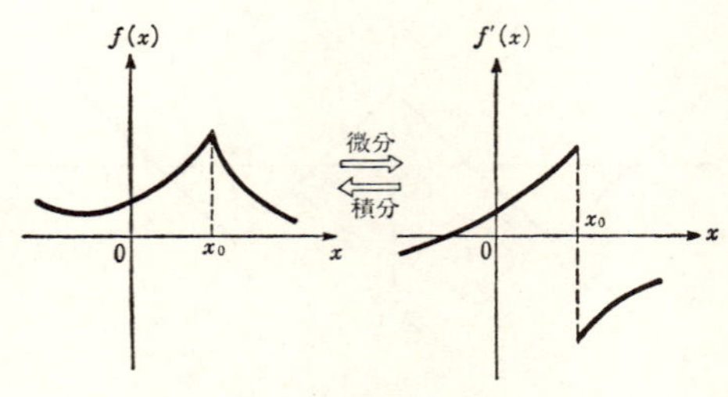

図 1.12

x_0 で図のように不連続になる．このように，関数は微分することによって特異性（不連続性など）が増す．上の例では $f'(x)$ は $x=x_0$ ではこれ以上微分できない．しかし $f'(x)$ を積分して，特異性の少ない $f(x)$ を求めることは可能である．

いま簡単のため周期を 2π として，関数 $f(x)$ は十分性質がよく，積分可能で，フーリエ級数が求められるとする．

$$f(x) \sim \frac{a_0}{2} + \sum_{n=1}^{\infty} (a_n \cos nx + b_n \sin nx)$$

このとき $f(x)$ の不定積分 $F(x) = \int_0^x f(t)dt$ は

$$F(x) = \frac{a_0}{2}x - \sum_{n=1}^{\infty} \left[\frac{b_n}{n}\cos nx - \frac{a_n}{n}\sin nx\right] \qquad (1.26)$$

と表わされ，右辺は一様収束することが証明できる．これは，$f(x)$ のフーリエ級数を項別に積分してよいことを示す．なお，（1.26）式の右辺第 1 項の存在は，平均値

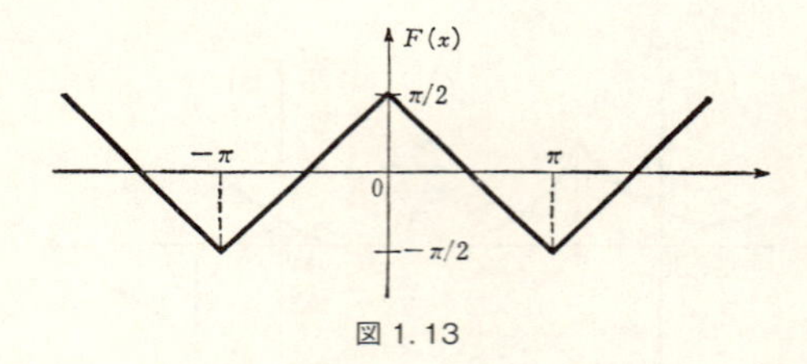

図 1.13

$$\frac{a_0}{2} = \frac{1}{2\pi}\int_{-\pi}^{\pi} f(x)dx$$

が0でない関数を積分したものは，周期関数とはならないことを示している．

$a_0=0$ のときには $F(x)$ も周期関数となるが

$$F(x) = \frac{A_0}{2} + \sum_{n=1}^{\infty}(A_n \cos nx + B_n \sin nx)$$

とすると

$$A_n = -\frac{b_n}{n},\ \ B_n = \frac{a_n}{n} \quad (n = 1, 2, 3, \cdots)$$

であるから，$n \to \infty$ のときの $a_n \to 0, b_n \to 0$ よりも，$A_n \to 0, B_n \to 0$ の方が速いことがわかる．

例えば，図 1.13 の関数を $F(x)$ とすると，そのフーリエ級数は問題1の答を $\pi/2$ 倍し，$l=\pi$ とおいたものであるから

$$F(x) = \frac{4}{\pi}\left(\cos x + \frac{1}{3^2}\cos 3x + \frac{1}{5^2}\cos 5x + \cdots\right)$$

である．$f(x)=F'(x)$ は図 1.4 の関数の符号を変えたも

のになっているから，（1.10）式より

$$f(x) \sim -\frac{4}{\pi}\left(\sin x+\frac{1}{3}\sin 3x+\frac{1}{5}\sin 5x+\cdots\right)$$

で与えられることがわかる．$f(x)$ は不連続点をもつからフーリエ級数と $\sim$ でつないだが，$F(x)$ は連続であるから等号で結んでよいわけである．この場合，確かに $f(x)$ のフーリエ級数を項別に積分したものが $F(x)$ になっている．$f(x)$ のフーリエ係数の収束が遅いのは，図 1.2 からわかるように，不連続点を表わすために細かい波のフーリエ成分を積み重ねる必要があるためと考えられる．とがっていても不連続でない図 1.13 のような関数だと，事情が緩和されてくるのである．もっとなめらかな関数になると収束はさらに速くなる．問題 6（図 1.11）はその一例である．このような場合には，最初の数項でもとの関数に十分近いものがえられるので，細かい補正は僅かですむことになるわけである．

以上のことから，関数の特異性の大小がフーリエ級数の収束の緩急と関連していること，項別の積分が特異性を緩和すると同時にフーリエ級数の収束性を増していることがわかると思う．

項別微分はいつでもできるとは限らない．そのことは，今までに出てきたいくつかの例について検討してみればすぐわかることである．一般に，$f(x)$ が k 回微分可能であって，$f^{(k)}(x)$ が有界で積分可能ならば，$f^{(k)}(x)$ のフーリエ級数は $f(x)$ のフーリエ級数を k 回項別微分してえら

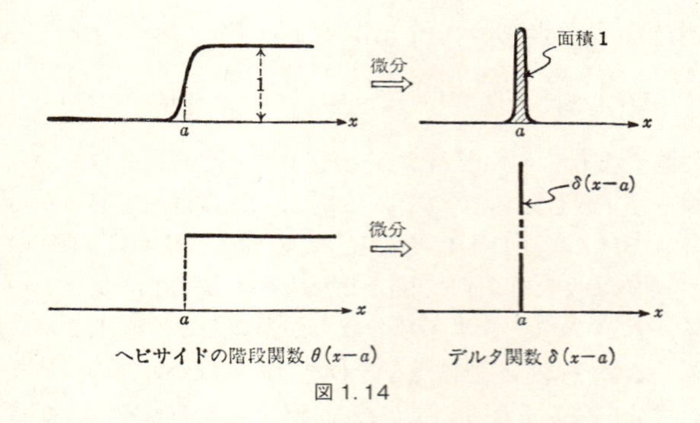

図 1.14

れることが証明できる.

なお, $f(x)$ として特異性の極めて強いものの一例は, 問題5の関数で $\varepsilon \to 0$ とした極限の場合である. このようなものを関数と呼んでは本当はいけないので, 正式には**超関数** (hyperfunction) と呼ばれている. しかし物理学では, 瞬間的に働く撃力とか, 大きさを無視した点電荷の電荷分布 (3次元) といったものを表わすのに, このような「関数」がしばしば使われ, ディラックの**デルタ関数** (delta function) と呼ばれている.

$\delta(x-a)$ で表わされるデルタ関数とは, $x \neq a$ では $\delta(x-a)=0$ であって, $x=a$ を含む領域での積分が1に等しい

$$\int \delta(x-a)dx = 1 \tag{1.27}$$

となるような「関数」をいう. これは図1.14の上段に示

すような関数で幅を0にした極限とも考えられる．したがって $\delta(x-a)$ は，**ヘビサイドの階段関数**

$$\theta(x-a)=\begin{cases}0 & x<a\\ 1 & x>a\end{cases} \tag{1.28}$$

の形式的な導関数とみなすこともできる．そうすると，部分積分法によって，任意の（性質のよい）関数 $f(x)$ に対し，$\alpha<a<\beta$ として

$$\begin{aligned}&\int_\alpha^\beta f(x)\delta(x-a)dx\\ &\qquad=\left[f(x)\theta(x-a)\right]_\alpha^\beta-\int_\alpha^\beta f'(x)\theta(x-a)dx\\ &\qquad=f(\beta)-\int_a^\beta f'(x)dx\\ &\qquad=f(\beta)-[f(\beta)-f(a)]=f(a)\end{aligned}$$

すなわち

$$\int_\alpha^\beta f(x)\delta(x-a)dx=f(a)\quad(\alpha<a<\beta) \tag{1.29}$$

がえられる．なお $\delta(x)$ は x の偶関数であり，$\delta(x-a)=\delta(a-x)$ である．

問題5では，このような δ 関数が周期 $2l$ で並んだ $\sum_{m=-\infty}^{\infty}\delta(x-2ml)$ のフーリエ級数が

$$\sum_{m=-\infty}^{\infty}\delta(x-2ml)\sim\frac{1}{2l}+\frac{1}{l}\sum_{n=1}^{\infty}\cos\frac{n\pi x}{l} \tag{1.30}$$

のように表わされることを計算したわけである．このフー

リエ級数の係数は n によらない一定値 $1/l$ になっており，収束などしない．$x=0$ では級数はもちろん発散するが，$\delta(0)$ が ∞ なのであるからおかしくはない．

§1.5　正規直交関数列

よく知られているように，三角関数と虚数の指数関数のあいだには

$$\cos\xi = \frac{1}{2}(e^{i\xi}+e^{-i\xi}), \quad \sin\xi = \frac{1}{2i}(e^{i\xi}-e^{-i\xi})$$

$$e^{\pm i\xi} = \cos\xi \pm i\sin\xi$$

という関係がある．これを用いると（1.18）は

$$f(x) \sim \frac{a_0}{2} + \sum_{n=1}^{\infty}\left[\frac{1}{2}(a_n - ib_n)e^{in\pi x/l} + \frac{1}{2}(a_n + ib_n)e^{-in\pi x/l}\right]$$

となる．そこで，複素共役を $*$ で表わすことにして

$$c_0 = \frac{a_0}{2},\ c_n = \frac{1}{2}(a_n - ib_n),\ c_{-n} = \frac{1}{2}(a_n + ib_n) = c_n{}^*$$

とかくことにし，以下では n は 0 および負の整数値をもとることにすれば，

$$f(x) \sim \sum_{n=-\infty}^{\infty} c_n e^{in\pi x/l} \tag{1.31}$$

ただし

$$c_n = c_{-n}{}^* = \frac{1}{2l}\int_{-l}^{l} f(x)e^{-in\pi x/l}dx \tag{1.32}$$

という複素形のフーリエ級数がえられる．

(1.32) 式は (1.19a) と (1.19b) から求められるが,

$$\frac{1}{2l}\int_{-l}^{l} e^{i(n-m)\pi x/l}dx = \delta_{nm} \tag{1.33}$$

を用いれば, (1.31) の展開式から直接導くことも容易である.

いま

$$u_n(x) = \frac{1}{\sqrt{2l}}e^{in\pi x/l} \quad n = 0, \pm 1, \pm 2, \cdots \tag{1.34}$$

として, 関数列 $\{u_n(x)\}$ を考える. 2つの関数 $f(x)$ と $g(x)$ の**内積** (inner product) を

$$(f, g) \equiv \int_{-l}^{l} f(x)g^*(x)dx$$

で定義し, $(f, g)=0$ (ただし $f(x)=0$ and/or $g(x)=0$ ではないとする) のときに f と g は**直交する** (orthogonal) ということにすると, (1.33) により

$$(u_n, u_m) = \delta_{nm} \tag{1.35}$$

であるから, $\{u_n(x)\}$ のどの2つの元もたがいに直交している. このようなとき $\{u_n(x)\}$ は**直交関数列** (orthogonal system of functions) であるという. また,

$$\|f\| \equiv (f, f)^{1/2} \tag{1.36}$$

のことを関数の**ノルム** (norm) と呼び, ノルムが1になるように適当な数をかけることを**正規化** (normalization) あるいは**規格化**という. (1.34) の $1/\sqrt{2l}$ は正規化のためにかけたのである. 正規化された直交関数列のことを, **正規直交関数列**または**正規直交系** (orthonormal system）という．関数（1. 34）は正規直交系をつくるが，

$$\frac{1}{\sqrt{2l}},\ \frac{1}{\sqrt{l}}\cos\frac{\pi x}{l},\ \frac{1}{\sqrt{l}}\sin\frac{\pi x}{l},$$
$$\frac{1}{\sqrt{l}}\cos\frac{2\pi x}{l},\ \frac{1}{\sqrt{l}}\sin\frac{2\pi x}{l},\ \cdots\cdots,$$
$$\frac{1}{\sqrt{l}}\cos\frac{k\pi x}{l},\ \frac{1}{\sqrt{l}}\sin\frac{k\pi x}{l},\ \cdots\cdots \tag{1.37}$$

もそうなっていることは容易にわかる．

適当に性質のよい関数 $f(x)$ がフーリエ級数で表わされる——不連続点以外では級数が $f(x)$ に収束する——ということは，$f(x)$ が上記の正規直交関数列を用いた展開式（線形結合）で表わされるということである．これを，フーリエ級数の**完全性**（completeness）という．もちろん，（1. 34）なら $n=0, \pm 1, \pm 2, \cdots$ のすべてを含めなければ完全ではなくなってしまうし，（1. 37）でも同様である．一般に，ある区間で定義された正規直交関数列 $\{u_n(x)\}$ があるとき，同じ区間で定義された適当に性質のよい任意の関数 $f(x)$ が，フーリエ級数のときと同様に

$$f(x) \sim \sum_n C_n u_n(x) \tag{1.38}$$

ただし

$$C_n = (f, u_n) \equiv \int_a^b f(x) u_n{}^*(x) dx \tag{1.39}$$

のように展開できるときに，$\{u_n(x)\}$ は**完全正規直交関数列**，あるいは**完全正規直交系**であるという．このとき

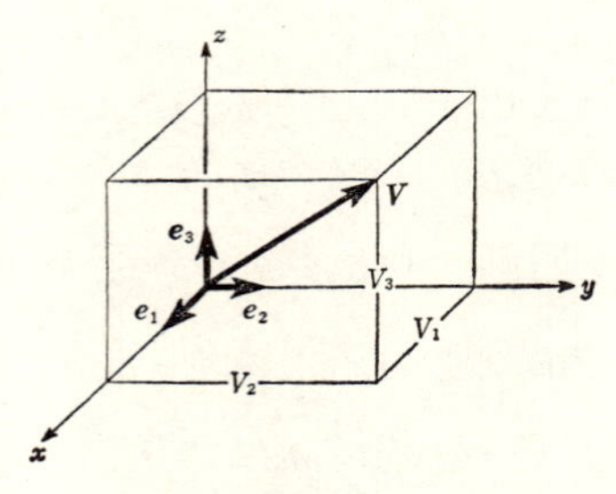

図 1.15

(1.38) を**フーリエ式級数**という.

展開 (1.38) は, 3 次元空間のベクトル $\boldsymbol{V}$ が, 互いに直交する 3 個の単位ベクトル (長さが 1 のベクトル) $\boldsymbol{e}_1, \boldsymbol{e}_2, \boldsymbol{e}_3$ を使って

$$\boldsymbol{V} = V_1\boldsymbol{e}_1 + V_2\boldsymbol{e}_2 + V_3\boldsymbol{e}_3$$

と表わされ, その各「成分」が $\boldsymbol{V}$ と $\boldsymbol{e}_n$ とのスカラー積 (内積)

$$V_n = \boldsymbol{V}\cdot\boldsymbol{e}_n$$

で与えられることに対応している. $\boldsymbol{e}_1, \boldsymbol{e}_2, \boldsymbol{e}_3$ のことをこの 3 次元空間の基底ベクトルなどと呼ぶように, $\{u_n(x)\}$ のことを関数空間の**基底** (base) または**基**と呼ぶ. 正規直交基底のことを **ON 基底** (ON は ortho-normal の略) ということもある.

適当な ON 基底 $\{u_n(x)\}$ を導入することによって, x の連続関数 $f(x)$ を, とびとび (離散的) な数の組 $C_1, C_2, C_3, \cdots$ で表わすことができる. これらは, 3 次元空間

のベクトルの成分 V_1, V_2, V_3（ふつうは V_x, V_y, V_z とかくことが多い）に対応するので，関数が無限次元のベクトルで表現されたと考えることもできる．2つの関数

$$f(x) \sim \sum_n C_n u_n(x), \qquad g(x) \sim \sum_n D_n u_n(x)$$

の内積は，正規直交性（1.35）を使うと

$$(f, g) \equiv \int_a^b f(x) g^*(x) dx = \sum_n C_n D_n{}^* \tag{1.40}$$

と表わされることがわかる．これは，3次元空間の2つのベクトル $\boldsymbol{V}$ と $\boldsymbol{U}$ の内積（スカラー積）が

$$\boldsymbol{V} \cdot \boldsymbol{U} = V_1 U_1 + V_2 U_2 + V_3 U_3$$

で与えられるのに対応している．f のノルムは

$$\|f\| = (f, f)^{1/2} = \sqrt{\sum_n |C_n|^2} \tag{1.41}$$

であって，ベクトルの大きさ

$$|\boldsymbol{V}| = \sqrt{V_1{}^2 + V_2{}^2 + V_3{}^2}$$

を一般化したものである．「直交」という言葉の由来もこれで明らかであろう．

§1.6 音色と部分音

周期的な変化の典型的な例として，一定の高さ（pitch）が定められるような楽音による空気の振動をあげることができる．この場合の独立変数は時間であるから，x の代りに t で表わすことにしよう．

図1.16は音楽上の記号ではCという文字で表わされ

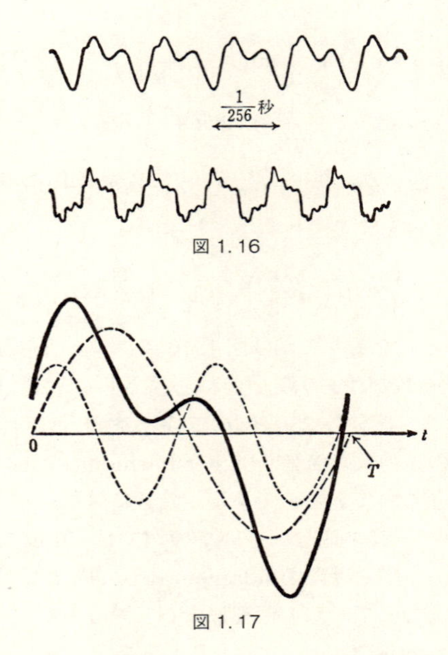

図 1.16

図 1.17

る高さ（振動数 256 Hz，もっと正しく言うと周期 $T = 1/256$ 秒）の音を，フルートで出したとき（上側）とクラリネットで出したとき（下側）の振動を示す．この両楽器の**音色**（quality）の違いは，波形から明らかである．

図 1.17 は，周期 T（角振動数 $\omega = 2\pi/T$）の正弦波に，周期がその半分（角振動数 2ω）の正弦波を，図のような位相関係で，振幅を 2/3 にして重ね合わせたものである．式でかけば，定数因子を別にして

$$
\begin{aligned}
f(t) &= \sin\omega t + \frac{2}{3}\sin\left(2\omega t + \frac{\pi}{6}\right) \\
&= \sin\omega t + \frac{1}{\sqrt{3}}\sin 2\omega t + \frac{1}{3}\cos 2\omega t \\
&= c_{-2}e^{-2i\omega t} + c_{-1}e^{-i\omega t} + c_1 e^{i\omega t} + c_2 e^{2i\omega t}
\end{aligned}
$$

ただし

$$
c_{\pm 2} = \frac{1}{3}\exp\left(\mp i\frac{\pi}{3}\right), \quad c_{\pm 1} = \frac{1}{2}\exp\left(\mp i\frac{\pi}{2}\right)
$$

ということになる．これは図1.16のフルートの波形に近い．角振動数が4ωの波を重ねればさらに近似はよくなる．つまり，振動数256 Hzのフルートの音には，その2倍，4倍の振動数の**倍音**（higher harmonics）（2倍音，4倍音）が重なっているのである．倍音に対し，一番振動数の小さいフーリエ成分——いまの例では$\sin\omega t$で表わされている——を**基音**（fundamental tone）という．基音と倍音が重なって一つの楽音になっているので，これらを**部分音**（partial tone）ということもある．フルートの音色が柔らかで素朴な感じをもつのは，奇数倍の振動数をもつ倍音が含まれず，2倍（オクターブ）と4倍（2オクターブ）が混じっているだけだからであると説明されている．

クラリネットの音は大分細かい凹凸がある，1周期ごとに8個の小さい山と谷が重なっているが，よく見るとそれの強いところと弱いところが1回ずつある．分析の結果，これは振動数が8倍の倍音と9倍の倍音の重なりに

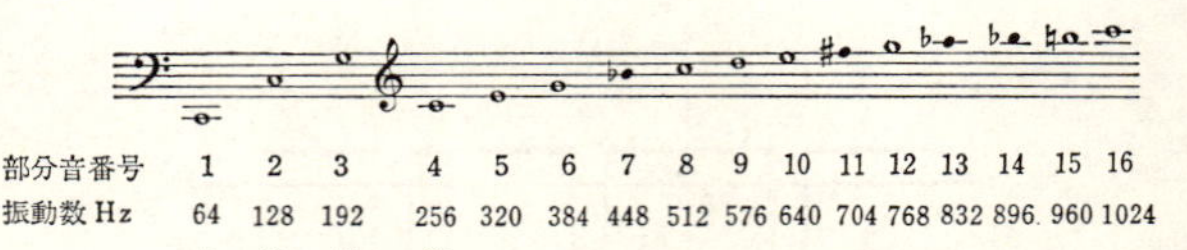

図 1.18

よることが示されており，リード楽器的な音色はこのように高い倍音の存在によるものと考えられている．

バイオリンの場合には，弓で弦をこするわけであるが，弦は弓にくっついてある程度動き，摩擦力の限界を越すと急に戻り，再び弓にくっついて動き，……という運動をくり返すから，弦の各点の運動は図 1.19 のような周期運動になる．バイオリンの胴がこれに複雑な共鳴をして，あのような音を出すわけであるから，バイオリンの音による空気の振動がこのように単純だというわけではないが，一応そうだとして話を進めてみよう．空気がこのように振動したときに，圧力の変化——音が無いときの圧力からのずれ——は，これを微分した関数で与えられることが知られている．そこで，図 1.20 のような関数のフーリエ級数を求めてみよう．平均値は 0 で，t の原点を図のようにとれば，級数は cosine だけで表わされる．

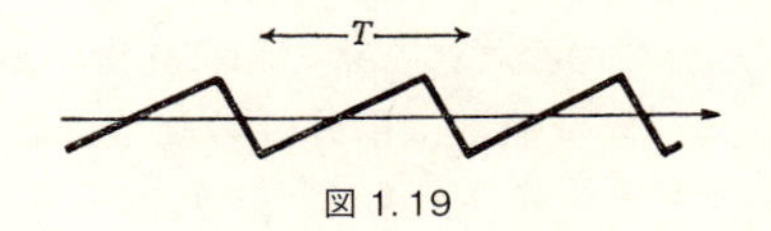

図 1.19

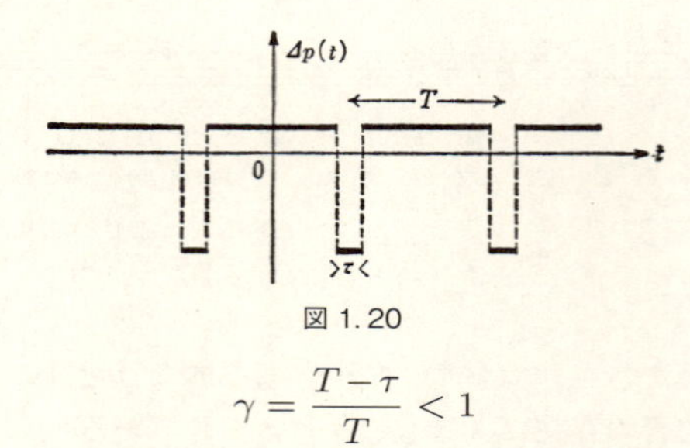

図 1.20

$$\gamma = \frac{T-\tau}{T} < 1$$

として，定数因子を適当にとれば

$$a_n = \frac{1}{n}\sin n\gamma\pi$$

となることは容易にわかる．したがって，求めるフーリエ級数は

$$\Delta p(t) \sim \sum_{n=1}^{\infty} \frac{\sin n\gamma\pi}{n}\cos n\omega t \quad \left(\omega = \frac{2\pi}{T}\right)$$

で与えられる．

音の**強さ**は音の進む方向に垂直な単位面積を通って単位時間に運ばれるエネルギーで表わされるが，それは $(\Delta p)^2$ を1周期にわたって平均した値に比例する．それは

$$\text{強さ} \propto \int_0^T [\Delta p(t)]^2 dt \propto \sum_{n=1}^{\infty}\left(\frac{\sin n\gamma\pi}{n}\right)^2$$

のように，部分音の振幅の2乗の和に比例する．これでわかるように，音の強さは部分音の強さの和になっている．エネルギーも同様である．図1.21に，$\gamma = 0.9$ と

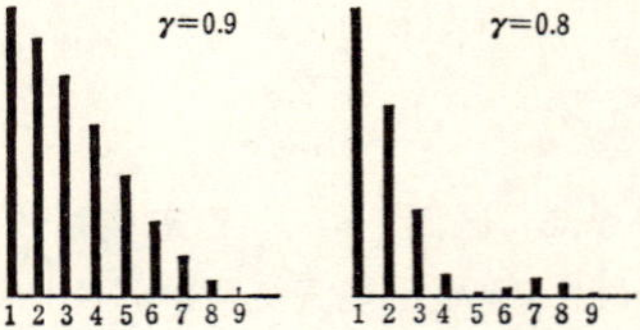

表 1.1　バイオリンの G の部分音

部分音番号	振動数 Hz	エネルギー %
1	196	0.1
2	392	26.0
3	588	45.2
4	784	8.8
5	980	8.5
6	1,176	4.5
7	1,372	0.1
8	1,568	4.8
9	1,764	0.1
10	1,960	0.0
以下略す	⋮	⋮

図 1.21

$\gamma=0.8$ の場合について計算した部分音のエネルギー値の比を示しておく.

表 1.1 は，振動数 196 Hz の音（記号 G）をバイオリンで弾いた場合の，部分音のエネルギーの百分率比を示す. 基音のエネルギーはわずか 0.1% にしかすぎず，倍音の寄与が著しい. 上の近似は粗すぎたことがわかる.

第2章　フーリエ変換

§2.1　フーリエ変換

前章の§1.5で調べたように，区間 $[-l, l]$ で定義された十分性質のよい関数 $f(x)$ は，完全正規直交関数列

$$u_n(x) = \frac{1}{\sqrt{2l}} e^{in\pi x/l} \quad (n = 0, \pm 1, \pm 2, \cdots) \tag{2.1}$$

を用いて

$$f(x) = \frac{1}{\sqrt{2l}} \sum_{n=-\infty}^{\infty} C_n e^{in\pi x/l} \tag{2.2}$$

と表わすことができる*．このとき，係数 C_n は

$$C_n = (f, u_n) = \frac{1}{\sqrt{2l}} \int_{-l}^{l} f(x) e^{-in\pi x/l} dx \tag{2.3}$$

で与えられる．

いま，C_n のかわりに

$$F_n = \frac{l}{\pi} C_n$$

で定義された F_n を用いることにすると，(2.2) と (2.3)

---

* 以下，$f(x)$ が不連続な点では，$f(x)$ をつねに $\frac{1}{2}\{f(x+0)+f(x-0)\}$ でおきかえるものとし，$\sim$ をやめて等号を使う．

は

$$\begin{cases} f(x) = \dfrac{1}{\sqrt{2\pi}} \displaystyle\sum_{n=-\infty}^{\infty} \dfrac{\pi}{l} F_n e^{in\pi x/l} & (2.4) \\ F_n = \dfrac{1}{\sqrt{2\pi}} \displaystyle\int_{-l}^{l} f(x) e^{-in\pi x/l} dx & (2.5) \end{cases}$$

となる．ここで $l \to \infty$ という極限を考えよう．いままでの $f(x)$ は周期 $2l$ で同じことをくり返す関数に限定されていたが，$l \to \infty$ とすればその制限がなくなるからである．

l が有限のとき

$$k_n \equiv \frac{n\pi}{l} \quad (n = 0, \pm 1, \pm 2, \cdots)$$

は間隔が π/l のとびとびの値をとっていたが，$l \to \infty$ とすればこれは連続的にすべての実数値をとりうるようになる．そうなると，もはや番号 n では値が指定できなくなるから，k_n のかわりに連続変数 k を用いることにする．そうすると（2.5）は，n ではなく k の関数として

$$F(k) = \frac{1}{\sqrt{2\pi}} \int_{-\infty}^{\infty} f(x) e^{-ikx} dx$$

を与えることになる．

（2.4）式の右辺は $\sum_n \dfrac{\pi}{l} \alpha_n$ という形になっているから，その実数部も虚数部もともに，図 2.1 のようなヒストグラム（柱状図）の，柱の面積の総和になっている．ここで $l \to \infty$ とすると，柱は限りなく細くなっていき，$k_n \to k$ となっていくから，和は連続変数 k に関する積分へ移行

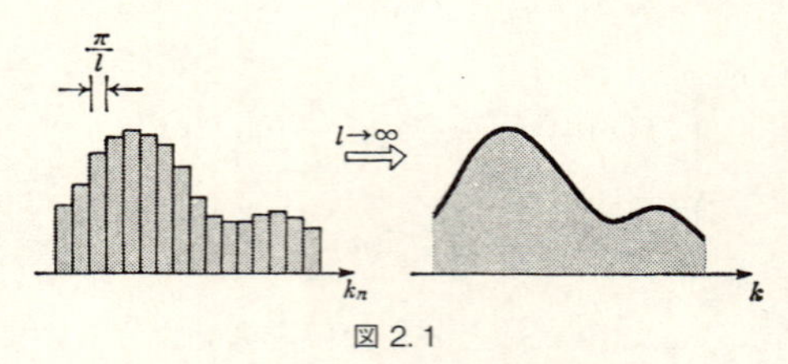

図 2.1

することになる．したがって，$l\to\infty$ としたとき，(2.4) 式は

$$f(x)=\frac{1}{\sqrt{2\pi}}\int_{-\infty}^{\infty}F(k)e^{ikx}dk$$

という積分に帰着する．並べて記せば

$$\begin{cases} f(x)=\dfrac{1}{\sqrt{2\pi}}\displaystyle\int_{-\infty}^{\infty}F(k)e^{ikx}dk & (2.6) \\ F(k)=\dfrac{1}{\sqrt{2\pi}}\displaystyle\int_{-\infty}^{\infty}f(x)e^{-ikx}dx & (2.7) \end{cases}$$

となる．$F(k)/\sqrt{2\pi}$ を $\mathcal{F}(k)$ とかけば

$$\begin{cases} f(x)=\displaystyle\int_{-\infty}^{\infty}\mathcal{F}(k)e^{ikx}dk & (2.6') \\ \mathcal{F}(k)=\dfrac{1}{2\pi}\displaystyle\int_{-\infty}^{\infty}f(x)e^{-ikx}dx & (2.7') \end{cases}$$

とも表わされる．

(2.6)，(2.6′) は，関数 $f(x)$ を正弦波 e^{ikx} の重ね合わせとして表わす式と解釈できる．k は正弦波の**波数**（wave number）（距離 2π のあいだに含まれる「波」の数）と呼ばれ，波長 λ と

$$k = \frac{2\pi}{\lambda} \tag{2.8}$$

の関係にあるが，周期関数のときとは異なり，連続的な k の値のすべてについての和（積分）をとらないと，非周期関数 $f(x)$ を表わすことができないのである．

$F(k)$ あるいは $\mathcal{F}(k)$ は，どの k の波をどのくらい混ぜるかということを表わす k の関数であるが，一般には複素数であり，

$$F(k) = |F(k)|\, e^{i\phi(k)}$$

とおくと，(2.6) は

$$f(x) = \frac{1}{\sqrt{2\pi}} \int_{-\infty}^{\infty} |F(k)|\, e^{i(kx+\phi(k))} dk$$

とかかれるから，$|F(k)|$ が部分波の振幅，$\phi(k)$ はその位相を表わすと解釈される．

$f(x)$ が与えられれば $F(k)$ が，$F(k)$ が既知ならそれから $f(x)$ が求められることになり，$f(x)$ と $F(k)$ は1対1に対応する．$f(x)$ から $F(k)$ を求めることを**フーリエ変換**（Fourier transformation），$F(k)$ から $f(x)$ を求めることをその**逆変換**というが，$f(x)$ と $F(k)$ の相互の変換のことをフーリエ変換と呼ぶことも多い．また，関数 $F(k)$ のことを，$f(x)$ のフーリエ変換（Fourier transform）といったりもする．同じ名称を $\mathcal{F}(k)$ の場合にも使うが，本書では（式の対称性がいいので）もっぱら $F(k)$ を用いることにする．

なお，$0 < x < \infty$ で定義された関数 $f(x)$ に対して

$$F_c(k) = \sqrt{\frac{2}{\pi}} \int_0^{\infty} f(x) \cos kx \, dx \tag{2.9}$$

$$F_s(k) = \sqrt{\frac{2}{\pi}} \int_0^{\infty} f(x) \sin kx \, dx \tag{2.10}$$

をそれぞれ $f(x)$ の**フーリエ余弦変換**，**フーリエ正弦変換**という．

$-\infty < x < \infty$ で定義された $f(x)$ が

$$\begin{cases} \text{偶関数ならば} \quad F(k) = F_c(k) \\ \text{奇関数ならば} \quad F(k) = F_s(k) \end{cases} \tag{2.11}$$

となることはすぐわかるであろう．

例題　$\alpha > 0$ として，

$$f(x) = \begin{cases} e^{-\alpha x} & x > 0 \\ 0 & x < 0 \end{cases}$$

で定義される $f(x)$ のフーリエ変換を求めよ．

解　(2.7) を用いて

$$\begin{aligned} F(k) &= \frac{1}{\sqrt{2\pi}} \int_{-\infty}^{\infty} f(x) e^{-ikx} dx \\ &= \frac{1}{\sqrt{2\pi}} \int_0^{\infty} e^{-(\alpha+ik)x} dx \\ &= \frac{-1}{\sqrt{2\pi}} \left[\frac{e^{-(\alpha+ik)x}}{\alpha+ik} \right]_0^{\infty} \\ &= \frac{1}{\sqrt{2\pi}} \frac{1}{\alpha+ik} \end{aligned}$$

$F(k)$ の実数部分，虚数部分は

$$\operatorname{Re} F(k) = \frac{1}{\sqrt{2\pi}}\frac{\alpha}{\alpha^2+k^2}, \quad \operatorname{Im} F(k) = \frac{1}{\sqrt{2\pi}}\frac{-k}{\alpha^2+k^2}$$

となる．

問題 1　$f(x)$ のフーリエ変換を $F(k)$ とするとき，$x^n f(x)$，$f^{(n)}(x)$ のフーリエ変換はそれぞれ $(i)^n \dfrac{d^n}{dk^n}F(k)$，$(i)^n k^n F(k)$ になることを示せ．

問題 2　長さ L が有限な正弦波

$$f(x) = \begin{cases} \cos k_0 x & -\dfrac{L}{2} < x < \dfrac{L}{2} \\ 0 & |x| > \dfrac{L}{2} \end{cases}$$

のフーリエ変換を求めよ．

問題 3

$$f(x) = \begin{cases} \dfrac{1}{L} & -\dfrac{L}{2} < x < \dfrac{L}{2} \\ 0 & |x| > \dfrac{L}{2} \end{cases}$$

のフーリエ変換を求めよ．$L \to 0$ の極限（$f(x) \to \delta(x)$）ではどうなるか．

問題 4　ラプラスの積分

$$\int_0^\infty e^{-a^2x^2}\cos bx\,dx = \frac{\sqrt{\pi}}{2a}e^{-b^2/4a^2} \quad (a > 0)$$

を用いて，ガウス関数 $e^{-\alpha x^2}$（$\alpha > 0$）のフーリエ変換を求めよ．

§ 2.2　たたみこみとパーセバルの等式

ニュートン（I. Newton）が 1666 年に太陽光をプリズムで分解して，赤から紫にいたる色帯を観測して以来，光を波長によって分けて，どのような光がどのくらい混じっているのかを調べる分光学は非常に重要となった．どういう成分が含まれているか，波長の順に並べたものを**スペクトル**（spectrum）という．§1.6では，音波をそのように分解することを試みたが，そこで現われたのはとびとびの振動数 $\omega, 2\omega, 3\omega, \cdots$ に対し，エネルギーなどがどのようになっているかを見る**離散的なスペクトル**（あるいは**線スペクトル**）であった．それは，完全に周期的な場合に話を限ったからであって，一般には音も光も無限に続くわけではないから，完全に周期的とは言えず，したがって正確にはフーリエ級数でなくフーリエ変換で扱うべきものである．

§1.6でもそうであったように，音や光による振動を扱うときには，変数は時間 t である．この場合，波数 k に対応するのは角振動数 ω である．物理学では，t と ω のときには指数の符号を逆にして，(2.6), (2.7) に対応する式を

$$\begin{cases} f(t) = \dfrac{1}{\sqrt{2\pi}} \displaystyle\int_{-\infty}^{\infty} F(\omega) e^{-i\omega t} d\omega & (2.12) \\ F(\omega) = \dfrac{1}{\sqrt{2\pi}} \displaystyle\int_{-\infty}^{\infty} f(t) e^{i\omega t} dt & (2.13) \end{cases}$$

とすることが多い．

いま，$f_1(t)$ のフーリエ変換を $F_1(\omega)$，$f_2(t)$ のそれを $F_2(\omega)$ とする．$f_1(t)$ と $f_2(t)$ の**たたみこみ**（convolution）または**接合積**というものを

$$f_1(t) * f_2(t) \equiv \int_{-\infty}^{\infty} f_1(\tau) f_2(t-\tau) d\tau \qquad (2.14a)$$

で定義する．これのフーリエ変換を考えてみよう．

$$\begin{aligned}&\frac{1}{\sqrt{2\pi}}\int_{-\infty}^{\infty}[f_1(t)*f_2(t)]e^{i\omega t}dt\\&=\frac{1}{\sqrt{2\pi}}\int_{-\infty}^{\infty}\left[\int_{-\infty}^{\infty}f_1(\tau)f_2(t-\tau)d\tau\right]e^{i\omega t}dt\end{aligned}$$

積分の順序を交換して

$$\begin{aligned}&=\frac{1}{\sqrt{2\pi}}\int_{-\infty}^{\infty}f_1(\tau)\left[\int_{-\infty}^{\infty}f_2(t-\tau)e^{i\omega t}dt\right]d\tau\\&=\frac{1}{\sqrt{2\pi}}\int_{-\infty}^{\infty}f_1(\tau)\left[\int_{-\infty}^{\infty}f_2(t-\tau)e^{i\omega(t-\tau)}dt\right]e^{i\omega\tau}d\tau\\&=\int_{-\infty}^{\infty}f_1(\tau)e^{i\omega\tau}d\tau\cdot F_2(\omega)\\&=\sqrt{2\pi}F_1(\omega)F_2(\omega)\end{aligned}$$

がえられる．つまり，

$f_1(t)*f_2(t)$ のフーリエ変換は $\sqrt{2\pi}F_1(\omega)F_2(\omega)$ である

ことがわかる．これを**たたみこみの定理**という．

逆に，$F_1(\omega)$ と $F_2(\omega)$ のたたみこみを

$$F_1(\omega)*F_2(\omega)\equiv\int_{-\infty}^{\infty}F_1(\Omega)F_2(\omega-\Omega)d\Omega \qquad (2.14\text{b})$$

で定義すれば，上と同様にして

$F_1(\omega)*F_2(\omega)$ のフーリエ変換は $\sqrt{2\pi}f_1(t)f_2(t)$ である

ということになる．

これを式でかくと

$$\int_{-\infty}^{\infty}f_1(t)f_2(t)e^{i\omega t}dt=\int_{-\infty}^{\infty}F_1(\Omega)F_2(\omega-\Omega)d\Omega$$

であるから，ここで $\omega=0$ とおき，それから Ω を ω とかきかえると

$$\int_{-\infty}^{\infty} f_1(t)f_2(t)dt = \int_{-\infty}^{\infty} F_1(\omega)F_2(-\omega)d\omega \tag{2.15a}$$

という関係がえられる．とくに $f_1(t)$ と $f_2(t)$ が実数ならば，(2.13) から

$$F_n(-\omega) = F_n{}^*(\omega)$$

がわかるから

$$\int_{-\infty}^{\infty} f_1(t)f_2(t)dt = \int_{-\infty}^{\infty} F_1(\omega)F_2{}^*(\omega)d\omega \tag{2.15b}$$

が成り立つ．また，(2.15b) で $f_1(t)=f(t)$，$f_2(t)=f^*(t)$ とすると，

$$F_1(\omega) = F(\omega),\ \ F_2(-\omega) = F^*(\omega)$$

となるから

$$\int_{-\infty}^{\infty} |f(t)|^2\, dt = \int_{-\infty}^{\infty} |F(\omega)|^2\, d\omega \tag{2.16}$$

となることがわかる．これが連続スペクトルの場合の**パーセバル**（Parseval）**の等式**である．

$f(t)$ が光の波による振動を表わすような場合には，(2.16) の左辺はそれが運ぶエネルギー量（定数因子を別にして）を表わす．したがって，右辺の量は，$|F(\omega)|^2\, d\omega$ が角振動数 ω と $\omega+d\omega$ のあいだの光が運ぶエネルギーを表わしている，と解釈できる．光の強さをエネルギーで表わすなら，ω の関数としての光の強さは $|F(\omega)|^2$ に比例する，ということになる．これを，$|F(\omega)|^2$ は $f(t)$ の**エネ**

ルギースペクトルになっているとか，**強さのスペクトル**を表わす，などと言ってもよい．あるいは，エネルギースペクトルの密度関数と呼ぶこともある．

問題 5 デルタ関数 $\delta(x)$ と関数 $f(x)$ とのたたみこみは $f(x)$ そのものに等しいことを示せ．

問題 6 前問の結果とたたみこみの定理を用いて，$\delta(x)$ のフーリエ変換を求めよ．

§ 2.3 特殊な関数のフーリエ変換

関数 $f(x)$ のフーリエ変換が存在するための十分条件は $f(x)$ が絶対積分可能ということ，

$$\int_{-\infty}^{\infty} |f(x)|\, dx < \infty$$

なのであるが，$\sin kx, \cos kx$ やヘビサイドの階段関数 $\theta(x)$ 等はこの条件をみたしていない．こういった関数や $\delta(x)$ のような特異性の強い関数のフーリエ変換をどう定めたらよいかを，この節では考えてみよう．

デルタ関数については§1.4の（1.29）式

$$\int_{\alpha}^{\beta} f(x)\delta(x-a)dx = f(a) \quad (\alpha < a < \beta)$$

を定義と考えてよい．$\delta(x)$ のフーリエ変換が $1/\sqrt{2\pi}$ になるとしてよいことは，問題3（47ページ）と問題6（このページ）の結果から言えそうであるが，これをさらに確かめてみよう．

フーリエ変換の定義の式（2.6）に逆変換の（2.7）の

式——ただし混同を避けるために積分変数を x' とする——を代入し，積分の順序を形式的に交換できるとすると

$$\begin{aligned} f(x) &= \frac{1}{\sqrt{2\pi}}\int_{-\infty}^{\infty} F(k)e^{ikx}dk \\ &= \frac{1}{2\pi}\int_{-\infty}^{\infty}\left[\int_{-\infty}^{\infty} f(x')e^{-ikx'}dx'\right]e^{ikx}dk \\ &= \frac{1}{2\pi}\int_{-\infty}^{\infty} f(x')\left[\int_{-\infty}^{\infty} e^{ik(x-x')}dk\right]dx' \end{aligned}$$

となるから，δ 関数の定義

$$f(x) = \int_{-\infty}^{\infty} f(x')\delta(x'-x)dx',\quad \delta(x'-x) = \delta(x-x')$$

と比較することによって

$$\begin{aligned} \delta(x-x') &= \frac{1}{2\pi}\int_{-\infty}^{\infty} e^{ik(x-x')}dk \\ &= \frac{1}{\sqrt{2\pi}}\int_{-\infty}^{\infty}\left\{\frac{1}{\sqrt{2\pi}}e^{-ikx'}\right\}e^{ikx}dk \end{aligned}$$

とおける．(2.6) とくらべると $\{\cdots\}$ の中が $F(k)$ に相当するから，

$$\underline{\delta(x-x')\text{ のフーリエ変換：}}\quad F_{x'}(k) = \frac{1}{\sqrt{2\pi}}e^{-ikx'}$$

ということになる．これは，(2.7) 式の $f(x)$ に $\delta(x-a)$ を入れ，(1.29) 式を適用しても，ただちに得られる．

$$\frac{1}{\sqrt{2\pi}}\int_{-\infty}^{\infty}\delta(x-a)e^{-ikx}dx = \frac{1}{\sqrt{2\pi}}e^{-ika}$$

念のため，(2.6) と (2.7) に相当する2式を $f(x) =$

$\delta(x-a)$ の場合について並べて記せば

$$\begin{cases} \delta(x-a) = \dfrac{1}{2\pi}\displaystyle\int_{-\infty}^{\infty} e^{ik(x-a)}dk \\ \dfrac{1}{\sqrt{2\pi}}e^{-ika} = \dfrac{1}{\sqrt{2\pi}}\displaystyle\int_{-\infty}^{\infty} \delta(x-a)e^{-ikx}dx \end{cases} \tag{2. 17}$$

このように，δ 関数のフーリエ変換の絶対値は $1/\sqrt{2\pi}$ という一定値であるから，$\delta(x-a)$ はあらゆる波数のフーリエ成分を同じ割合で含んでいる，ということになる．もし時間が独立変数で，考えているのが空気の圧力変化であれば，$\delta(t-\tau)$ は時刻 τ に瞬間的に衝撃波 $\left(\text{強さ}\ 1 = \int \delta(t-\tau)dt\right)$ が襲来したということを表わす．超音速飛行機の音や爆発音などがこれに近いものであろう．そのような音は，ありとあらゆる振動数 ω の波を同じ割合で含むから，「高さ」などというものを定めようがない．

δ 関数は通常の意味で微分可能ではないが，微分可能な関数 $f(x)$ に対して形式的な部分積分を行なって

$$\begin{aligned} &\int_{\alpha}^{\beta} f(x)\delta'(x-a)dx \\ &= \left[f(x)\delta(x-a)\right]_{\alpha}^{\beta} - \int_{\alpha}^{\beta} f'(x)\delta(x-a)dx \\ &= -f'(a) \quad (\alpha < a < \beta) \end{aligned}$$

とすることができるから，

$$\int_{\alpha}^{\beta} f(x)\frac{d}{dx}\delta(x-a)dx = -f'(a)$$

によって $\delta(x-a)$ の導関数 $\delta'(x-a)$ の定義とする．これをくり返せば

$$\int_{\alpha}^{\beta} f(x)\frac{d^n}{dx^n}\delta(x-a)dx = (-1)^n f^{(n)}(a) \tag{2.18}$$

である．そのフーリエ変換は，問題1（47ページ）により

$$\delta^{(n)}(x-a)\text{ のフーリエ変換} = \frac{(ik)^n}{\sqrt{2\pi}}e^{-ika} \tag{2.19}$$

とすればよいことがわかる．

δ 関数と関係の深い関数として，ε を無限小の正数とした場合の

$$\frac{1}{x \pm i\varepsilon} = -i\int_0^{\pm\infty} e^{ik(x\pm i\varepsilon)}dk$$

がある．

$$\frac{1}{x \pm i\varepsilon} = \frac{x}{x^2+\varepsilon^2} \mp i\frac{\varepsilon}{x^2+\varepsilon^2}$$

であるが，図2.2でわかるように，ε が小さいときには $x/(x^2+\varepsilon^2)$ は x の値の大部分に対してほとんど $1/x$ に等しく，$x=0$ のごく近くでは図のような急激な変化をする．したがって，$x=0$ の近くでゆるやかな変化をする関数 $f(x)$ に対して（$\xi, \eta \gg \delta > \varepsilon > 0$ として）

$$\int_{-\xi}^{\eta} f(x)\frac{x}{x^2+\varepsilon^2}dx$$

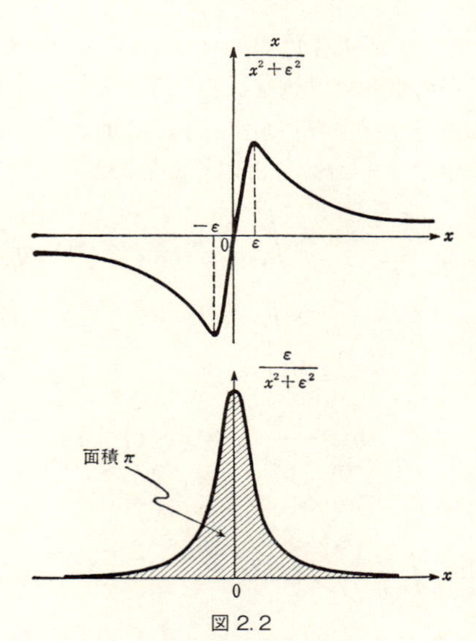

図 2.2

$$= \int_{-\xi}^{-\delta} \frac{f(x)}{x} dx + \int_{\delta}^{\eta} \frac{f(x)}{x} dx + \int_{-\delta}^{\delta} f(x) \frac{x}{x^2+\varepsilon^2} dx$$

とすることができるが，右辺の第 3 項は

$$\int_{-\delta}^{\delta} f(x) \frac{x}{x^2+\varepsilon^2} dx \fallingdotseq f(0) \int_{-\delta}^{\delta} \frac{x}{x^2+\varepsilon^2} dx = 0$$

となるから

$$\lim_{\varepsilon \to 0} \int_{-\xi}^{\eta} f(x) \frac{x}{x^2+\varepsilon^2} dx = \int_{-\xi}^{-0} \frac{f(x)}{x} dx + \int_{+0}^{\eta} \frac{f(x)}{x} dx$$

$$= \mathrm{P} \int_{-\xi}^{\eta} \frac{1}{x} f(x) dx$$

とかかれる．Pは積分に際してコーシーの主値をとれ（その上の行のように計算せよということ）という記号である．他方，$\varepsilon/(x^2+\varepsilon^2)$ は図 2.2 に示すような形をしていて，しかも，$x=\varepsilon\tan\theta$ とおくことにより

$$\int_{-\infty}^{\infty}\frac{\varepsilon}{x^2+\varepsilon^2}dx=\int_{-\pi/2}^{\pi/2}\frac{\varepsilon}{\varepsilon^2(\tan^2\theta+1)}\frac{dx}{d\theta}d\theta$$
$$=\int_{-\pi/2}^{\pi/2}d\theta=\pi$$

と計算されるから，$\varepsilon\to 0$ の極限で

$$\lim_{\varepsilon\to 0}\frac{\varepsilon}{x^2+\varepsilon^2}=\pi\delta(x)$$

としてよいことがわかる．ゆえに，$\varepsilon\to 0$ のとき

$$\lim_{\varepsilon\to 0}\int\frac{1}{x\pm i\varepsilon}f(x)dx$$
$$=\mathrm{P}\int\frac{1}{x}f(x)dx\mp i\pi\int\delta(x)f(x)dx$$

したがって

$$\lim_{\varepsilon\to 0}\frac{1}{x\pm i\varepsilon}=\mathrm{P}\frac{1}{x}\mp i\pi\delta(x) \tag{2.20}$$

とかくことが許される．

これを使って，ヘビサイドの階段関数のフーリエ変換を求めよう．

$$\theta(x-a)=\begin{cases}1 & x>a\\ 0 & x<a\end{cases}$$

のフーリエ変換は

$$\frac{1}{\sqrt{2\pi}}\int_{-\infty}^{\infty}\theta(x-a)e^{-ikx}dx=\frac{1}{\sqrt{2\pi}}\int_{a}^{\infty}e^{-ikx}dx$$

であるが，最後の積分は本当は存在しない．そこで，被積分関数に収束因子として $e^{-\varepsilon x}$ （$\varepsilon>0$）をかけておき，積分してから $\varepsilon\to 0$ とした極限をとることにするのである．そうすると

$$\lim_{\varepsilon\to 0}\int_{a}^{\infty}e^{-ikx-\varepsilon x}dx=-\lim_{\varepsilon\to 0}\left[\frac{e^{-ikx-\varepsilon x}}{ik+\varepsilon}\right]_{a}^{\infty}$$

$$=\lim_{\varepsilon\to 0}\frac{e^{-ika-\varepsilon a}}{ik+\varepsilon}$$

となるが，（2. 20）を使うと

$$\lim_{\varepsilon\to 0}\frac{1}{ik+\varepsilon}=-i\lim_{\varepsilon\to 0}\frac{1}{k-i\varepsilon}=-i\left[\mathrm{P}\frac{1}{k}+i\pi\delta(k)\right]$$

であるから，結果

$$\theta(x-a)\text{ のフーリエ変換}=\frac{-i}{\sqrt{2\pi}}\left[\mathrm{P}\frac{1}{k}+i\pi\delta(k)\right]e^{-ika} \tag{2. 21}$$

がえられる．

（2. 17）式で x と k の役目を逆転し，δ 関数が偶関数（$\delta(-x)=\delta(x)$）であることを用いれば，つぎの問題は容易に解けるであろう．

問題 7　定数 $f(x)=A$ のフーリエ変換はどうなるか．

問題 8　指数関数 e^{ik_0x} のフーリエ変換を求めよ．

問題 9　$\cos k_0x$，$\sin k_0x$ のフーリエ変換を求めよ．

問題 10　$f(x)$ が x の周期関数である場合には，そのフーリ

エ変換は線スペクトルをもつことを示せ.

§2.4 多次元のフーリエ変換

いままで変数は x とか t だけの一変数関数を考えてきた．物理学では，空間の位置の関数として与えられる量 $f(x, y, z)$ を扱うことが非常に多い．デカルト座標 x, y, z を位置ベクトル $\boldsymbol{r}$ の3成分とみなし，$f(x, y, z)$ と記すかわりに $f(\boldsymbol{r})$ のように記すことも多い．この場合のフーリエ変換は，x, y, z のそれぞれに対して行なうから

$$f(x, y, z) = \left(\frac{1}{\sqrt{2\pi}}\right)^3 \int_{-\infty}^{\infty}\int_{-\infty}^{\infty}\int_{-\infty}^{\infty} F(k_x, k_y, k_z) \times e^{i(k_x x + k_y y + k_z z)} dk_x dk_y dk_z \tag{2.22}$$

とかかれることになる．k_x, k_y, k_z を3成分とするベクトル——波数ベクトルという——を $\boldsymbol{k}$ と表わすと，$\boldsymbol{k}$ と $\boldsymbol{r}$ のスカラー積は

$$\boldsymbol{k}\cdot\boldsymbol{r} = k_x x + k_y y + k_z z$$

となるから，指数を略記するのに便利である．さらに $dk_x dk_y dk_z$ を $d\boldsymbol{k}$ とかくことにし，積分記号も略して1個にし上下限も省くことにする．そうすると上の式は

$$f(\boldsymbol{r}) = \frac{1}{\sqrt{8\pi^3}} \int F(\boldsymbol{k}) e^{i\boldsymbol{k}\cdot\boldsymbol{r}} d\boldsymbol{k} \tag{2.23}$$

と簡単化される．逆変換も同様に

$$F(\boldsymbol{k}) = \frac{1}{\sqrt{8\pi^3}} \int f(\boldsymbol{r}) e^{-i\boldsymbol{k}\cdot\boldsymbol{r}} d\boldsymbol{r} \tag{2.24}$$

とかかれる．

さらに，空間の位置および時刻の関数 $f(\boldsymbol{r}, t)$ を扱うようなときには，t に対してもフーリエ変換することが多い．48ページでも述べたように，このときは指数の符号を逆にするのが普通である．

$$\begin{cases} f(\boldsymbol{r}, t) = \dfrac{1}{4\pi^2} \displaystyle\int F(\boldsymbol{k}, \omega) e^{i(\boldsymbol{k}\cdot\boldsymbol{r} - \omega t)} d\boldsymbol{k} d\omega & (2.25) \\ F(\boldsymbol{k}, \omega) = \dfrac{1}{4\pi^2} \displaystyle\int f(\boldsymbol{r}, t) e^{-i(\boldsymbol{k}\cdot\boldsymbol{r} - \omega t)} d\boldsymbol{r} dt & (2.26) \end{cases}$$

このような指数の符号をとる理由を説明しておこう．

x 軸に沿って張られた弦の振動のような場合，x で示される弦の各点の変位 u は，x と t の関数であるから $u(x, t)$ のように表わされる．x の正の方向に弦を伝わる正弦波ならば

$$u(x, t) = A\cos(kx - \omega t + \phi)$$

とかくことができる．さしあたり k と ω は正としておくと，波の伝わる速さは $v = \omega/k$ である．波長を λ，周期を T とすると

$$k = \frac{2\pi}{\lambda}, \quad \omega = \frac{2\pi}{T}$$

であって，$T^{-1} = \omega/2\pi$ が振動数である．上記の $u(x, t)$ は

$$Ce^{i(kx - \omega t)} \quad (C = Ae^{i\phi})$$

の実数部分である．sine や cosine より指数関数の方が計算がしやすいので，このままの形で扱うことが多いわけである．

3次元空間を伝わる音波のような場合でも，音源から十分遠くでは波面はほぼ平面になっていて，波の進む方向に垂直である．波の進む方向を x 軸にとれば，これに垂直な平面（波面）上では振動のしかたは同一なのであるから，振動する量 u——例えば圧力の変化——は y や z にはよらない．したがって，このような平面波はやはり上記のように表わされる．

x 方向ではなく，任意の方向に進む平面波を考えよう．その方向の方向余弦を α, β, γ とし，これを x' 軸の方向ということにすれば，平面波はやはり

$$u = Ce^{i(kx'-\omega t)}$$

で表わされる．ところで

$$x' = \alpha x + \beta y + \gamma z$$

であるから，

$$k_x = \alpha k,\ \ k_y = \beta k,\ \ k_z = \gamma k$$

とすれば

$$kx' = k_x x + k_y y + k_z z = \boldsymbol{k}\cdot\boldsymbol{r}$$

となる．$\boldsymbol{k}$ は，大きさが $k = 2\pi/\lambda$ で，x' 方向（波の進む方向）を向いたベクトルである．

以上のようなわけで

$$u(\boldsymbol{r}, t) = Ce^{i(\boldsymbol{k}\cdot\boldsymbol{r}-\omega t)}$$

という関数は，波数が $|\boldsymbol{k}|$ で角振動数が ω の平面波を表わしており，その進行方向（波面に垂直）が $\boldsymbol{k}$ の正方向になっていることがわかる．もし ω の前の負号が $+$ であると，$\boldsymbol{k}$ の負の方向に進む波となってしまう．（フーリエ変

換では，変数 ω には負の値をも考えるので，その場合には波は $\boldsymbol{k}$ と反対向きに進むことになるわけであるが，ω の正負と進行方向の正負を一致させておいた方が便利であろう.）

このように物理的な意味づけをすれば，(2.25) は，時間空間的に変化する量 $f(\boldsymbol{r}, t)$ を，平面波 $e^{i(\boldsymbol{k}\cdot\boldsymbol{r}-\omega t)}$ の重ね合わせとして表わした式であると解釈することができる．各平面波は波数ベクトル $\boldsymbol{k}$ と角振動数 ω とで特徴づけられており，$(\boldsymbol{k}, \omega)$ で指定される波——フーリエ成分波——がどのような割合で含まれるかを示すのが $F(\boldsymbol{k}, \omega)$ であると言うことができる.

第3章　フーリエ級数の応用

§3.1　質点の振動

質量 m の質点が，変位 x に比例する復元力 $-\alpha x$，速度に比例する抵抗力 $-\beta\dot{x}$，外力 $F(t)$ を受けて一直線（x 軸）上で運動する場合の運動方程式は

$$m\frac{d^2x}{dt^2} = -\alpha x - \beta\frac{dx}{dt} + F(t)$$

であるが，

$$\frac{\alpha}{m} = {\omega_0}^2, \quad \frac{\beta}{m} = 2\gamma, \quad \frac{F(t)}{m} = f(t)$$

とかくことにすると，この式は

$$\frac{d^2x}{dt^2} + 2\gamma\frac{dx}{dt} + {\omega_0}^2 x = f(t) \tag{3.1}$$

となる．${\omega_0}^2 > \gamma^2$ とすると，$f(t) = 0$ の場合の解 $x(t)$ は，よく知られた**減衰振動**（damped oscillation）

$$x_0(t) = Ce^{-\gamma t}\cos(\omega t + \phi) \quad (\omega = \sqrt{{\omega_0}^2 - \gamma^2})$$

である．$f(t)$ がある場合の一般解は，特殊解（特解）と減衰振動とを重ねたものになり，一般解に必要な2つの積分定数は C と ϕ として減衰振動の項に含まれることになるが，これは時間がたつと消失してしまうから，以下で

は特殊解のみに着目する．

外力が周期 T をもつ周期関数だとすると，$\omega=2\pi/T$ として $f(t)$ はフーリエ級数に展開できる．

$$f(t)=\sum_{n=-\infty}^{\infty} f_n e^{in\omega t} \tag{3.2}$$

ただし

$$f_n=\frac{1}{T}\int_{-T/2}^{T/2} f(t)e^{-in\omega t}dt \tag{3.3}$$

である．(3.1) の特殊解としてえられる定常解も周期 T をもつと考えられるから，それもフーリエ級数で表わせるはずである．そこで

$$x(t)=\sum_{n=-\infty}^{\infty} c_n e^{in\omega t} \tag{3.4}$$

とおいて (3.1) に代入し，同じ $e^{in\omega t}$ の係数を比較すれば ($e^{-in\omega t}$ をかけて一周期で積分してもよい)

$$c_n=\frac{f_n}{{\omega_0}^2-(n\omega)^2+2\gamma n\omega i} \tag{3.5}$$

がえられる．γ が小さいときに，$n\omega=\omega_0$ となる整数 n があれば，その n に対する c_n の絶対値は他のものにくらべてずっと大きくなる (**共鳴** (resonance))．

上の計算は，$f(t)$ と $x(t)$ をフーリエ成分に分けて，各成分 ($\propto e^{in\omega t}$) ごとに別々に f_n と c_n の関係を求めたことになっている．これは (3.1) が線形の微分方程式だから可能なのであって，このようなときにフーリエ級数は非常に有効である．

なお，$\gamma=0$ で外力の角振動数が ω_0 と一致する成分については

$$\frac{d^2x}{dt^2}+{\omega_0}^2x=f_{res}e^{i\omega_0 t}$$

の解を

$$x_{res}(t)=g(t)e^{i\omega_0 t}$$

とおいて代入してやれば，$g(t)$ に関して

$$\frac{d^2g}{dt^2}+2i\omega_0\frac{dg}{dt}=f_{res}$$

がえられるから，これの一つの解

$$g(t)=\frac{f_{res}}{2i\omega_0}t$$

を用いた

$$x_{res}(t)=-\frac{if_{res}t}{2\omega_0}e^{i\omega_0 t}=\frac{f_{res}}{2\omega_0}te^{i(\omega_0 t-\pi/2)} \tag{3.6}$$

が特殊解になっている．これは時間 t に比例して振幅がどんどん増大する振動（共鳴）を表わすが，現実には振幅の増大とともに，もとの方程式には含まれていなかった非線形項などがきいてきて，有限な非線形振動になったり，装置がこわれたりしてしまうわけである．

§3.2　弦の振動

x 軸に沿って張力 S で張られた弦が，これに垂直な一つの平面内で行なう振動を考える．線密度（単位長さあたりの質量）を ρ とし，変位を $u(x,t)$ で表わすと，x と

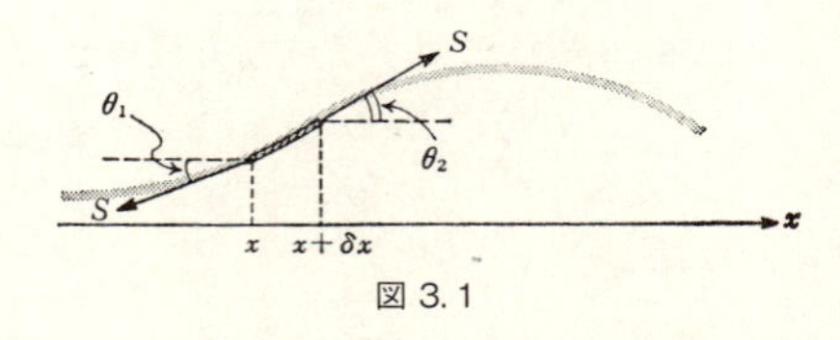

図 3.1

$x+\delta x$ の間の微小部分（質量 $\rho\delta x$）が両側から受ける張力は

$$\text{左側で}\begin{cases} x \text{ 方向に } -S\cos\theta_1 \\ \text{垂直方向に } -S\sin\theta_1 \end{cases}$$

$$\text{右側で}\begin{cases} x \text{ 方向に } S\cos\theta_2 \\ \text{垂直方向に } S\sin\theta_2 \end{cases}$$

である．θ_1 と θ_2 は微小であるから，

$$\cos\theta_1 - \cos\theta_2 \fallingdotseq \frac{1}{2}({\theta_2}^2 - {\theta_1}^2)$$

は2次の微小量となり，省略してよい．垂直方向の合力は

$$\begin{aligned} S\sin\theta_2 - S\sin\theta_1 &\fallingdotseq S(\tan\theta_2 - \tan\theta_1) \\ &= S\left[\left(\frac{\partial u}{\partial x}\right)_{x+\delta x} - \left(\frac{\partial u}{\partial x}\right)_x\right] \\ &= S\left(\frac{\partial^2 u}{\partial x^2}\right)_x \delta x \end{aligned}$$

となるから，この微小部分の運動方程式は

$$\rho\delta x\frac{\partial^2 u}{\partial t^2} = S\frac{\partial^2 u}{\partial x^2}\delta x$$

となり，これから $u(x,t)$ に対する波動方程式として

$$\frac{\partial^2 u}{\partial t^2} = v^2 \frac{\partial^2 u}{\partial x^2} \tag{3.7}$$

がえられる．ただし

$$v = \sqrt{\frac{S}{\rho}} \tag{3.8}$$

である．

弦の全体がそろって単振動をする場合――**固有振動**（proper vibration）という――があるとすれば，それは $u(x,t) = f(x)\sin(\omega t + \phi)$ と表わされるはずだから，これを（3.7）に代入すれば，$f(x)$ に対する微分方程式として

$$\frac{d^2 f}{dx^2} = -k^2 f(x) \quad \left(k = \frac{\omega}{v}\right) \tag{3.9}$$

がえられる．弦が $x=0$ と $x=l$ で固定されているとすれば，

$$f(0) = f(l) = 0$$

であるから，そのような境界条件を満たす（3.9）の解として，$n = 1, 2, 3, \cdots$ として

$$f_n(x) = A_n \sin k_n x \quad \left(k_n = \frac{n\pi}{l}\right) \tag{3.10}$$

がえられる．このときの ω は

$$\omega_n = v k_n = \frac{\pi n}{l} \sqrt{\frac{S}{\rho}} \tag{3.11}$$

で与えられる．これを 2π でわったものが**固有振動数**である．（3.7）の一般解は，$A_1, A_2, \cdots$ と $\phi_1, \phi_2, \cdots$ を任意定

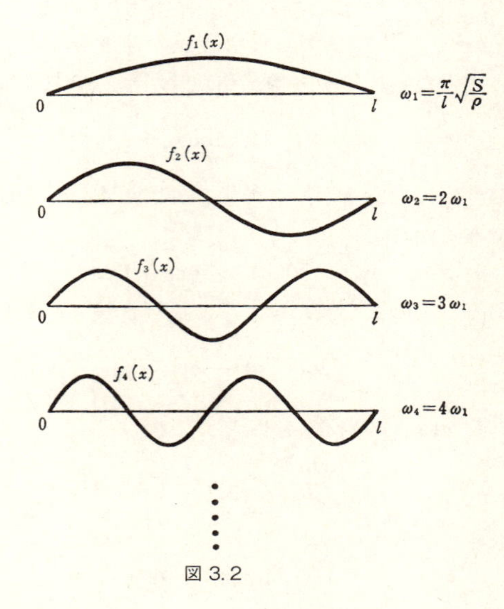

図 3.2

数として

$$u(x,t)=\sum_{n=1}^{\infty}A_n\sin(\omega_n t+\phi_n)\sin k_n x \tag{3.12}$$

と表わされる.

A_n と ϕ_n は初期条件からきめられる. それを例題として示そう.

例題 上記の弦の $x=a$ の点に, $t=0$ で撃力 I を垂直に加えて叩いたときの振動を求めよ.

解 撃力の大きさは与えた運動量(=力積)で測られ

る．$t=0$ で弦に与えられた各点の速度を $V(x)$ と表わすと，そのときに弦がもつ全運動量が撃力の力積に等しい．

$$\int_0^l V(x)\rho dx = I$$

というわけであるが，この場合には1点 $x=a$ だけを叩くのであるから

$$V(x) \propto \delta(x-a)$$

である．上の式を満たすように比例定数を選ぶと

$$V(x) = \frac{I}{\rho}\delta(x-a).$$

これを $u(x,t)$ で表わすと

$$\left(\frac{\partial u}{\partial t}\right)_{t=0} = \frac{I}{\rho}\delta(x-a) \tag{3.13}$$

となる．これと

$$u(x,0) = 0 \tag{3.14}$$

の2つが初期条件である．

（3.12）について（3.14）をかいたものは

$$\sum_n A_n \sin\phi_n \sin k_n x = 0$$

である．$\sin k_n x$ をかけて（項別）積分してみればすぐわかるように，

$$A_n \sin\phi_n = 0$$

でなければならない．したがって，$\phi_1=\phi_2=\phi_3=\cdots=0$ ととればよいことがわかる．そうすると（3.13）は

$$\sum_n A_n \omega_n \sin k_n x = \frac{I}{\rho} \delta(x-a)$$

となる．再びこれに $\sin k_n x$ をかけて x について 0 から l まで積分すれば，

$$A_n \omega_n \int_0^l \sin^2 k_n x \, dx = \frac{1}{2} A_n \omega_n l$$
$$= \frac{I}{\rho} \int_0^l \sin k_n x \delta(x-a) dx = \frac{I}{\rho} \sin k_n a$$

がえられるから

$$A_n = \frac{2I}{l\rho\omega_n} \sin k_n a \tag{3.15}$$

のように A_n が求められる．$\sin k_n a = 0$ になるような場合というのは，$x = a$ がちょうど n 番目の固有振動の節になっているときである（図 3.2 を参照）．そのような固有振動は，いまの初期条件では生じないことがわかる．その逆に $\sin k_n a = \pm 1$ になるような場合，つまり固有振動の腹を叩いたときには，その振動は大きな振幅で生じる．

ピアノの弦をハンマーで叩く位置は，適当に倍音（$n = 2, 3, 4, \cdots$ の固有振動）が生じるようにきめられている．ただ，上記の扱いでは，$A_1 : A_2 : A_3 : \cdots$ あるいは $A_1{}^2 : A_2{}^2 : A_3{}^2 : \cdots$ は I によらないことになるが，ピアノについて実測した結果では，I が大きいほど倍音のおきる割合が増すということである．ハンマーには幅があるし，発音には弦のほかに共鳴板も関係しているから，楽器の音色の

扱いはあまり簡単にはいかないものらしい．

この例題で重要なことは，$f(0)=f(l)=0$ という境界条件の下での（3.9）という方程式の解（3.10）は，完全直交関数列をつくっているということである．（3.9）は，$f(x)$ という関数に d^2/dx^2 という**線形演算子**（**線形作用素**）（linear operator）を作用させた結果が，$f(x)$ に数 $(-k^2)$ をかけたものに等しい，という関係を表わしている．このような関係を満たす関数（3.10）を，その作用素 d^2/dx^2 の**固有関数**（eigenfunction），数 $(-k^2)$ をその**固有値**（eigenvalue）という．これは，スツルム・リウビル（Sturm-Liouville）の固有値問題という名で総称されるもっと一般的な問題の，一番簡単な例なのである．その固有関数——境界条件によって異なる——は完全直交関数列をつくり，同じ条件を満たす関数をそれの線形結合で表わすことができる．今の例では，正弦関数によるフーリエ級数がそれである．

問題１　例題と同じ弦に，初期条件として図 3.3 のような $u(x,0)$ と，初速がいたる所で 0 であるという条件

$$\left[\frac{\partial}{\partial t}u(x,t)\right]_{t=0}=0$$

を課した場合の振動を求めよ．

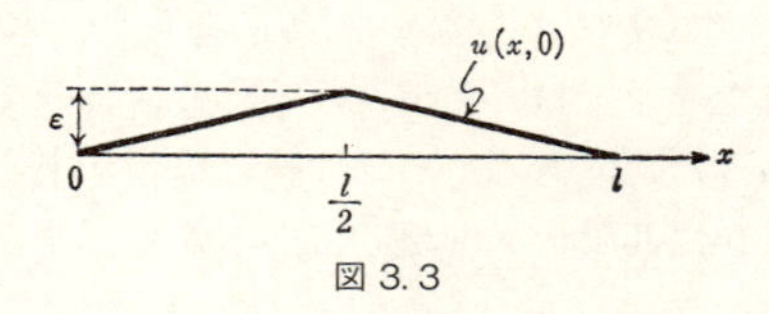

図 3.3

§ 3.3　膜の振動

張力 S で張られた一様な膜（面密度を ρ とする）が行なう膜面に垂直な方向の振動は，膜面を x, y 面にとり，それからの変位を $u(x, y, t)$ とすると

$$\frac{\partial^2 u}{\partial x^2}+\frac{\partial^2 u}{\partial y^2}=\frac{\rho}{S}\frac{\partial^2 u}{\partial t^2} \tag{3.16}$$

という 2 次元の**波動方程式**（wave equation）に従う．

簡単なのは図 3.4 に示されているような長方形の枠に張られた膜の場合である．この場合の境界条件は，枠が固定されているという

$$u(0, y, t)=u(a, y, t)=0 \tag{3.17}$$

$$u(x, 0, t)=u(x, b, t)=0 \tag{3.18}$$

で与えられる．初期条件として

$$u(x, y, 0)=F_1(x, y), \quad \left(\frac{\partial u}{\partial t}\right)_{t=0}=F_2(x, y) \tag{3.19}$$

が既知ならば，（3.16）の解は確定する．

（3.16）式の解が

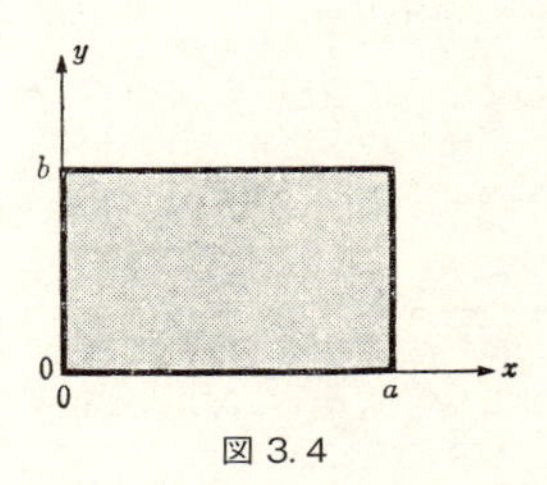

図 3.4

$$u(x, y, t) = X(x)Y(y)T(t) \tag{3.20}$$

という形をもつものと仮定しよう．これを（3.16）に代入し，全体を XYT で割ると，

$$\frac{X''(x)}{X(x)} + \frac{Y''(y)}{Y(y)} = \frac{1}{v^2}\frac{T''(t)}{T(t)}, \quad v^2 = \frac{S}{\rho} \tag{3.21}$$

となるが，§1.1で用いたと同じ論法で，この式の各項は定数でなければならないことがわかる．境界条件（3.17），（3.18）は

$$X(0) = X(a) = 0, \quad Y(0) = Y(b) = 0 \tag{3.22}$$

と表わされるが，X''/X や Y''/Y が0や正の定数に等しいと，この条件を満たす $X(x)$ や $Y(y)$ は恒等的に0になってしまう*．したがって

$$\frac{X''(x)}{X(x)} = -k_x{}^2, \quad \frac{Y''(y)}{Y(y)} = -k_y{}^2 \tag{3.23}$$

としなければならない．（3.22）を満たす（3.23）の解は

$$\begin{cases} X_n(x) = A_n \sin \dfrac{n\pi}{a}x, \ k_x = \dfrac{n\pi}{a} \quad n = 1, 2, 3, \cdots \\ Y_m(y) = B_m \sin \dfrac{m\pi}{b}y, \ k_y = \dfrac{m\pi}{b} \quad m = 1, 2, 3, \cdots \end{cases}$$

である．そうすると，（3.21）により $T(t)$ は

$$\frac{d^2T}{dt^2} = -\omega^2 T, \quad \omega^2 = v^2(k_x{}^2 + k_y{}^2)$$

---

* $X''/X = 0$ なら $X = Ax + B$，$X''/X = k^2$ なら $X = Ce^{kx} + De^{-kx}$ となるが，$X(0) = X(a) = 0$ を満たすのは $A = B = 0$，$C = D = 0$ のみである．

の解であるが，ω^2 の値は

$$\omega_{nm}{}^2 = \frac{S\pi^2}{\rho}\left(\frac{n^2}{a^2}+\frac{m^2}{b^2}\right),\quad n, m = 1, 2, 3, \cdots \tag{3.24}$$

という離散的（とびとび）なものに限られることになる.

以上をまとめると，$u(x, y, t)$ として，2つの番号 n と m で特徴づけられる次の固有振動の存在がわかったことになる.

$$u_{nm}(x, y, t) = C_{nm}\sin\left(\frac{n\pi}{a}x\right)\sin\left(\frac{m\pi}{b}y\right)\sin(\omega_{nm}t+\phi_{nm}) \tag{3.25}$$

ここで，振幅 C_{nm} と初期位相 ϕ_{nm} は，初期条件からきめられるべき定数である．一般解は

$$u(x, y, t) = \sum_{n=1}^{\infty}\sum_{m=1}^{\infty} C_{nm}\sin\left(\frac{n\pi}{a}x\right)\sin\left(\frac{m\pi}{b}y\right)\sin(\omega_{nm}t+\phi_{nm}) \tag{3.26}$$

で与えられる.

以上の手続きの代りに，次のように考えてもよい.

$$u(x, y, t) = f(x, y)\sin(\omega t+\phi)$$

の形の解があるとして（3.16）に入れると，$\omega^2\rho/S = k^2$ として

$$\left(\frac{\partial^2}{\partial x^2}+\frac{\partial^2}{\partial y^2}\right)f(x, y) = -k^2 f(x, y) \tag{3.27}$$

という形の方程式がえられる．$f(x, y) = X(x)Y(y)$ と

おいて代入し，境界条件（3.22）を用いれば，前記の $X_n(x), Y_m(y)$ が求まり，k は

$$k_{nm}{}^2 = \frac{n^2\pi^2}{a^2} + \frac{m^2\pi^2}{b^2}$$

を満たすとびとびの値 k_{nm} に限られることがわかる．つまり，$f_{nm}(x, y) \equiv X_n(x)Y_m(y)$ は境界条件 $f(0, y) = f(a, y) = f(x, 0) = f(x, b) = 0$ を満たす**２次元のラプラス演算子（ラプラシアン）**（Laplacian）

$$\frac{\partial^2}{\partial x^2} + \frac{\partial^2}{\partial y^2} \tag{3.28}$$

の**固有関数**で，$(-k_{nm}{}^2)$ はその**固有値**なのである．各固有関数 f_{nm} は膜の**固有振動のモード**（mode）を表わし，その角振動数は（3.24）の ω_{nm} で与えられる．

さて，一般解の C_{nm} と ϕ_{nm} をきめるには，初期条件（3.19）の F_1, F_2 をフーリエ展開しておいて，（3.26）の $u(x, y, t)$ およびそれを t で偏微分したもので $t=0$ とおいた式とをくらべればよい．F_1, F_2 は x について $[0, a]$，y について $[0, b]$ の範囲で定義され，それぞれ両端で０になる三角関数の級数になるはずだから $X_n(x)$ と $Y_m(y)$ で表わされる．つまり $f_{nm}(x, y)$ の線形結合として

$$F_1(x, y) = \sum_{n=1}^{\infty}\sum_{m=1}^{\infty} D_{nm} \sin\left(\frac{n\pi}{a}x\right)\sin\left(\frac{m\pi}{b}y\right)$$

$$F_2(x, y) = \sum_{n=1}^{\infty}\sum_{m=1}^{\infty} E_{nm} \sin\left(\frac{n\pi}{a}x\right)\sin\left(\frac{m\pi}{b}y\right)$$

とかける．

$$D_{nm} = \frac{4}{ab}\int_0^a dx \int_0^b dy F_1(x, y) \sin\left(\frac{n\pi}{a}x\right) \sin\left(\frac{m\pi}{b}y\right)$$

$$E_{nm} = \frac{4}{ab}\int_0^a dx \int_0^b dy F_2(x, y) \sin\left(\frac{n\pi}{a}x\right) \sin\left(\frac{m\pi}{b}y\right)$$

である.

$F_1(x, y) = u(x, y, 0)$　より　$C_{nm} \sin\phi_{nm} = D_{nm}$

$F_2(x, y) = \left(\dfrac{\partial u}{\partial t}\right)_{t=0}$　より　$C_{nm}\omega_{nm} \cos\phi_{nm} = E_{nm}$

がえられるから，これによって $\{C_{nm}\}$ と $\{\phi_{nm}\}$ がきまることになる.

§ 3.4　熱伝導 I

いま，密度が ρ で比熱 c をもつ物質のなかを熱が流れている場合を考える．流れの方向に垂直な微小面積 dS をとったとき，dt 時間のあいだにこの dS を通った熱の量が $qdSdt$ であるとした場合に，大きさが q で流れと同じ方向をもつベクトル $\boldsymbol{q}(x, y, z, t)$ によってこの点における**熱流密度**と定める．$\boldsymbol{q}$ に垂直でない面の場合には，図 3.5 のような面 dS' を考えると，$qdS' = qdS\cos\theta$ と表わされる．ただし θ は dS と dS' とのあいだの角で，これは dS の法線 $\boldsymbol{n}$ と $\boldsymbol{q}$ とのあいだの角に等しい．したがって dS を dt 時間に通る熱量は

$$\boldsymbol{q}\cdot\boldsymbol{n}dSdt \tag{3.29}$$

（$\boldsymbol{n}$ は dS の法線（方向の単位）ベクトル）

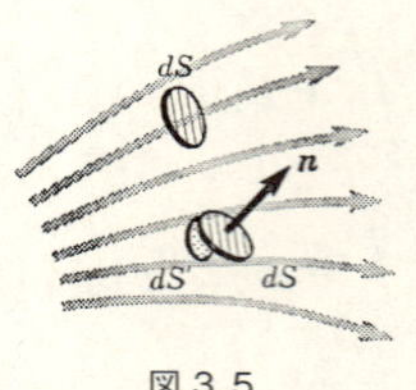

図 3.5

と表わされる.

熱の流れは温度が場所によって異なるために生じる. 温度を $u(x, y, z, t)$ とするとき,

$$\frac{\partial u}{\partial x}, \quad \frac{\partial u}{\partial y}, \quad \frac{\partial u}{\partial z}$$

を x, y, z 成分とするベクトルを $\mathrm{grad}\, u$ または ∇u と表わし, これを**温度こうばい** (temperature gradient) と呼ぶ. ∇ という記号を**ナブラ** (nabla) と呼び, これを $\partial/\partial x, \partial/\partial y, \partial/\partial z$ を3成分とする「ベクトル」のように扱うと便利である.

熱伝導に関する**フーリエの法則**は $\boldsymbol{q}$ が ∇u に比例する, というものである.

$$\boldsymbol{q} = -K\, \mathrm{grad}\, u \tag{3.30}$$

比熱定数 K を, その物質の**熱伝導度** (thermal conductivity) という.

いまこの流れの中に図3.6のような微小直方体を考える. 図で灰色に塗った面は, 面積が $dydz$ で, 位置は (x, y, z) であるから, ここを通って dt 時間にこの直方体内に流れこむ熱の量は (3.29) によって $q_x(x, y, z, t)dydzdt$

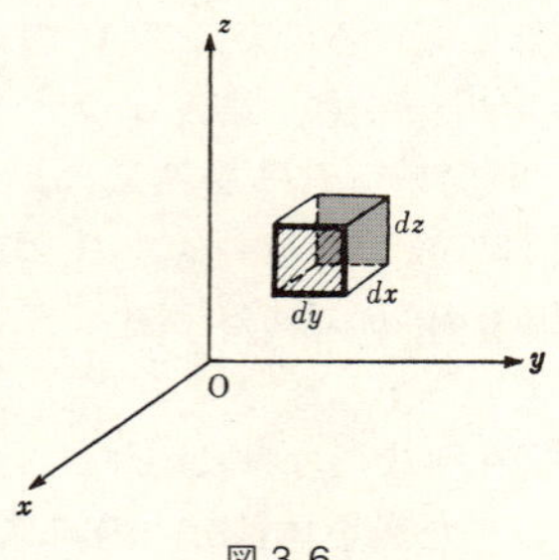

図 3.6

に等しい．一方，斜線を引いた面から dt 時間に流れ出る熱量は $q_x(x+dx, y, z, t)dydzdt$ である．同様なことを，上下と左右の面についても考えれば．結局 dt 時間にこの直方体に流れこむ熱量は

$$
\begin{aligned}
&-[q_x(x+dx, y, z, t)-q_x(x, y, z, t)]dydzdt \\
&-[q_y(x, y+dy, z, t)-q_y(x, y, z, t)]dzdxdt \\
&-[q_z(x, y, z+dz, t)-q_z(x, y, z, t)]dxdydt \\
&=-\left(\frac{\partial q_x}{\partial x}+\frac{\partial q_y}{\partial y}+\frac{\partial q_z}{\partial z}\right)dxdydzdt
\end{aligned}
$$

ということになる．ベクトル $\boldsymbol{V}$ の x, y, z 成分を V_x, V_y, V_z とするとき

$$
\frac{\partial V_x}{\partial x}+\frac{\partial V_y}{\partial y}+\frac{\partial V_z}{\partial z}=\nabla\cdot\boldsymbol{V}
$$

で定義される量を，ベクトル $\boldsymbol{V}$ の**発散**（divergence）といい div $\boldsymbol{V}$ で表わす．これは，ナブラベクトルと $\boldsymbol{V}$ との

スカラー積の形をしているので，$\nabla\cdot\boldsymbol{V}$ のようにかいてもよい．この記号を用いると，熱流 $\boldsymbol{q}$ の場の中にとった微小体積 dV に dt 時間に流れこむ熱量は，$-\mathrm{div}\,\boldsymbol{q}\,dV\,dt$ で表わされることになる．あるいは，dV から dt 時間に発散する熱量が $\mathrm{div}\,\boldsymbol{q}\,dV\,dt$ であると言ってもよい．発散の名はここから来ている．

物質内に熱の発生（または吸収）がおこっているときには，(x, y, z) にとった微小体積 dV 内で dt 時間に発生する熱量を $Q(x, y, z, t)dV\,dt$ とかくことにする．そうすると，流れこむ熱量と発生する熱量の和

$$(-\mathrm{div}\,\boldsymbol{q}+Q)dV\,dt$$

によって，温度の変化がおこる．熱容量は $\rho c dV$ であるから，温度変化 $du=(\partial u/\partial t)dt$ と上の量との関係は

$$\frac{\partial u}{\partial t}dt\,\rho c\,dV = (-\mathrm{div}\,\boldsymbol{q}+Q)dV\,dt$$

と表わされる．$dV\,dt$ で割って

$$\rho c\frac{\partial u}{\partial t} = -\mathrm{div}\,\boldsymbol{q}+Q \tag{3.31}$$

がえられる．

$\boldsymbol{q}$ に対してフーリエの法則（3. 30）を適用すれば

$$\mathrm{div}\,\boldsymbol{q} = -K\left(\frac{\partial^2 u}{\partial x^2}+\frac{\partial^2 u}{\partial y^2}+\frac{\partial^2 u}{\partial z^2}\right)$$

となるが，3 次元のラプラシアン（ナブラベクトルの「長さ」の 2 乗）

$$\frac{\partial^2}{\partial x^2}+\frac{\partial^2}{\partial y^2}+\frac{\partial^2}{\partial z^2}=\nabla^2 \tag{3.32}$$

を Δ と記す慣例に従うと，(3.31) は

$$\rho c\frac{\partial u}{\partial t}=K\Delta u+Q \tag{3.33}$$

とかかれる．

例題　地表を無限に広い平面とみなし，その温度が周期 T（1日または1年）で変化する場合に，地中の温度が深さとともにどう変化するかを求めよ．

解　地表から下向きに x 軸をとる．温度は x と t のみの関数であるからそれを $u(x,t)$ とする．熱の発生はないから，$Q=0$ として，(3.33) は

$$\frac{\partial u}{\partial t}=a\frac{\partial^2 u}{\partial x^2} \tag{3.34}$$

となる．$a=K/\rho c$ は**温度伝導度**または**熱拡散率**と呼ばれる．

地表の温度が周期的に変化するのなら，地中の温度も同じ周期の周期関数となるであろう．したがって，$u(x,t)$ は，t に関してはフーリエ級数で表わされることになる．ただし，その係数は x によって異なるであろうから

$$u(x,t)=\sum_{n=-\infty}^{\infty}C_n(x)e^{in\omega t}\quad\left(\omega=\frac{2\pi}{T}\right) \tag{3.35}$$

とおくことができる．これを (3.34) 式に代入すると，$C_n(x)$ に対する式として

$$in\omega C_n(x) = a\frac{d^2C_n}{dx^2}$$

がえらえる.

$$i = \left(\frac{1+i}{\sqrt{2}}\right)^2,\quad -i = \left(\frac{1-i}{\sqrt{2}}\right)^2$$

であるから，この方程式の解として

$$C_n(x) \propto \begin{cases} \exp\left(\pm\frac{1+i}{\sqrt{2}}\sqrt{\frac{n\omega}{a}}x\right) & n>0 \\ \exp\left(\pm\frac{1-i}{\sqrt{2}}\sqrt{\frac{|n|\omega}{a}}x\right) & n<0 \end{cases}$$

がえられるが，$x\to\infty$ で $|C_n(x)|\to 0$ となるものだけが物理的に意味をもつので，

$$C_n(x) \propto \begin{cases} \exp\left(-\frac{1+i}{\sqrt{2}}\sqrt{\frac{n\omega}{a}}x\right) & n>0 \\ \exp\left(-\frac{1-i}{\sqrt{2}}\sqrt{\frac{|n|\omega}{a}}x\right) & n<0 \end{cases}$$

を採用しなければならない．$C_0(x)$ は

$$\frac{d^2C_0}{dx^2} = 0 \quad より \quad C_0(x) = A_0 + B_0x$$

となるが，$B_0 \neq 0$ であると $\lim_{x\to\infty}|C_0(x)| = \infty$ となってしまうから

$$C_0(x) = A_0 \quad （定数）$$

である．したがって $u(x,t)$ は

$$u(x,t)=A_0+2\sum_{n=1}^{\infty}A_n e^{-\alpha_n x}\cos(n\omega t-\alpha_n x+\phi_n) \tag{3.36}$$

と表わされることがわかる．ただし

$$\alpha_n=\sqrt{\frac{n\omega}{2a}} \tag{3.36a}$$

である．A_n と ϕ_n は地表の温度変化 $u(0,t)$ からきまるべき定数である．

$$\begin{aligned}u(0,t)&=A_0+2\sum_{n=1}^{\infty}A_n\cos(n\omega t+\phi_n)\\&=A_0+\sum_{n=1}^{\infty}(2A_n\cos\phi_n\cos n\omega t-2A_n\sin\phi_n\sin n\omega t)\end{aligned}$$

であるから，与えられた地表の温度変化が

$$f(t)=\frac{a_0}{2}+\sum_{n=1}^{\infty}(a_n\cos n\omega t+b_n\sin n\omega t)$$

だとすれば

$$A_0=\frac{a_0}{2},\quad A_n\cos\phi_n=\frac{a_n}{2},\quad A_n\sin\phi_n=-\frac{b_n}{2} \tag{3.37}$$

から A_n, ϕ_n がきめられる．

さて，(3.36) 式は，時間変化のうちで周期が T/n の成分波は，$e^{-\alpha_n x}$ のように地中へ行くとともに振幅が減少するが，それと同時に位相が深さに比例して $\alpha_n x$ のように遅れていくことを示している．

問題2 地表の温度が $T=1$ 年 $=60\times60\times24\times365$ 秒とし，

$$u(0, t) = 10 + 20\cos\left(\frac{2\pi}{T}t\right) \quad (℃)$$

のように変化しているとして，地下 1 m, 5 m, 10 m, 17 m における温度変化を求めよ．ただし地殻の温度伝導率を $a = 3 \times 10^{-6}\ \mathrm{m}^2/\mathrm{sec}$ とする．

問題3 地表における昼夜の温度変化が正弦関数的であるとして，それの振幅は地下 50 cm, 1 m のところではどのように減少しているか．

§3.5 電気回路

よく知られているように，インダクタンス L と抵抗 R と容量 C のコンデンサーを直列につないだ回路に起電力 $V(t)$ を加えたときに，流れる電流を $I(t)$ とすると

$$L\frac{dI}{dt} + RI + \frac{Q}{C} = V(t)$$

が成り立つ．

$$Q(t) = \int^t I(t')dt' \quad \left(\frac{dQ}{dt} = I(t)\right)$$

であるから

$$L\frac{dI}{dt} + RI + \frac{1}{C}\int^t I(t')dt' = V(t) \tag{3.38}$$

とかいてもよい．積分で生じる付加定数は $V(t)$ の方に含めればよい．

この方程式は線形であるから，起電力 $V_1(t)$ に対する電流を $I_1(t)$，起電力 $V_2(t)$ に対する電流を $I_2(t)$ とすると，$V(t) = \alpha V_1(t) + \beta V_2(t)$ に対して流れる電流は $\alpha I_1(t) +$

$\beta I_2(t)$ である．$\alpha=1, \beta=i$ のときにも形式的にこのことは言えるから，$V(t)=V_0e^{i\phi}e^{i\omega t}$ に対する電流が複素数として $I(t)=I_0e^{i\phi}e^{i\omega t}$ のように形式的に求まったとすれば，実数部分と虚数部分に分けて

$$\begin{cases} \text{起電力 } V_0\cos(\omega t+\phi) \text{ によって流れる電流は} \\ \qquad I_0\cos(\omega t+\psi) \\ \text{起電力 } V_0\sin(\omega t+\phi) \text{ によって流れる電流は} \\ \qquad I_0\sin(\omega t+\psi) \end{cases}$$

であると言うことができる．そこでこの節では交流電流や電圧をすべて複素数で表わすことにする．そうすると，微分や積分が $\times(i\omega)$ や $\div(i\omega)$ と同等になり，sine と cosine が入れかわることに起因するわずらわしさを避けられて便利なのである*．したがって，フーリエ級数も sine, cosine でなく虚数の指数関数を使うことにする．

線形であることを利用すると，フーリエ級数

$$V(t) = \sum_{n=-\infty}^{\infty} v_n e^{in\omega_0 t} \tag{3.39}$$

で表わされるような起電力に対する電流 $I(t)$ は，各成分 $v_n e^{in\omega_0 t}$ に対する電流 $j_n e^{in\omega_0 t}$ を（3.38）から求めて

$$I(t) = \sum_{n=-\infty}^{\infty} j_n e^{in\omega_0 t} \tag{3.40}$$

とすればよい．

---

* 交流理論の慣例に従って，本節では時間的な振動を $e^{-i\omega t}$ ではなく $e^{i\omega t}$ で表わすことにする．なお，交流理論では $\sqrt{-1}$ を i でなく j で表わすが，それは i のままにする．

そこで以下ではフーリエ成分の一つだけについて考えることにし，角振動数がω（交流理論などでは振動数を周波数と呼び文字fなどで表わすのがふつうである．$\omega=2\pi f$）の起電力

$$V(t)=ve^{i\omega t} \tag{3.41}$$

によって生じる電流を

$$I(t)=je^{i\omega t} \tag{3.42}$$

とする．(3.41) と (3.42) を (3.38) に入れると

$$\left(iL\omega+R+\frac{1}{iC\omega}\right)je^{i\omega t}=ve^{i\omega t}$$

となるから

$$j=\frac{v}{R+i(L\omega-1/C\omega)} \tag{3.43}$$

がえられる．

$$Z\equiv R+i\left(L\omega-\frac{1}{C\omega}\right) \tag{3.44}$$

はこの場合の（複素）**インピーダンス**（交流抵抗）(impedance) である．

$$Z=|Z|\,e^{i\phi}$$

とおくと

$$|Z|=R^2+\left(L\omega-\frac{1}{C\omega}\right)^2,\quad \phi=\tan^{-1}\frac{1}{R}\left(L\omega-\frac{1}{C\omega}\right)$$

である．$|Z|$のことをインピーダンスという場合もある．

$$\mathrm{Re}\,V(t)=|v|\cos(\omega t+\gamma)$$

ならば

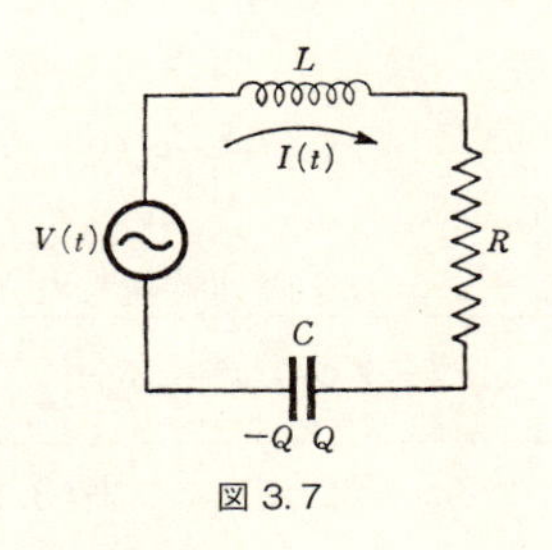

図 3.7

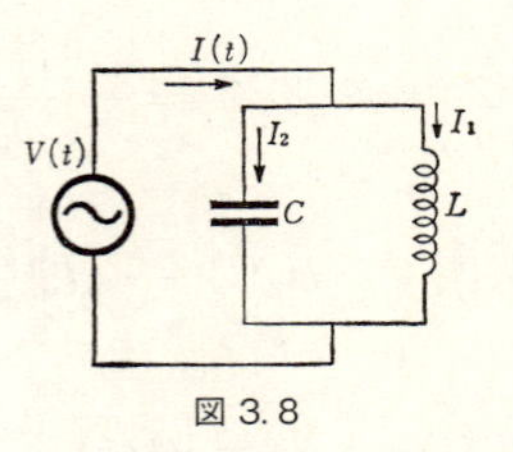

図 3.8

$$\mathrm{Re}\, I(t) = \frac{|v|}{|Z|}\cos(\omega t + \gamma - \phi)$$

となるから，$|Z|$ は電流の振幅（$|j|$ のこと．$|j|/\sqrt{2}$ を実効値（effective value）という）をきめ，ϕ は電流の位相が起電力のそれとどれだけ違うかを表わす．

抵抗，インダクタンス，コンデンサーが単独にあるときのインピーダンスはそれぞれ，$R, iL\omega, -i/C\omega$ であると考える．図 3.7 の回路はこれらが直列につながっているので，これの両端に生じている電圧（逆起電力）

$$RI,\ \ L\frac{dI}{dt} = i\omega LI,\ \ \frac{1}{C}\int^{t} I(t')dt' = -\frac{i}{C\omega}I$$

の和が $V(t)$ に等しく，$I(t)$ は共通なので，$(Z_1+Z_2+Z_3)I(t)=V(t)$ より，$Z=Z_1+Z_2+Z_3$ となったのである．これを一般化して，

<u>インピーダンスを直列接続したときの</u>
<u>合成インピーダンスは，$Z=\sum_n Z_n$</u>

になることがわかる．同様にして，図 3.8 のような並列接続のときは

$$Z_1=iL\omega,\ Z_2=-\frac{i}{C\omega}$$

として，

$$V(t)=Z_1I_1(t)=Z_2I_2(t)$$

であるから

$$I(t)=I_1(t)+I_2(t)=V(t)\left(\frac{1}{Z_1}+\frac{1}{Z_2}\right)$$

より，

$$\frac{1}{Z}=\frac{I(t)}{V(t)}=\frac{1}{Z_1}+\frac{1}{Z_2}=i\left(C\omega-\frac{1}{L\omega}\right)$$

となることがわかる．一般に

<u>インピーダンスを並列接続したときの</u>
<u>合成インピーダンス Z は，$\frac{1}{Z}=\sum_n\frac{1}{Z_n}$</u>

で与えられる．

このようにして合成した結果のインピーダンスが

$$Z=R+iX$$

となった場合，実数部 R を**抵抗**（**レジスタンス**（resistance）)，虚数部 X を**リアクタンス**（reactance）と呼ぶ．またインピーダンスの逆数

$$Y \equiv \frac{1}{Z} = \frac{1}{R+iX} = G+iB$$
$$\left(G = \frac{R}{R^2+X^2},\ \ B = \frac{-X}{R^2+X^2} \right)$$

を**アドミッタンス**（admittance），その実数部分 G を**コンダクタンス**（conductance），虚数部分 B を**サセプタンス**（susceptance）という．

インピーダンスは一般に周波数によって値が異なるから（3.40）の j_n と（3.39）の v_n の比は n によって違う．したがって，$V(t)$ が図 1.4〜図 1.9 のような形の場合，それに対応した $I(t)$ は同じ形になるとは限らない．ひとつの回路に電圧 $V(t)$ をかけたとき，どんな電流 $I(t)$ が流れるかを見るという立場に立ったとき，$V(t)$ を**入力**（input），$I(t)$ を**出力**（output）とよぶ*．最も単純なのは出力が入力に比例する場合であろう．そこまで単純でなくても，この節で調べたように系が<u>線形</u>（$V_1 \to I_1, V_2 \to I_2$ ならば，$\alpha V_1 + \beta V_2 \to \alpha I_1 + \beta I_2$）のときには，フーリエ分解によって各成分ごとに入力と出力の関係を調べ，それを重ね合わせて一般の周期的な入力に対する出力を求めることができる．この節で見たのは，のちに第 6 章で調

* 何を入力と見て何を出力と考えるかは，場合によってさまざまである．いつも電圧が入力で電流が出力というわけではない．

べる線形応答理論の最も簡単な例である.

問題4　図3.9のような交流ブリッジで, 抵抗 R とコンデンサーの容量 C を加減して, 中央の受話器に全く電流が流れないようにした. このときの R, C, R_1, R_2 から, 未知コイルのインダクタンス L とその内部抵抗 r（つまり未知コイルのインピーダンス $r+i\omega L$）を求める式を導け.

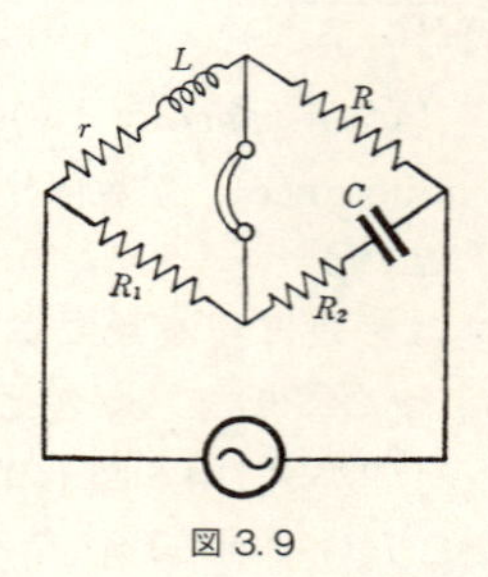

図3.9

第4章　フーリエ変換の応用

§4.1　熱伝導II

非常に厚いコンクリートの壁があって，その一方の面 $x=0$ に断熱板がはりつけてあるとする．x 軸上で断熱板から l のところにある点Pだけを加熱して，$t=0$ の温度分布が

$$u(x, y, z, 0) = u_0\delta(x-l)\delta(y)\delta(z) \tag{4.1}$$

ベクトル記号*で

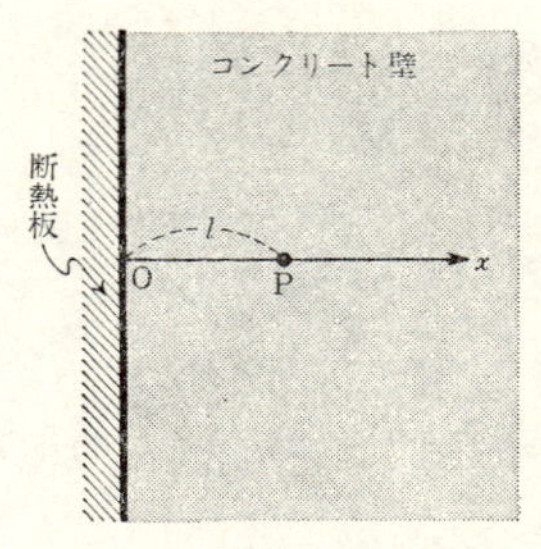

図4.1

---

* 3次元の δ 関数は，$\boldsymbol{r}$ の3成分を x, y, z とし，$\boldsymbol{r}'$ の3成分を x', y', z' とするとき $\delta(\boldsymbol{r}-\boldsymbol{r}')=\delta(x-x')\delta(y-y')\delta(z-z')$．

$$u(\boldsymbol{r}, 0) = u_0 \delta(\boldsymbol{r} - \boldsymbol{r}_{\mathrm{P}}) \tag{4.1a}$$

となるようにしたとする．加熱をやめてから後（$t>0$）のコンクリート内の温度分布はどのようになるであろうか．

まず，断熱板はなくて，全空間がコンクリートで埋められているものとしたときを考えよう．温度伝導率を a とすると，初期条件（4.1）のもとで

$$\frac{\partial u}{\partial t} = a \Delta u \tag{4.2}$$

を解く問題である．$u(\boldsymbol{r}, t)$ を $\boldsymbol{r}$ についてフーリエ変換する．

$$u(\boldsymbol{r}, t) = \frac{1}{\sqrt{8\pi^3}} \int F(\boldsymbol{k}, t) e^{i\boldsymbol{k}\cdot\boldsymbol{r}} d\boldsymbol{k}$$

そうすると，

$$\frac{\partial u}{\partial t} = \frac{1}{\sqrt{8\pi^3}} \int \frac{\partial F}{\partial t} e^{i\boldsymbol{k}\cdot\boldsymbol{r}} d\boldsymbol{k}$$

$$a\Delta u = \frac{-1}{\sqrt{8\pi^3}} \int a({k_x}^2 + {k_y}^2 + {k_z}^2) F(\boldsymbol{k}, t) e^{i\boldsymbol{k}\cdot\boldsymbol{r}} d\boldsymbol{k}$$

であるから，（4.2）は

$$\frac{\partial F}{\partial t} = -a({k_x}^2 + {k_y}^2 + {k_z}^2) F(\boldsymbol{k}, t)$$

となる．積分してただちに，

$$F(\boldsymbol{k}, t) = F(\boldsymbol{k}, 0) e^{-a({k_x}^2 + {k_y}^2 + {k_z}^2)t}$$

が求められる．初期条件（4.1）は，（2.17）式を使うと

$$u(\boldsymbol{r}, 0) = \frac{u_0}{8\pi^3} \iiint e^{i[k_x(x-l)+k_y y+k_z z]} d\boldsymbol{k}$$

とかけるから，

$$F(\boldsymbol{k}, 0) = \frac{u_0}{\sqrt{8\pi^3}} e^{-ik_x l}$$

がわかる．したがって

$$F(\boldsymbol{k}, t) = \frac{u_0}{\sqrt{8\pi^3}} e^{-a({k_x}^2+{k_y}^2+{k_z}^2)t-ik_x l}$$

が求められた．これを逆変換すれば，$u(\boldsymbol{r}, t)$ が定まるが，ガウス関数のフーリエ変換については第2章の問題4（47ページ）の結果を利用すればよい．

$$\begin{aligned} u(\boldsymbol{r}, t) &= \frac{1}{\sqrt{8\pi^3}} \int F(\boldsymbol{k}, t) e^{i\boldsymbol{k}\cdot\boldsymbol{r}} d\boldsymbol{k} \\ &= \frac{u_0}{8\pi^3} \int_{-\infty}^{\infty} e^{-at{k_x}^2+ik_x(x-l)} dk_x \\ &\qquad \times \int_{-\infty}^{\infty} e^{-at{k_y}^2+ik_y y} dk_y \int_{-\infty}^{\infty} e^{-at{k_z}^2+ik_z z} dk_z \end{aligned}$$

より，

$$u(\boldsymbol{r}, t) = \frac{u_0}{\sqrt{8\pi^3}} \frac{1}{\sqrt{8a^3t^3}} \exp\left\{-\frac{1}{4at}[(x-l)^2+y^2+z^2]\right\} \tag{4.3}$$

がえられる．これは，P点 $(l, 0, 0)$ を中心として $2\sqrt{at}$ 程度の半径の範囲にひろがったガウス関数である．つまり，熱はP点を中心として次第に拡散してゆき，その結果として温度がこのような分布をするのである．公式

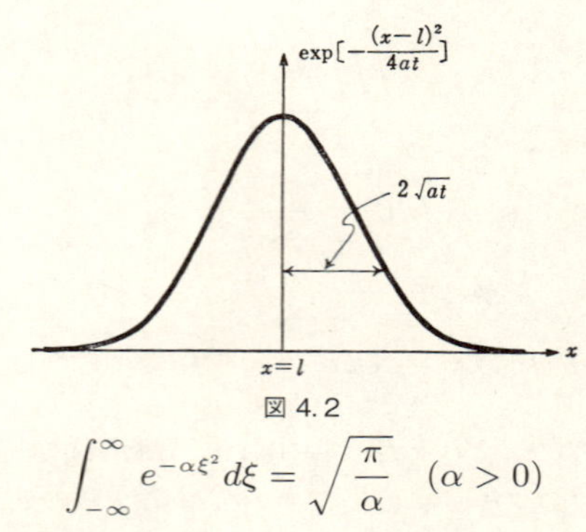

図 4.2

$$\int_{-\infty}^{\infty} e^{-\alpha\xi^2} d\xi = \sqrt{\frac{\pi}{\alpha}} \quad (\alpha > 0)$$

を用いると，

$$\int_{-\infty}^{\infty}\int_{-\infty}^{\infty}\int_{-\infty}^{\infty} u(\boldsymbol{r}, t) dxdydz = u_0 \quad (\text{一定})$$

であることもわかる．これは熱量の保存を表わしている．

さて，以上はコンクリートが無限に広がっている場合の話であった．$x=0$ の面が断熱壁だとどういうことになるであろうか．断熱ということは $\boldsymbol{q}\cdot\boldsymbol{n}dS=0$ ということであるから，いまの場合には

$$q_x = -\frac{\partial u}{\partial x} = 0 \quad (x=0) \tag{4.4}$$

ということである．$t=0$ の場合を除き，上で求めた $u(\boldsymbol{r}, t)$ はこの条件を満たしていない．

このような場合によく用いられるのは，静電気学で導体板の近くに点電荷をおいた際の電場を求めるときなどに使われる**鏡像法**（method of images）である．コンクリ

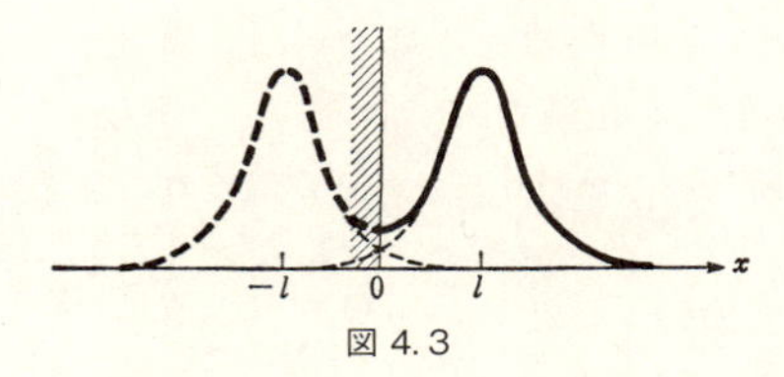

図 4.3

ートは $x<0$ にもつながっているとして，断熱面に関しPの鏡像にあたる点P′に，Pにあったのと同じ温度分布

$$u_0\delta(x+l)\delta(y)\delta(z)$$

を $t=0$ につくっておいたとするのである．そうすると，熱はまわりに広がっていって，(4.3) の l を $-l$ に変えたガウス分布ができる．これを (4.3) に重ねると

$$u(\boldsymbol{r},t)=\frac{u_0}{\sqrt{8\pi^3}}\frac{1}{\sqrt{8a^3t^3}}\left[e^{-(\boldsymbol{r}-\boldsymbol{r}_{\mathrm{P}})^2/4at}+e^{-(\boldsymbol{r}-\boldsymbol{r}_{\mathrm{P'}})^2/4at}\right] \tag{4.5}$$

となるが，この式の右辺の2つの項はどちらも (4.2) を満たすから，和もまた (4.2) の解になっている．そして $t=0$ では

$$u(\boldsymbol{r},0)=u_0[\delta(\boldsymbol{r}-\boldsymbol{r}_{\mathrm{P}})+\delta(\boldsymbol{r}-\boldsymbol{r}_{\mathrm{P'}})]$$

であり，(4.4) を満たしている．この解の $x\geqq 0$ の部分だけをとれば，それが $x=0$ に断熱壁がある場合の解になっているのである*．

この場合，$t>0$ で $x>0$ の側にしみ出している，P′か

* 証明は省略するが，境界条件と初期条件を満たす解は一つしか存在しないということを前提にしている．

ら拡散した熱（と思われるもの）は，実はPから出て断熱壁で「反射」した熱なのである．

問題1 断熱壁のかわりに$x=0$が温度0の恒温槽で，境界条件が

$$u(0, y, z, t) = 0$$

であったらどうか．

§4.2 グリーン関数I

4.2.1 拡散方程式のグリーン関数

前節で求めた$u(\boldsymbol{r}, t)$は$t>0$に対してのみ有効なものである．P点（およびP′点）を$t=0$の瞬間だけ急熱してδ関数形の温度分布$u_0\delta(\boldsymbol{r}-\boldsymbol{r}_{\mathrm{P}})$をつくったのだとすると，$t<0$には$u$はいたる所で0であったわけだから，$-\infty<t<\infty$で有効な$u$は，(4.3) あるいは (4.5) に$\theta(t)$（階段関数，$t>0$で$\theta(t)=1$，$t<0$で$\theta(t)=0$）をかけたものになるはずである．それを

$$\tilde{G}(\boldsymbol{r}, t) = u(\boldsymbol{r}, t)\theta(t) \tag{4.6}$$

とかくことにしよう．この$\tilde{G}(\boldsymbol{r}, t)$はどんな方程式に従うのだろうか．

階段関数を微分するとδ関数になることを使うと

$$\left(\frac{\partial}{\partial t} - a\Delta\right)\tilde{G}(\boldsymbol{r}, t)$$
$$= \left[\frac{\partial u(\boldsymbol{r}, t)}{\partial t} - a\Delta u(\boldsymbol{r}, t)\right]\theta(t) + \delta(t)u(\boldsymbol{r}, t)$$

となるが，右辺の[ ]内は$t<0$を含めて常に0である．

また，$t \neq 0$ では $\delta(t) = 0$ なので，$\delta(t)u(\boldsymbol{r}, t) = \delta(t)u(\boldsymbol{r}, 0)$ としてよい．したがって，$\tilde{G}(\boldsymbol{r}, t)$ は

$$\frac{\partial \tilde{G}}{\partial t} - a\Delta\tilde{G} = \delta(t)u(\boldsymbol{r}, 0)$$

という方程式を満たすことがわかる．もっとくわしく記せば

$$\left(\frac{\partial}{\partial t} - a\Delta\right)\tilde{G}(\boldsymbol{r}, t) = \begin{cases} u_0\delta(t)\delta(\boldsymbol{r} - \boldsymbol{r}_{\mathrm{P}}) \\ u_0\delta(t)[\delta(\boldsymbol{r} - \boldsymbol{r}_{\mathrm{P}}) + \delta(\boldsymbol{r} - \boldsymbol{r}_{\mathrm{P'}})] \end{cases} \tag{4.7}$$

ということになる．右辺の 1 行目はコンクリートが無限に広がっている場合，2 行目は $x = 0$ に断熱板がある場合である．

(4.7) 式を熱伝導の非斉次方程式 (3.33) (79 ページ) とくらべてみると，

$$Q(\boldsymbol{r}, t) = \begin{cases} \rho c u_0\delta(t)\delta(\boldsymbol{r} - \boldsymbol{r}_{\mathrm{P}}) \\ \rho c u_0\delta(t)[\delta(\boldsymbol{r} - \boldsymbol{r}_{\mathrm{P}}) + \delta(\boldsymbol{r} - \boldsymbol{r}_{\mathrm{P'}})] \end{cases}$$

という，時間的にも空間的にも δ 関数的な熱の発生源が存在する場合の温度分布を表わすのが $\tilde{G}(\boldsymbol{r}, t)$ である．

そこで，熱伝導の方程式 (3.33)，すなわち

$$\left(\frac{\partial}{\partial t} - a\Delta\right)u(\boldsymbol{r}, t) = \frac{1}{\rho c}Q(\boldsymbol{r}, t) \tag{4.8}$$

において，熱の発生源を表わす右辺の非斉次項が，時間・空間の δ 関数である場合の $u(\boldsymbol{r}, t)$ を，この方程式の**グリーン関数** (Green function) と呼び，G で表わすことに

する．

$$\left(\frac{\partial}{\partial t}-a\Delta\right)G(\boldsymbol{r}-\boldsymbol{r}',t-t')=\delta(t-t')\delta(\boldsymbol{r}-\boldsymbol{r}') \qquad (4.9)$$

境界条件として，断熱壁のようなものは考えず，$|\boldsymbol{r}-\boldsymbol{r}'|\to\infty$ で $G\to 0$ となるようなもの，ということにすれば，(4.3) 式からすぐわかるように

$$G(\boldsymbol{r}-\boldsymbol{r}',t-t') = \frac{1}{[4\pi a(t-t')]^{3/2}}\theta(t-t')\exp\left[-\frac{(\boldsymbol{r}-\boldsymbol{r}')^2}{4a(t-t')}\right] \qquad (4.10)$$

が求めるグリーン関数である．境界条件によってグリーン関数の形が違ってくることは，断熱壁の例からも明らかであろう．

グリーン関数がわかると，(4.8) の右辺が一般の関数 $\mathcal{F}(\boldsymbol{r},t)$ の場合の $u(\boldsymbol{r},t)$ を，それによって表わすことができるのである．δ 関数の性質を用いると

$$\mathcal{F}(\boldsymbol{r},t)=\iint\mathcal{F}(\boldsymbol{r}',t')\delta(\boldsymbol{r}'-\boldsymbol{r})\delta(t'-t)d\boldsymbol{r}'dt'$$

であるから，(4.9) の両辺に $\mathcal{F}(\boldsymbol{r}',t')$ をかけて $\boldsymbol{r}'$ と t' で積分すると，右辺は $\mathcal{F}(\boldsymbol{r},t)$ になり，

$$\left(\frac{\partial}{\partial t}-a\Delta\right)\iint G(\boldsymbol{r}-\boldsymbol{r}',t-t')\mathcal{F}(\boldsymbol{r}',t')d\boldsymbol{r}'dt'=\mathcal{F}(\boldsymbol{r},t)$$

という式がえられる．したがって

$$u(\boldsymbol{r},t)=\iint G(\boldsymbol{r}-\boldsymbol{r}',t-t')\mathcal{F}(\boldsymbol{r}',t')d\boldsymbol{r}'dt' \qquad (4.11)$$

が求める関数になる．$\mathcal{F}(\boldsymbol{r}',t')$ として $Q(\boldsymbol{r}',t')/\rho c$ を入

れれば（4.8）の解——ただし無限遠で $\to 0$ の——になるというわけである.

以上，熱伝導について調べたことは，物質の拡散にもそのままあてはまる．その場合には u は物質の濃度を表わし，a は**拡散係数**（diffusion coefficient）と呼ばれるものになる.

4.2.2 1次元波動方程式のグリーン関数（両端固定の場合）

グリーン関数の別の例は §3.2 で扱った．弦の方程式（3.7）は，自身の張力のみによる振動を表わすが，外力 $\chi(x,t)$ が加えられているときには

$$\frac{\partial^2 u}{\partial t^2} - v^2 \frac{\partial^2 u}{\partial x^2} = \frac{1}{\rho}\chi(x,t) \tag{4.12}$$

という非斉次方程式になる．§3.2 では初期条件（3.13）を与えて，それ以後の自由振動を求めたわけであるが，$t<0$ で静止していた弦に

$$\chi(x,t) = I\delta(x-a)\delta(t)$$

という撃力が加えられた場合の（4.12）の解の $t>0$ の部分が，（3.15）を（3.12）に入れた

$$u_I(x,t) = \sum_{n=1}^{\infty} \frac{2I\sin k_n a}{l\rho\omega_n} \sin\omega_n t \sin k_n x$$

であると考えても同じである.

方程式（4.12）に対するグリーン関数 $G(x,t)$ は

$$\left(\frac{\partial^2}{\partial t^2} - v^2 \frac{\partial^2}{\partial x^2}\right) G(x,t) = \delta(x-a)\delta(t-t') \tag{4.13}$$

の解として定義される．$t'=0$ としても一般性を失わないから*，そのようにすると，上の $u_I(x,t)$ で $I/\rho=1$ とおき，$\theta(t)$ をかけたものが $G(x,t)$ になる．

$$G(x,t)=\theta(t)\frac{u_I(x,t)}{I/\rho}$$

これを微分とすると

$$\frac{\partial^2 G}{\partial t^2}=\frac{\rho}{I}\left[\delta'(t)u_I+2\delta(t)\frac{\partial u_I}{\partial t}+\theta(t)\frac{\partial^2 u_I}{\partial t^2}\right]$$
$$\frac{\partial^2 G}{\partial x^2}=\frac{\rho}{I}\theta(t)\frac{\partial^2 u_I}{\partial x^2}$$

となるが，u_I はつねに（3.7）を満たすから

$$\left(\frac{\partial^2}{\partial t^2}-v^2\frac{\partial^2}{\partial x^2}\right)G(x,t)=\frac{\rho}{I}\left[\delta'(t)u_I+2\delta(t)\frac{\partial u_I}{\partial t}\right]$$

がえられる．ところが δ 関数の導関数については（2.18）式が成り立つから，積分したものが同じ結果を与えるという意味で（δ 関数を含む式はすべてそのように解釈すべきものである）

$$\delta'(t)u_I(x,t)=-\delta(t)\frac{\partial u_I(x,t)}{\partial t}$$

である．また，$\delta(t)f(t)=\delta(t)f(0)$ であるから，結局

$$\left(\frac{\partial^2}{\partial t^2}-v^2\frac{\partial^2}{\partial x^2}\right)G(x,t)=\delta(t)\frac{\rho}{I}\left(\frac{\partial u_I}{\partial t}\right)_{t=0}$$

---

* あとで $t\to t-t'$ とおきかえればよい．時間の原点はどこでもかまわないからである．ただし今度の場合は，x については原点は勝手にはずらせない．

となることがわかる．$u_I(x,t)$ は（3.13）を満たすように
つくったものであるから

$$\left(\frac{\partial^2}{\partial t^2}-v^2\frac{\partial^2}{\partial x^2}\right)G(x,t)=\delta(t)\delta(x-a) \qquad (4.13')$$

となっている．$G(x,t)$ の具体的な形は

$$G(x,t)=\theta(t)\sum_{n=1}^{\infty}\frac{2\sin k_n a}{l\omega_n}\sin\omega_n t\sin k_n x \qquad (4.14)$$

$$\left(\omega_n=\frac{n\pi}{l}\sqrt{\frac{S}{\rho}},\ \ k_n=\frac{n\pi}{l},\ \ v^2=\frac{S}{\rho}\right)$$

である．

§ 4.3　グリーン関数 II

まず準備として，関数

$$w(r)=\frac{e^{\pm i\kappa r}}{r} \qquad \text{ただし } r=\sqrt{x^2+y^2+z^2}$$

のフーリエ変換を求めておこう．x, y, z の代りに図 4.4 のようにとった球座標 r, θ, ϕ を用いると

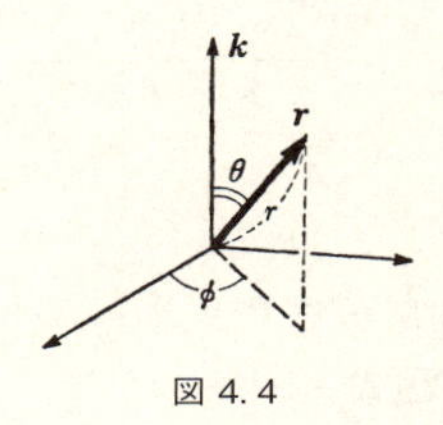

図 4.4

$$
\begin{aligned}
W(\boldsymbol{k})& \\
&= \frac{1}{\sqrt{8\pi^3}}\int_0^{\infty}\left[\int_0^{\pi}\left\{\int_0^{2\pi}\frac{e^{\pm i\kappa r}}{r}e^{-i\boldsymbol{k}\cdot\boldsymbol{r}}d\phi\right\}\sin\theta d\theta\right]r^2dr \\
&= \frac{2\pi}{\sqrt{8\pi^3}}\int_0^{\infty}\left[\int_0^{\pi}\frac{e^{\pm i\kappa r}}{r}e^{-ikr\cos\theta}\sin\theta d\theta\right]r^2dr \\
&\qquad\qquad (\because \boldsymbol{k}\cdot\boldsymbol{r} = kr\cos\theta) \\
&= \frac{1}{\sqrt{2\pi}}\int_0^{\infty}\left[\frac{e^{\pm i\kappa r}}{r}\int_{-1}^{1}e^{+ikr\zeta}d\zeta\right]r^2dr \\
&\qquad\qquad (\zeta = -\cos\theta \text{ とおく}) \\
&= \frac{1}{\sqrt{2\pi}}\int_0^{\infty}\frac{e^{\pm i\kappa r}}{r}\frac{e^{ikr}-e^{-ikr}}{ikr}r^2dr \\
&= \frac{-i}{\sqrt{2\pi}k}\int_0^{\infty}(e^{i(\pm\kappa+k)r}-e^{i(\pm\kappa-k)r})dr
\end{aligned}
$$

この積分は収束しないから，前と同様に被積分関数に $e^{-\varepsilon' r}$ $(\varepsilon'>0)$ をかけて積分し，あとで $\varepsilon'\to 0$ とする．そうすると

$$
W(\boldsymbol{k}) = \sqrt{\frac{2}{\pi}}\frac{1}{k^2-\kappa^2}
$$
$$
\left(=\lim_{\varepsilon\to 0}\sqrt{\frac{2}{\pi}}\frac{1}{k^2-\kappa^2\mp i\varepsilon}\right) \quad (\varepsilon = 2\varepsilon'\kappa) \tag{4.15}
$$

であることがわかる．

よく知られた偏微分方程式の一つに，**ヘルムホルツ** (Helmholtz) **の方程式**

$$(\Delta+\kappa^2)u(\boldsymbol{r})=-F(\boldsymbol{r}) \tag{4.16}$$

というものがある．これのグリーン関数 $G(\boldsymbol{r})$ は

$$(\Delta+\kappa^2)G(\boldsymbol{r})=-\delta(\boldsymbol{r}) \tag{4.17}$$

を満たす．$G(\boldsymbol{r})$ のフーリエ変換を $F_G(\boldsymbol{k})$ としよう．

$$G(\boldsymbol{r})=\frac{1}{\sqrt{8\pi^3}}\int F_G(\boldsymbol{k})e^{i\boldsymbol{k}\cdot\boldsymbol{r}}d\boldsymbol{k}$$

であるから，(4.17) に入れると

$$\begin{aligned}(\Delta+\kappa^2)G(\boldsymbol{r})&=\frac{1}{\sqrt{8\pi^3}}\int(\kappa^2-k^2)F_G(\boldsymbol{k})e^{i\boldsymbol{k}\cdot\boldsymbol{r}}d\boldsymbol{k}\\&=\frac{-1}{8\pi^3}\int e^{i\boldsymbol{k}\cdot\boldsymbol{r}}d\boldsymbol{k}\end{aligned}$$

となり，これから

$$(\kappa^2-k^2)F_G(\boldsymbol{k})=\frac{-1}{\sqrt{8\pi^3}}$$

ゆえに

$$F_G(\boldsymbol{k})=\frac{1}{\sqrt{8\pi^3}}\frac{1}{k^2-\kappa^2} \tag{4.18}$$

がえられる．これと (4.15) とをくらべると

$$G(\boldsymbol{r})=\frac{e^{\pm i\kappa r}}{4\pi r} \tag{4.19}$$

であることがわかる．これは，$r\to\infty$ で $G\to 0$ という条件を満たすグリーン関数である．

つぎに，3 次元の波動方程式で外力のある場合を考えよう．

$$\left(\frac{\partial^2}{\partial t^2}-v^2\Delta\right)u(\boldsymbol{r},t)=F(\boldsymbol{r},t) \tag{4.20}$$

これのグリーン関数 $G(\boldsymbol{r},t)$ は

$$\left(\frac{\partial^2}{\partial t^2}-v^2\Delta\right)G(\boldsymbol{r},t)=\delta(\boldsymbol{r})\delta(t) \tag{4.21}$$

の解である．無限遠で0になる G を求めようというのだから，右辺を $\delta(\boldsymbol{r}-\boldsymbol{r}')\delta(t-t')$ とするのはやめにする．必要ならあとで $\boldsymbol{r}\to\boldsymbol{r}-\boldsymbol{r}'$，$t\to t-t'$ としても同じだからである．

まず変数 t についてだけフーリエ変換をする．

$$G(\boldsymbol{r},t)=\frac{1}{\sqrt{2\pi}}\int_{-\infty}^{\infty}\mathcal{Y}(\boldsymbol{r},\omega)e^{-i\omega t}d\omega \tag{4.22}$$

これを（4.21）に入れ，$\delta(t)=\dfrac{1}{2\pi}\displaystyle\int_{-\infty}^{\infty}e^{-i\omega t}d\omega$ を用いると，$\mathcal{Y}(\boldsymbol{r},\omega)$ は

$$\left(\Delta+\frac{\omega^2}{v^2}\right)\mathcal{Y}(\boldsymbol{r},\omega)=-\frac{1}{\sqrt{2\pi}v^2}\delta(\boldsymbol{r})$$

に従うことがわかる．これは（4.17）と同じ形をしているから，その解は（4.19）で $\kappa=\omega/v$ とおき，全体を $\sqrt{2\pi}v^2$ で割ったものになる．

$$\mathcal{Y}(\boldsymbol{r},\omega)=\frac{1}{\sqrt{32\pi^3}v^2}\frac{e^{\pm i\omega r/v}}{r}$$

これを（4.22）に代入し，δ 関数のフーリエ積分表示（2.17）を用いれば

$$G(\boldsymbol{r}, t) = \frac{1}{4\pi v^2 r}\delta\left(t \mp \frac{r}{v}\right) \tag{4.23}$$

という結果がえられる.

これを用いると,（4.20）の解が

$$u(\boldsymbol{r}, t) = \iint F(\boldsymbol{r}', t')G(\boldsymbol{r}-\boldsymbol{r}', t-t')d\boldsymbol{r}'dt' \tag{4.24}$$

によって計算できることは, 前節の（4.11）と同様である.

問題 2　原点のところに時間的に変化する力による波源 $F(\boldsymbol{r}, t) = \delta(\boldsymbol{r})f(t)$ があるとき, $u(\boldsymbol{r}, t)$ はどうなるか.（4.23）の複号の上側を採用せよ.

問題 3　前問で波源の力が $F(\boldsymbol{r}, t) = \delta(\boldsymbol{r})A\cos\omega_0 t$ の場合にはどうなるか. また（4.23）の複号の下側を用いたらどんな波ができるか.

問題 4　式（4.23）にはどんな物理的な意味を与えることができるか.

§ 4.4　変調と検波

電話では, 声音による振動 $f(t)$ を, 電流とか電波などに乗せて遠方に搬送する. 人の声や, 耳で聴くことのできる振動数は限られた範囲内のものだけであるから, この $f(t)$ としては, そのフーリエ変換 $F(\omega)$ が

$$|\omega| > \omega_M \quad \text{では} \quad F(\omega) = 0$$

のように限られた範囲の ω に対してだけ値をもつものを考えればよい.

このような信号はそのままでは送信に適しないので,

一つの方法として，周波数一定の高周波 $\cos\omega_c t$ を信号波によって $f(t)\cos\omega_c t$ のように**変調**（modulation）したものを送信することが行なわれる．これを**振幅変調**（amplitude modulation，略して AM）といい，使われる高周波 $\cos\omega_c t$ のことを**搬送波**（carrier）という．

搬送波 $\cos\omega_c t$ のフーリエ変換は，§2.3の問題9（57ページ）からわかるように

$$F_c(\omega) = \sqrt{\frac{\pi}{2}}[\delta(\omega+\omega_c)+\delta(\omega-\omega_c)]$$

で与えられる．§2.2で調べたように，積のフーリエ変換はフーリエ変換のたたみこみで与えられるから，$f(t)\cos\omega_c t$ のフーリエ変換は

$$\begin{aligned}
&\frac{1}{\sqrt{2\pi}}F(\omega)*F_c(\omega)\\
&= \frac{1}{2}F(\omega)*[\delta(\omega+\omega_c)+\delta(\omega-\omega_c)]\\
&= \frac{1}{2}\int_{-\infty}^{\infty}F(\omega')[\delta(\omega+\omega_c-\omega')+\delta(\omega-\omega_c-\omega')]d\omega'\\
&= \frac{1}{2}[F(\omega+\omega_c)+F(\omega-\omega_c)] \qquad (4.25)
\end{aligned}$$

ということになる．搬送波が $\sin\omega_c t$ なら $[iF(\omega+\omega_c)-iF(\omega-\omega_c)]/2$ となるが，どちらにしても，信号に周波数が $\omega_c/2\pi$ の正弦波をかけると，スペクトルが $\pm\omega_c$ だけずれることがわかる．

図4.6のように，時間平均が0であるような信号を，定数 f_0 だけずらせておいてから，これに搬送波をかける

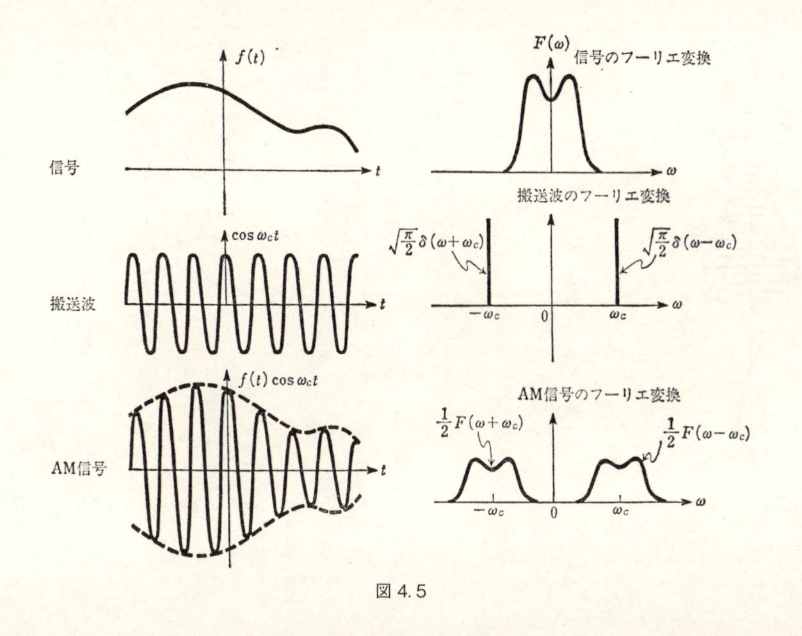

f(t)
F(ω)
信号のフーリエ変換
信号
t
ω
搬送波のフーリエ変換
cos ωct
√(π/2) δ(ω+ωc)
√(π/2) δ(ω−ωc)
搬送波
−ωc
0
ωc
f(t) cos ωct
AM信号のフーリエ変換
1/2 F(ω+ωc)
1/2 F(ω−ωc)
AM信号

図 4.5

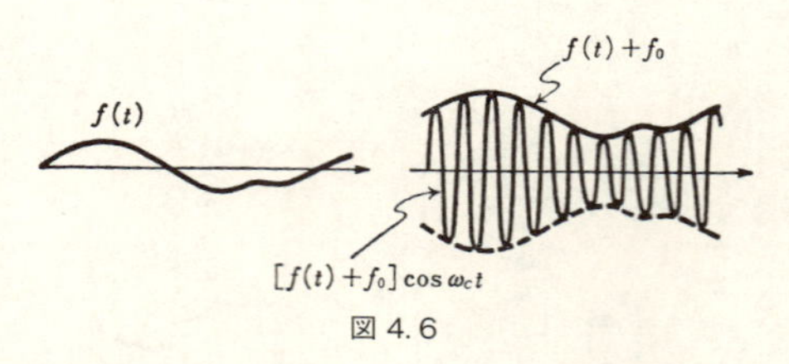

図 4.6

ことがよく行なわれる.

$$[f(t)+f_0]\cos\omega_c t = f(t)\cos\omega_c t + f_0\cos\omega_c t \tag{4.26}$$

この場合には，第2項 $f_0\cos\omega_c t$ のフーリエ変換（$\omega=\pm\omega_c$ のところの線スペクトル）

$$\sqrt{\frac{\pi}{2}}f_0[\delta(\omega+\omega_c)+\delta(\omega-\omega_c)]$$

が（4.25）に重ね合わさることになる.

さて，（4.26）のような波が送られてきたとき，これからもとの信号 $f(t)$ を分離することを**検波**（detection, demodulation）という．いま（4.26）にもう一度 $\cos\omega_c t$ をかけてみよう.

$$\begin{aligned}[f_0+f(t)]\cos^2\omega_c t &= [f_0+f(t)]\left(\frac{1}{2}+\frac{1}{2}\cos 2\omega_c t\right)\\ &= \frac{f_0}{2}+\frac{1}{2}f(t)+\frac{f_0}{2}\cos 2\omega_c t\\ &\quad +\frac{1}{2}f(t)\cos 2\omega_c t\end{aligned}$$

これのフーリエ変換は

$$\sqrt{\frac{\pi}{2}}f_0\delta(\omega)+\frac{1}{2}F(\omega)$$
$$+\sqrt{\frac{\pi}{8}}f_0[\delta(\omega+2\omega_c)+\delta(\omega-2\omega_c)]$$
$$+\frac{1}{4}[F(\omega+2\omega_c)+F(\omega-2\omega_c)]$$

となるが，$\omega_M<\omega_c$ ならば，$F(\omega)$ と $F(\omega\pm2\omega_c)$ とは重ならないから，ω_M までの周波数領域を通す**フィルター**を使うことによって，もとの $F(\omega)$ を分離し，$f(t)$ を再現できることになる．

問題 5　搬送波 $\cos\omega_c t$ のかわりに，周期的な単位パルス列 $\sum_{n=-\infty}^{\infty}\delta(t-nT)$ を用いると，$f(t)\sum_{n=-\infty}^{\infty}\delta(t-nT)$ のスペクトル（フーリエ変換）はどのようになるか．それから $F(\omega)$ が分離できるためには，T はどうなっていなくてはならないか．（ヒント：式（1.30）を用いよ）

第5章　光・X線とプラズマ

§ 5.1　光の回折

よく知られているように，光は電磁波であるから，空間を振動的に伝わるのは電場・磁場というベクトルである*．しかし，偏光性などのようなベクトル性を問題にしない場合には，スカラー量の波として，音波などと共通に論じることができるから，ここではそのように扱うことにする．そうすると，波源を離れたところでは，そのような量 $u(\boldsymbol{r}, t)$ は波動方程式

$$\left(\frac{\partial^2}{\partial t^2} - c^2\Delta\right) u(\boldsymbol{r}, t) = 0 \tag{5.1}$$

に従う．c は光速（音なら音速）である．

以下，振動数のきまった**単色光**（monochromatic light）を考えることにするから

$$u(\boldsymbol{r}, t) = e^{-i\omega t} u(\boldsymbol{r}) \tag{5.2}$$

とおくと，$u(\boldsymbol{r})$ は方程式

$$(\Delta + k^2) u(\boldsymbol{r}) = 0 \tag{5.3}$$

に従うことになる．ただし

---

*　くわしいことは §8.7 を参照.

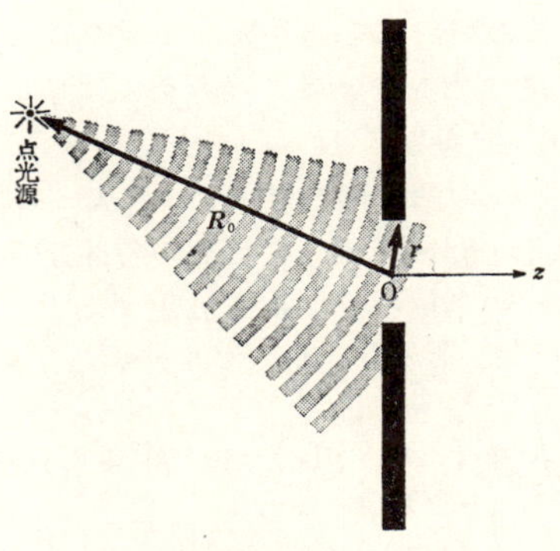

図 5.1

$$k = \frac{\omega}{c} \tag{5.4}$$

は波数である．

いま，$\boldsymbol{R}_0$ にある点光源から出た球面波を考えると，位置 $\boldsymbol{r}$ における $u(\boldsymbol{r})$ は

$$u(\boldsymbol{r}) = \frac{A}{|\boldsymbol{R}_0 - \boldsymbol{r}|} e^{ik|\boldsymbol{R}_0 - \boldsymbol{r}|} \tag{5.5}$$

で与えられるが，光源が十分遠方にあって $|\boldsymbol{R}_0| \gg |\boldsymbol{r}|$ であると

$$u(\boldsymbol{r}) \simeq \frac{A}{R_0} e^{ik|\boldsymbol{R}_0 - \boldsymbol{r}|} \tag{5.6}$$

としてよい．原点のところにスリット（細隙）とか，小孔のあいた衝立を置くとすると，それら開口部（すきま，孔など）の付近の u は（5.6）で与えられることになる．

つぎに，この開口部を通り抜けて図の右側に出た光の $u(\boldsymbol{r})$ をきめることを考える．境界条件は，開口部のところの値（5.6）である．

いま，ひとつの閉曲面を S，それによって囲まれる空間を V で表わし，S を細分してその各部分で立てた外向きの法線方向の単位ベクトルを $\boldsymbol{n}$ とすると，2つの関数 $u(\boldsymbol{r}), v(\boldsymbol{r})$ に関してグリーンの定理

$$\int_S \boldsymbol{n}\cdot\{v(\boldsymbol{r})\nabla u(\boldsymbol{r})-u(\boldsymbol{r})\nabla v(\boldsymbol{r})\}dS$$
$$=\int_V \{v(\boldsymbol{r})\Delta u(\boldsymbol{r})-u(\boldsymbol{r})\Delta v(\boldsymbol{r})\}d\boldsymbol{r}$$

が成り立つ*．これを，（5.3）を満たす $u(\boldsymbol{r})$ と，

$$(\Delta+k^2)G(\boldsymbol{r},\boldsymbol{R})=-\delta(\boldsymbol{r}-\boldsymbol{R}) \tag{5.7}$$

を満たす $G(\boldsymbol{r},\boldsymbol{R})$ に適用する（$v(\boldsymbol{r})$ として $G(\boldsymbol{r},\boldsymbol{R})$ を入れる）．さしあたり $\boldsymbol{R}$ はパラメータと考えておく．そうすると，$\boldsymbol{R}$ で表わされる位置が V 内にあるとき

$$\int_V (G\Delta u-u\Delta G)d\boldsymbol{r}$$
$$=\int_V \{-k^2Gu+k^2uG+u(\boldsymbol{r})\delta(\boldsymbol{r}-\boldsymbol{R})\}d\boldsymbol{r}$$
$$=\int_V u(\boldsymbol{r})\delta(\boldsymbol{r}-\boldsymbol{R})d\boldsymbol{r}=u(\boldsymbol{R})$$

---

* ガウスの定理 $\int_S A(\boldsymbol{r})\cdot\boldsymbol{n}dS=\int_V \mathrm{div}\,A(\boldsymbol{r})d\boldsymbol{r}$ で $A(\boldsymbol{r})=v\nabla u$ とおいたものと，$A=u\nabla v$ とおいたものをつくって差をとればよい．

となるから

$$u(\boldsymbol{R}) = \int_S \boldsymbol{n}\cdot\{G(\boldsymbol{r}, \boldsymbol{R})\nabla u(\boldsymbol{r}) - u(\boldsymbol{r})\nabla G(\boldsymbol{r}, \boldsymbol{R})\}dS$$

と表わされることがわかる．もし，グリーン関数の境界条件として，

$$G(\boldsymbol{r}, \boldsymbol{R}) = 0 \quad (\boldsymbol{r} : S \text{上}) \tag{5.8}$$

となるものをとっておけば，

$$u(\boldsymbol{R}) = -\int_S u(\boldsymbol{r})\nabla G(\boldsymbol{r}, \boldsymbol{R})\cdot \boldsymbol{n} dS \tag{5.9}$$

によって，S 上の $u(\boldsymbol{r})$ と $\nabla G(\boldsymbol{r}, \boldsymbol{R})$ から，$u(\boldsymbol{R})$ が算出できることになる．そこで，そのような $G(\boldsymbol{r}, \boldsymbol{R})$ を求めることを考えよう．

いま，開口部の衝立が非常に大きい平面（xy 面にとる）であるとし，その平面と衝立の右側（$z>0$）を大きく包む半球（半径 $\to\infty$）面を合わせたものが S だと考える．半球面上では $(G\nabla u - u\nabla G)$ は十分小さい無限小になるから考えなくてよいので*，xy 面上で 0 になる $G(\boldsymbol{r}, \boldsymbol{R})$ を求めればよい．それには §4.1 の問題 1（94 ページ）と同様な考えを適用すればよい．(5.7) の解としては，§4.3 で調べたように，$\boldsymbol{r}=\boldsymbol{R}$ から出る球面波

$$G_1(\boldsymbol{r}, \boldsymbol{R}) = \frac{e^{ik|\boldsymbol{r}-\boldsymbol{R}|}}{4\pi|\boldsymbol{r}-\boldsymbol{R}|}$$

が存在するが，これに $\boldsymbol{R}'$ から出る球面波を符号を変えて

---

*　このことの吟味は省略する．

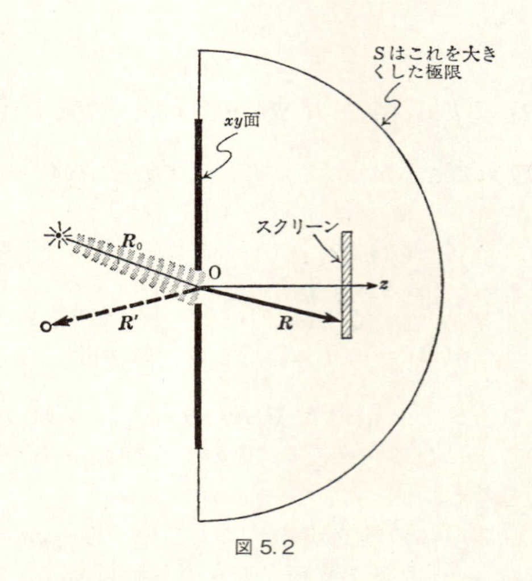

図 5.2

加えた

$$G(\boldsymbol{r}, \boldsymbol{R}) = \frac{1}{4\pi}\left(\frac{e^{ik|\boldsymbol{r}-\boldsymbol{R}|}}{|\boldsymbol{r}-\boldsymbol{R}|} - \frac{e^{ik|\boldsymbol{r}-\boldsymbol{R}'|}}{|\boldsymbol{r}-\boldsymbol{R}'|}\right) \tag{5.10}$$

も V 内で（5.7）を満たすグリーン関数になっている．ただし $\boldsymbol{R}'$ は V の外になければいけない．この $\boldsymbol{R}'$ として，xy 面に関する $\boldsymbol{R}$ の鏡像点をとれば，$\boldsymbol{r}$ がこの xy 面上にきたとき

$$|\boldsymbol{r}-\boldsymbol{R}| = |\boldsymbol{r}-\boldsymbol{R}'| \quad (\boldsymbol{r} \in xy \text{ 面})$$

であるから，G は0になる．

$$G(\boldsymbol{r}, \boldsymbol{R}) = 0 \quad (\boldsymbol{r} \in xy \text{ 面})$$

したがって（5.9）を使うことができる．

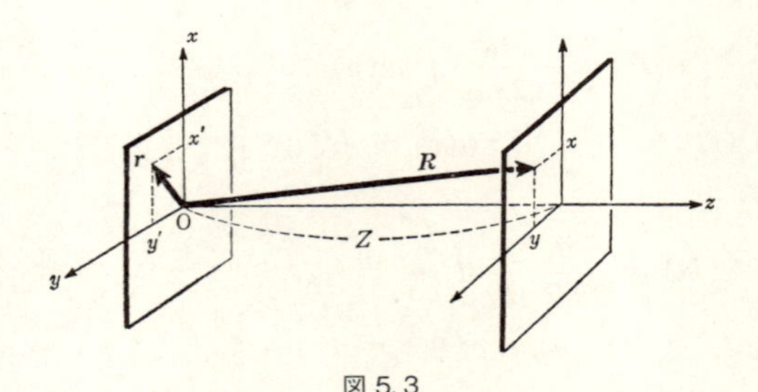

図 5.3

そのためには，開口部における $\nabla G(\boldsymbol{r}, \boldsymbol{R})$ を知っておかねばならない．原点から出る球面波 $e^{ikr}/4\pi r$ の場合，$\nabla(e^{ikr}/4\pi r)$ は $\boldsymbol{r}$ の方向をもち，その値は

$$\frac{d}{dr}\left(\frac{e^{ikr}}{4\pi r}\right) = \frac{ikr-1}{4\pi r^2}e^{ikr}$$

である．いま，光を観測する点 $\boldsymbol{R}$ は z 軸に垂直な平面 $z=Z$ に置かれたスクリーン上で z 軸に近いところであるとすると，上を用いて（5.10）から容易に

$$\boldsymbol{n}\cdot\nabla G(\boldsymbol{r}, \boldsymbol{R}) \simeq \frac{ik}{2\pi R}\frac{Z}{R}e^{ik|\boldsymbol{R}-\boldsymbol{r}|} \tag{5.11}$$

がえられる*．$\boldsymbol{n}$ はいまの場合 $-z$ 方向の単位ベクトルだからである．

この（5.11）を（5.9）に入れると，開口部の $u(\boldsymbol{r})$ からスクリーン上の $u(\boldsymbol{R})$ を求める式

---

*　$k=2\pi/\lambda$ であって，光の波長 λ は R や Z にくらべてずっと小さいから，kR, kZ に対し 1 を省略した．また以下では $Z/R=1$ としてしまう．

$$u(\boldsymbol{R}) = -\frac{ik}{2\pi R}\int_{S'} u(\boldsymbol{r})e^{ik|\boldsymbol{R}-\boldsymbol{r}|}dS \tag{5.12}$$

がえられる．とくに，$u(\boldsymbol{r})$ が（5.6）式で与えられるときには

$$u(\boldsymbol{R}) = \frac{-ik}{2\pi R}\frac{A}{R_0}\int_{S'} e^{ik|\boldsymbol{R}_0-\boldsymbol{r}|+ik|\boldsymbol{R}-\boldsymbol{r}|}dS \tag{5.12a}$$

となる．S' は，xy 面のうちでスリットや小孔として開いている部分を示す．そこでは $u(\boldsymbol{r})$ は有限の値をとるが，それ以外の部分では衝立にさえぎられて $u(\boldsymbol{r})=0$ となっているからである．

（5.11）式で $Z \simeq R$ とすれば，$e^{ik|\boldsymbol{R}-\boldsymbol{r}|}/R$ に比例する式になるが，それは $\boldsymbol{r}$ から出て $\boldsymbol{R}$ に達する球面波と見ることもできる．（5.12）式は，このような球面波に，開口部の各点における入射波の $u(\boldsymbol{r})$ に比例した重みをかけて，重ね合わせたものである．つまり，$\boldsymbol{R}$ に達する光の波は，開口部の各点 $\boldsymbol{r}$ から出た二次波の重ね合わせになっているという**ホイヘンス**（Huygens）**の原理**が，この（5.12）式によって数式的に表わされていると考えられる．

例題 1　長方形の孔によるフラウンホーファー回折を求めよ．入射波は z 方向に進む平面波としてよい．

解　**フラウンホーファー**（Fraunhofer）**回折**というのは，光源も観測点も無限遠にあって，入射波も回折波も平面波と見なせる場合の回折をいう．入射波を平面波にする

には（5. 12）で

$$u(\boldsymbol{r}) = Ae^{i\boldsymbol{k}\cdot\boldsymbol{r}}$$

と置きかえればよいが，$\boldsymbol{k}$ が z 方向で $\boldsymbol{r}$ は xy 面内にあるから $\boldsymbol{k}\cdot\boldsymbol{r}=0$ であり，入射波の部分は定数 A で表わせることになる．したがって（5. 12）のかわりに

$$u(\boldsymbol{R}) = \frac{-ikA}{2\pi R}\int_{-a}^{a}\left[\int_{-b}^{b} e^{ik|\boldsymbol{R}-\boldsymbol{r}|}dy'\right]dx'$$

を計算すればよい．$\boldsymbol{R}=(x, y, Z), \boldsymbol{r}=(x', y', 0)$ として，

$$Z \gg |x|,\ |y|,\ |x'|,\ |y'|$$

であるとすれば

$$\begin{aligned}
|\boldsymbol{R}-\boldsymbol{r}| &= \sqrt{Z^2+(x-x')^2+(y-y')^2} \\
&= \sqrt{Z^2+x^2+y^2-2(xx'+yy')+x'^2+y'^2} \\
&= \sqrt{R^2-2(xx'+yy')+x'^2+y'^2} \\
&= R\left(1-\frac{2(xx'+yy')}{R^2}+\frac{x'^2+y'^2}{R^2}\right)^{1/2} \\
&\simeq R\left(1-\frac{xx'+yy'}{R^2}+\frac{x'^2+y'^2}{2R^2}+\cdots\right)
\end{aligned}$$

ここで $(\cdots)$ 内の第 3 項以下を省略できるのがフラウンホーファー回折である．そうすると，

$$u(\boldsymbol{R}) = \frac{ikA}{2\pi R}e^{ikR}\int_{S'} e^{-ik(xx'+yy')/R}dS \tag{5.13}$$

を S' が長方形（$-a<x'<a,\ -b<y'<b$）の場合について計算すればよいことになる．

$$u(\boldsymbol{R}) = \frac{ikA}{2\pi R}e^{ikR}\int_{-a}^{a} e^{-ikxx'/R}dx' \int_{-b}^{b} e^{-ikyy'/R}dy'$$
$$= \frac{2ikA}{\pi R}e^{ikR}\frac{\sin\dfrac{kax}{R}}{kx/R}\frac{\sin\dfrac{kby}{R}}{ky/R}$$

となる.

$$\frac{x}{R} = \alpha,\quad \frac{y}{R} = \beta \quad (\boldsymbol{R}\text{ の方向を示す角})$$

とおくと

$$u(\boldsymbol{R}) \propto kab\frac{\sin ka\alpha}{ka\alpha}\frac{\sin kb\beta}{kb\beta} \tag{5.14}$$

とかける. 光の強度は $|u(\boldsymbol{R})|^2$ に比例するから

$$I(\boldsymbol{R}) \propto k^2a^2b^2\left(\frac{\sin ka\alpha}{ka\alpha}\frac{\sin kb\beta}{kb\beta}\right)^2 \tag{5.15}$$

によって回折像が与えられる. 図 5.4, 図 5.5 からわかるように

$$\begin{cases} x\text{ 方向では, } \alpha_m = \pm\dfrac{m\pi}{ka} = \pm\dfrac{m\lambda}{2a} \quad (m = 1, 2, 3, \cdots) \\ y\text{ 方向では, } \beta_n = \pm\dfrac{n\pi}{kb} = \pm\dfrac{n\lambda}{2b} \quad (n = 1, 2, 3, \cdots) \end{cases}$$

のところで暗くなる. $\lambda = 2\pi/k$ は光の波長である.

例題 2 前と同じ条件で円形の孔によるフラウンホーファー回折を求めよ.

解 式 (5.13) を S' が円の場合に適用すればよい.

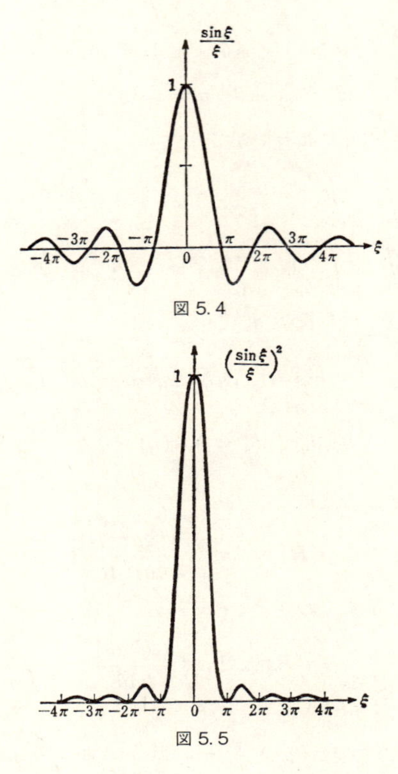

図 5.4

図 5.5

$$u(\boldsymbol{R}) \propto e^{ikR} \int_{\text{円}} e^{-ik(xx'+yy')/R} dS$$

となるが，x', y' のかわりに平面極座標 r, θ を導入して

$$x' = r' \cos\theta',\ \ y' = r' \sin\theta'$$
$$x = r\cos\theta,\ \ y = r\sin\theta$$

とすると，円孔の半径を a として

$$u(\boldsymbol{R}) \propto \int_0^a \left[\int_0^{2\pi} e^{-ikrr'(\cos\theta\cos\theta' + \sin\theta\sin\theta')/R} r' d\theta' \right] dr'$$
$$= \int_0^a \left[\int_0^{2\pi} e^{-ikrr'\cos(\theta'-\theta)/R} d\theta' \right] r' dr'$$

となる．ベッセル関数 $J_n(\zeta)$ の公式

$$\int_0^{2\pi} \exp[i\zeta\cos\varphi] d\varphi = 2\pi J_0(\zeta),$$
$$\int_0^{\eta} \zeta J_0(\zeta) d\zeta = \eta J_1(\eta)$$

を使うと，上の式は

$$u(\boldsymbol{R}) \propto 2\pi a^2 \frac{J_1(kar/R)}{kar/R} \tag{5.16}$$

となることがすぐわかる．$\theta = r/R$ とおけば

$$u(\boldsymbol{R}) \propto 2\pi a^2 \frac{J_1(ka\theta)}{ka\theta} \tag{5.17}$$

ともかくことができる．

$J_1(x)$ は図 5.6 に示すように $\sin x$ とかなりよく似た性質の関数で，

$$x = 1.220\pi,\ \ 2.233\pi,\ \ 3.238\pi,\ \ 4.250\pi,\ \ \cdots$$

で 0 になる．勿論，$J_1(x)/x$ も同じところで 0 になる．ただし

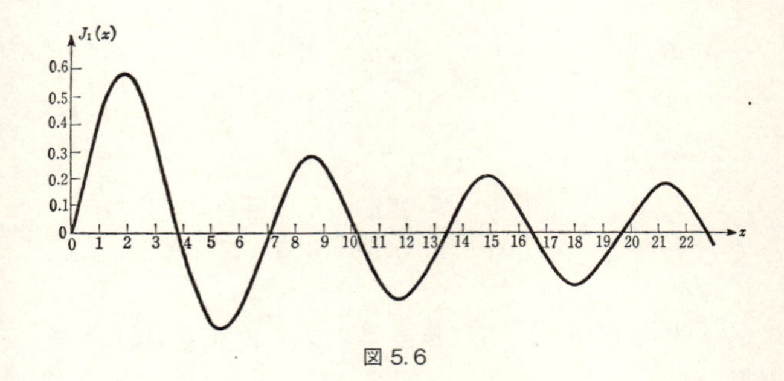

図 5.6

$$\lim_{x \to 0} \frac{J_1(x)}{x} = \frac{1}{2}$$

である．したがって，回折像は中央が明るい円で，最初の暗環は

$$\theta_1 = 0.610 \frac{\lambda}{a}$$

の方向にできる．

§ 5.2　レンズとフーリエ変換

z 軸に平行に $z<0$ の側から xy 面に入射した平面波（$\propto e^{ikz}$）が，xy 面のところにある開口部を通って $z>0$ の側へ抜けるとき，$z=Z$ のところに置かれたスクリーン上の点 $\boldsymbol{R}=(x, y, Z)$ における $u(\boldsymbol{R})$ は（5.13）式

$$u(\boldsymbol{R}) = \frac{ikA}{2\pi R} e^{ikR} \int_{S'} e^{-ik(xx'+yy')/R} dS \qquad (5.13)$$

で与えられる．S' は開口部（孔）の範囲を示す．これを，

$$u(\boldsymbol{R}) = C\int_{-\infty}^{\infty}\int_{-\infty}^{\infty} f(x', y')e^{-ik(xx'+yy')/R}dx'dy' \tag{5.18}$$

とかくこともできる．ただし

$$f(x', y') = \begin{cases} 1 & (x', y') \text{ が } S' \text{ 内にあるとき} \\ 0 & (x', y') \text{ が } S' \text{ 外にあるとき} \end{cases}$$

である．

いま xy 面のところに例えばスライド写真（黒白）を置いたとする．このときにも，$f(x', y')$ としてスライド面上の各点の明るさの分布を与える関数を使えば，(5.18) 式は使用できることになる．完全に光を透過する点では $f=1$，完全に真黒な点では $f=0$ になるように $f(x', y')$ をきめればよいのである．このような f は**透過関数**（transmission function）と呼ばれる．

さて，スライドをうつすにはスクリーンだけでは駄目で，レンズが必要である．そこで $z=Z$ のところに焦点距離 f_1 の凸レンズを置く場合を考えよう．まず，レンズの性質に合わせて，(5.18) 式を少しかき直すことにする．(5.13) を出すときの手続きを少し改めて

$$\begin{aligned} &|\boldsymbol{R}-\boldsymbol{r}| \\ &\simeq R\left(1-\frac{xx'+yy'}{R^2}+\frac{x'^2+y'^2}{2R^2}+\cdots\right) \\ &= R\left(1-\frac{\{(x-x')x'+(y-y')y'\}}{R^2}-\frac{x'^2+y'^2}{2R^2}+\cdots\right) \end{aligned}$$

としてから $(x'^2+y'^2)/2R^2$ とそれ以下の項を省略するの

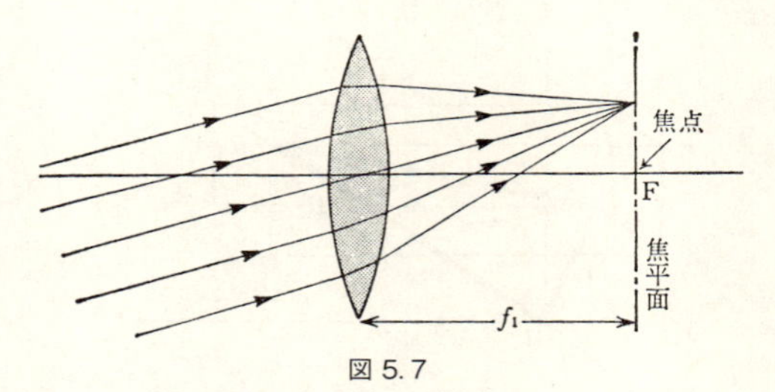

図 5.7

である．そうすると，(5.18) は

$$u(\boldsymbol{R}) = C \int_{-\infty}^{\infty} \int_{-\infty}^{\infty} f(x', y') \times \exp\left[-ik\frac{(x-x')x'+(y-y')y'}{R}\right] dx'dy' \tag{5.18'}$$

となる．いま問題になっているのは，xy 面上の点 $\boldsymbol{r}$ から出て，レンズ上の点 $\boldsymbol{R}$ に到来する 2 次波 ($\propto e^{ik|\boldsymbol{R}-\boldsymbol{r}|}$) なのであるが，レンズで問題になるのはそれがどこ ($\boldsymbol{R}$ で表わされる) にあたったかよりも，どういう角度であたったか，ということである．同じ角であたった光 (平行光線) は，焦平面 (焦点を通り光軸に垂直な平面) 上のすべて同一の点に集まる性質があるからである (図 5.7)．そこで

$$\begin{cases} \alpha = \dfrac{x-x'}{R} = \sin\phi \\[2ex] \beta = \dfrac{y-y'}{R} = \sin\psi \end{cases}$$

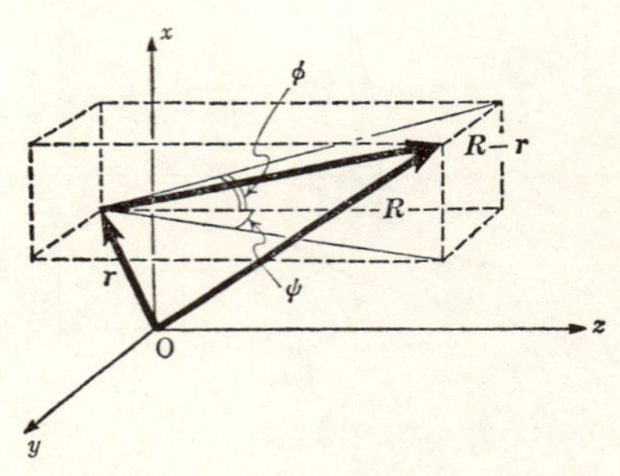

図 5.8

とおけば α, β あるいは ϕ, ψ によって光線の方向が表わされ，この光はレンズで屈折の後に，焦平面上の点（混同を避けるため x, y 座標を ξ, η で表わす）

$$\begin{cases} \xi = f_1 \tan\phi \simeq f_1\alpha \\ \eta = f_1 \tan\psi \simeq f_1\beta \end{cases} \quad (z = Z + f_1)$$

に行くことがわかる．そこで，仮にスライドを通過した光は全部レンズで屈折され，レンズによる吸収もないとすれば，（5.18′）から，

$$u(\xi, \eta) = C\int_{-\infty}^{\infty}\int_{-\infty}^{\infty} f(x', y')\exp\left[-ik(\alpha x' + \beta y')\right]dx'dy'$$

がえられることになる．$\alpha = \xi/f_1, \beta = \eta/f_1$ とおき，積分変数の ′ をとれば

$$u(\xi, \eta) = C\int_{-\infty}^{\infty}\int_{-\infty}^{\infty} f(x, y)e^{-i(k/f_1)(\xi x + \eta y)}dxdy \tag{5.19}$$

という式が導かれる．この式は，k/f_1 で尺度が変わっているが，スライドの画像を示す $f(x, y)$ のフーリエ変換が，焦平面上の $u(\xi, \eta)$ になっていることを表わしている．

問題 1 $f(x, y)$ のフーリエ変換を $F(k_x, k_y)$ とすると，$u(\xi, \eta)$ と F はどのような関係で結ばれていることになるか．

問題 2 デルタ関数のフーリエ変換は定数である．このことは $u(\xi, \eta)$ や $f(x, y)$ にどのように反映されると思うか．

焦平面上の $u(\xi, \eta)$ がわかれば，像面の $u(X, Y)$ は，式 (5.12) を再び適用して

$$u(X, Y) = \frac{-ik}{2\pi L}\iint u(\xi, \eta) \times \exp\left[ik\sqrt{L^2 + (X-\xi)^2 + (Y-\eta)^2}\right] d\xi d\eta$$

によって計算できる．$L \gg |X|, |Y|, |\xi|, |\eta|$ として

$$\begin{aligned}&\sqrt{L^2 + (X-\xi)^2 + (Y-\eta)^2}\\&= (L^2 + X^2 + Y^2 - 2X\xi - 2Y\eta + \cdots)^{1/2}\\&\simeq L'\left(1 - \frac{X\xi + Y\eta}{L'^2}\right)\end{aligned}$$

ただし

$$L' = \sqrt{L^2 + X^2 + Y^2}$$

と近似すれば

$$u(X, Y) \propto e^{ikL'}\iint u(\xi, \eta)\exp\left[-ik\frac{X\xi + Y\eta}{L'}\right] d\xi d\eta$$

となるが，さらにここで $L' \to L$ としてもほとんど差がないから

$$u(X, Y) = C' \int_{-\infty}^{\infty} \int_{-\infty}^{\infty} u(\xi, \eta) \exp\left[-i\frac{k}{L}(X\xi + Y\eta)\right] d\xi d\eta \tag{5.20}$$

と表わせることがわかる．つまり，像面の $u(X, Y)$ は焦平面の $u(\xi, \eta)$ のフーリエ変換になっている．

一方，(5.19) の逆変換は，問題1の結果を援用して

$$\begin{aligned} f(x, y) &= \frac{1}{\sqrt{2\pi}} \int_{-\infty}^{\infty} \int_{-\infty}^{\infty} F(k_x, k_y) e^{i(k_x x + k_y y)} dk_x dk_y \\ &= \frac{1}{2\pi C} \int_{-\infty}^{\infty} \int_{-\infty}^{\infty} u\left(\frac{f_1}{k}k_x, \frac{f_1}{k}k_y\right) e^{i(k_x x + k_y y)} dk_x dk_y \\ &= \frac{k^2/{f_1}^2}{2\pi C} \int_{-\infty}^{\infty} \int_{-\infty}^{\infty} u(\xi, \eta) \exp\left[i\frac{k}{f_1}(x\xi + y\eta)\right] d\xi d\eta \end{aligned} \tag{5.21}$$

となる．同じ $u(\xi, \eta)$ から (5.20) で求めた $u(X, Y)$ と，(5.21) で求めた $f(x, y)$ とはどういう関係にあるのだろうか．

指数の中で ξ, η の相手になっている変数を見ればすぐわかるように，

$$\begin{cases} \text{横軸を } -\dfrac{k}{L}X,\ \text{縦軸を } -\dfrac{k}{L}Y \text{ にして描いた } u(X, Y) \text{ と} \\ \text{横軸を } -\dfrac{k}{f_1}x,\ \text{縦軸を } -\dfrac{k}{f_1}y \text{ にして描いた } f(x, y) \text{ とは} \end{cases}$$

定数因子を別にすれば一致する．そこでこれらを，それぞ

れ X と Y, x と y を座標軸にして描きなおすと，大きさが上記のものの L/k 倍および f_1/k 倍に変化する．したがって，スクリーン上の像である $u(X, Y)$ の，スライドフィルムの画像 $f(x, y)$ に対する倍率は

$$\text{倍率} = \frac{L/k}{f_1/k} = \frac{L}{f_1}$$

ということになる．$u(X, Y)$ に関して現われた負号は，像が倒立であることを示している．

L が任意ではないことは，スライドをうつした人なら誰でも知っている．凸レンズの公式を適用すると，Z と f_1 と L のあいだには

$$\frac{1}{Z} + \frac{1}{f_1 + L} = \frac{1}{f_1}$$

という関係が必要である．全体に $f_1 + L$ をかけ，両辺から 1 をひくと，

$$\frac{f_1 + L}{Z} = \frac{L}{f_1}$$

がえられるが，図 5.8 からすぐわかるように，左辺は作図ですぐに求められる「倍率」である．これが上で求めた倍率 L/f_1 と一致しているということが必要で，L はそのようにとらなければいけないのである．

§ 5.3 ホログラフィー

ふつうの写真は，フィルムの上に物体の 2 次元の像をつくり，各点の $|u(\boldsymbol{r})|^2$ を濃淡（白黒）によって記録す

る．このとき $u(\boldsymbol{r})=|u(\boldsymbol{r})|\,e^{i\phi(\boldsymbol{r})}$ のうちの $|u(\boldsymbol{r})|$ だけが情報として採用されるが，位相 $\phi(\boldsymbol{r})$ に関する情報は失われてしまっている．

これに対し，以下で述べる**ホログラフィー**（holography）では，2次元のフィルムの上に，その上の各点での $|u(\boldsymbol{r})|$ と $\phi(\boldsymbol{r})$ とを同時に記録するので，それを用い，（5.12）式に表わされている原理を利用して，もとの $u(\boldsymbol{r})$ と同じものを再現することができる．原理は1947年にイギリスのガボール（Gabor）という人によって発見されたが，山と谷の規則性が長く続く**コヒーレント**（可干渉性）な光であるレーザー光がえられるようになって，実用化されるようになったものである．

図5.9に示すように，レーザーから出たコヒーレントな単色光を2つに分けて，一方を物体にあてて反射させ，他方――**参照光**（reference wave）という――の光といっしょにフィルムにあてる．フィルムの上には，両方の光の干渉縞が記録されている．これを**ホログラム**（hologram）という．これは，物体の像とは似ても似つかぬ，雨がポツリポツリと降り始めたときの池の面をとった写真のようなものである．ところが，これに背後からコヒーレントな光をあてて透過光をつくると，それが被写体で反射した光の $u(\boldsymbol{r})$ を再現するのである．この場合，$u(\boldsymbol{r})$ が空間に再現されるので，ふつうの写真とは違って全く立体的に見え，見る角度を変えれば見え方も異なる，つまり視差なども正しく再現されるのである．

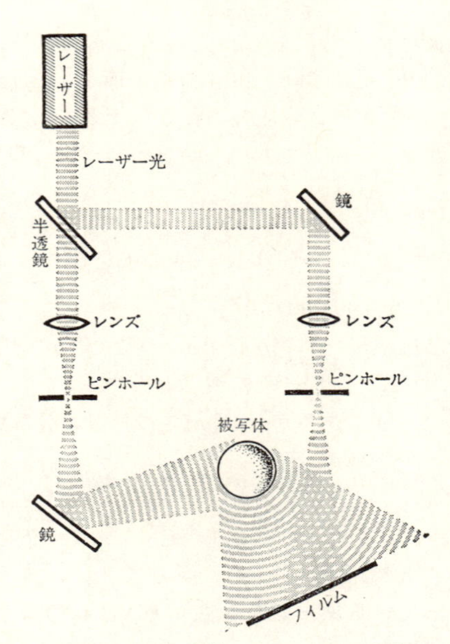

図 5.9　レーザーを使ってホログラムを作る

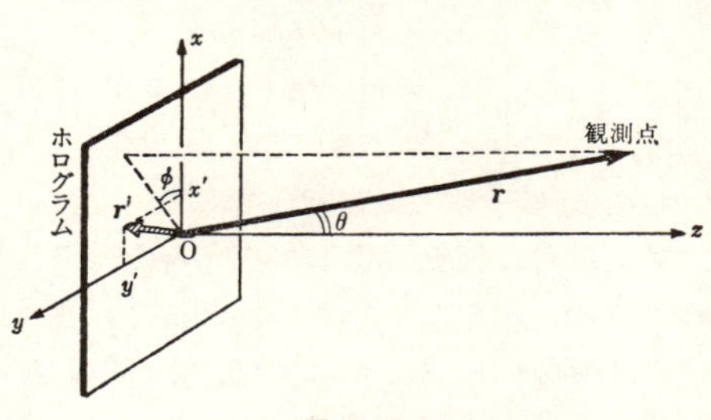

図 5.10

いま，被写体から反射した光の波を $u_0(\boldsymbol{r})$，参照光のそれを $A_0e^{i\boldsymbol{k}_0\cdot\boldsymbol{r}}$ としよう．フィルムの面を xy 面（$z=0$）にとると，ホログラムに記録されるのは $z=0$ における干渉光の強度

$$\begin{aligned} f(x',y') &\propto \left|u_0(\boldsymbol{r}')+A_0e^{i\boldsymbol{k}_0\cdot\boldsymbol{r}'}\right|^2 \\ &= |u_0(\boldsymbol{r}')|^2+|A_0|^2+|A_0|\,|u_0(\boldsymbol{r}')|\,e^{i\phi(\boldsymbol{r}')-i\boldsymbol{k}_0\cdot\boldsymbol{r}'} \\ &\quad +|A_0|\,|u_0(\boldsymbol{r}')|\,e^{-i\phi(\boldsymbol{r}')+i\boldsymbol{k}_0\cdot\boldsymbol{r}'} \end{aligned} \tag{5.22}$$

である．ただし $u_0(\boldsymbol{r})=|u_0(\boldsymbol{r})|\,e^{i\phi(\boldsymbol{r})}$ とし，$\boldsymbol{r}'$ は xy 面上の $\boldsymbol{r}$ を示す．レーザー光の波数はきまっているから，$|\boldsymbol{k}_0|=k=2\pi/\lambda$ であるが，$u_0(\boldsymbol{r})$ もフーリエ分解すると

$$u_0(\boldsymbol{r}) = \iint A(\theta,\phi)e^{ik\boldsymbol{a}\cdot\boldsymbol{r}}\sin\theta d\theta d\phi \tag{5.23}$$

のように，波数の大きさは k（一定）で，その方向——単位ベクトル $\boldsymbol{a}$ で区別する——の異なる無数の波の重ね合わせになっているはずである．角 θ,ϕ は $\boldsymbol{a}$ の方向を表わす極角と方位角で

$$\left\{\begin{aligned} a_x &= \sin\theta\cos\phi \\ a_y &= \sin\theta\sin\phi \\ a_z &= \cos\theta \end{aligned}\right. \tag{5.24}$$

である．$A(\theta,\phi)$ は一般には複素数である．

さて，フィルムは反転現像して，光のたくさんあたったところは透明に，あたらなかったところは黒く不透明にしておく（陽画）．そうすると，(5.22) 式の $f(x,y)$ が透過関数を与えることになる．いまこのフィルムに，う

しろ側から，ホログラム作成のときと同じ波長の平行光を垂直にあてたとする．再生のためにそれが必要なわけではないが，計算を簡単にするためにそう仮定する．そうすると，比例定数を別にして，フィルム面上の $u(\boldsymbol{r}')$ は（5.22）式で与えられることになる．これによってフィルムの表側の空間につくり出される $u(\boldsymbol{r})$ は，（5.12）式によって計算できる．

$$u(\boldsymbol{r}) = C' \iint u(\boldsymbol{r}') e^{ik|\boldsymbol{r}-\boldsymbol{r}'|} dx' dy'$$

$$= C'' \iint f(x', y') e^{ik|\boldsymbol{r}-\boldsymbol{r}'|} dx' dy'$$

この $f(x', y')$ に（5.22）の各項を入れるわけであるが，$|u|$ と ϕ の情報をともに含んでいるのは第3項と第4項である．そこで，第3項について考えることにすると，

$$u_3(\boldsymbol{r}) \propto \iint |u_0(\boldsymbol{r}')| \, e^{i\phi(\boldsymbol{r}')} e^{ik|\boldsymbol{r}-\boldsymbol{r}'|-i\boldsymbol{k}_0\cdot\boldsymbol{r}'} dx' dy' \quad (5.25)$$

となるが，ここで $|u_0(\boldsymbol{r}')| \, e^{i\phi(\boldsymbol{r}')} = u_0(\boldsymbol{r}')$ に（5.23）式を代入し，$e^{ik|\boldsymbol{r}-\boldsymbol{r}'|}$ に対しては例の如くフラウンホーファー近似を使う．

$$|\boldsymbol{r}-\boldsymbol{r}'| \simeq r - \frac{xx'+yy'}{r} \quad (r = \sqrt{x^2+y^2+z^2}) \quad (5.26)$$

そうすると，

$$u_3(\boldsymbol{r}) = C'''e^{ikr}\iint A(\theta,\phi) \times\left[\iint e^{ik\boldsymbol{a}\cdot\boldsymbol{r}'-ik(xx'+yy')/r-i\boldsymbol{k}_0\cdot\boldsymbol{r}'}dx'dy'\right]\sin\theta\, d\theta d\phi \tag{5.27}$$

となるが，$\boldsymbol{k}_0 = k\boldsymbol{a}_0$，ただし

$$a_{0x} = \sin\theta_0\cos\phi_0,\quad a_{0y} = \sin\theta_0\sin\phi_0,\quad a_{0z} = \cos\theta_0 \tag{5.28}$$

とおくと，指数の部分は

$$ikx'\left(a_x - a_{0x} - \frac{x}{r}\right) + iky'\left(a_y - a_{0y} - \frac{y}{r}\right)$$

となるから，

$$\int_{-\infty}^{\infty} e^{ipx'}dx' = 2\pi\delta(p)$$

を使って積分を実行すると

$$[\cdots] = 4\pi^2\delta\left(ka_x - ka_{0x} - \frac{kx}{r}\right)\delta\left(ka_y - ka_{0y} - \frac{ky}{r}\right) \tag{5.29}$$

となることがわかる．残るのは方向 (θ,ϕ) に関する積分であるから，a_x と a_y が変数である．そこで，積分変数を θ,ϕ から a_x, a_y にかき改めよう．ヤコビアンは

$$\frac{\partial(a_x, a_y)}{\partial(\theta,\phi)} = \begin{vmatrix} \dfrac{\partial a_x}{\partial\theta} & \dfrac{\partial a_x}{\partial\phi} \\ \dfrac{\partial a_y}{\partial\theta} & \dfrac{\partial a_y}{\partial\phi} \end{vmatrix} = \sin\theta\cos\theta$$

で与えられるから

$$\sin\theta\, d\theta d\phi = \frac{1}{\cos\theta} da_x da_y \tag{5.30}$$

である．これらを代入すると，

$$u_3(\boldsymbol{r}) = C''''e^{ikr} \iint \frac{A(\theta, \phi)}{\cos\theta} \delta\left(ka_x - ka_{0x} - \frac{kx}{r}\right) \times \delta\left(ka_y - ka_{0y} - \frac{ky}{r}\right) da_x da_y$$

$$= Ce^{ikr}\frac{A(\theta_1, \phi_1)}{\cos\theta_1}$$

となることがすぐわかる．ただし，θ_1, ϕ_1 は

$$a_x = a_{0x} + \frac{x}{r}, \quad a_y = a_{0y} + \frac{y}{r}$$

に対応する θ と ϕ である．つまり

$$\begin{cases} \sin\theta_1 \cos\phi_1 = \sin\theta_0 \cos\phi_0 + \dfrac{x}{r} \\ \sin\theta_1 \sin\phi_1 = \sin\theta_0 \sin\phi_0 + \dfrac{y}{r} \end{cases} \tag{5.31}$$

を満たす θ_1, ϕ_1 である．

ホログラムを作るときの参照波をフィルムに垂直にあてておけば $\theta_0 = 0$ であるから，

$$\frac{x}{r} = \sin\theta_1 \cos\phi_1, \quad \frac{y}{r} = \sin\theta_1 \sin\phi_1 \tag{5.32}$$

となり，$\boldsymbol{r}$ の方向と (θ_1, ϕ_1) 方向は一致する．そこで，それを単に (θ, ϕ) で表わせば

$$u_3(\boldsymbol{r}) = Ce^{ikr}\frac{A(\theta,\phi)}{\cos\theta}$$

となり，フィルムにほぼ垂直な方向から見ることにすれば $\cos\theta=1$ としてよいから

$$u_3(\boldsymbol{r}) = CA(\theta,\phi)e^{ikr} \tag{5.33}$$

がえられる．(5.23) 式は，ホログラムを作ったときの被写体の反射光 $u_0(\boldsymbol{r})$ は $A(\theta,\phi)e^{ik\boldsymbol{a}\cdot\boldsymbol{r}}$ をいろいろな方向 (θ,ϕ) について重ね合わせたものになっているという式である．視点を (θ,ϕ) 方向に据えて観測すると上式のようになっている，というのであるから，$u_3(\boldsymbol{r})$ は

$$u_3(\boldsymbol{r}) \propto u_0(\boldsymbol{r})$$

である．つまり，$u_3(\boldsymbol{r})$ によって $u_0(\boldsymbol{r})$ が再現されていることがわかるのである．

それでは (5.22) 式の右辺の第4項はどんな $u_4(\boldsymbol{r})$ を与えるのだろうか．この場合は，(5.29) 式のかわりに

$$4\pi^2\delta\left(ka_x - ka_{0x} + \frac{kx}{r}\right)\delta\left(ka_y - ka_{0y} + \frac{ky}{r}\right)$$

が出てくるので，$a_{0x}=a_{0y}=0$ とすると，

$$a_x = -\frac{x}{r},\ \ a_y = -\frac{y}{r}$$

を選ぶことになる．また (5.27) の $A(\theta,\phi)$ のかわりには $A^*(\theta,\phi)$ が入っているので，結局 (5.33) に対応して

$$u_4(\boldsymbol{r}) = CA^*(\theta,\phi\pm\pi)e^{ikr} \tag{5.33$'$}$$

がえられる．この A^* のついた波はどんな波なのであろうか．

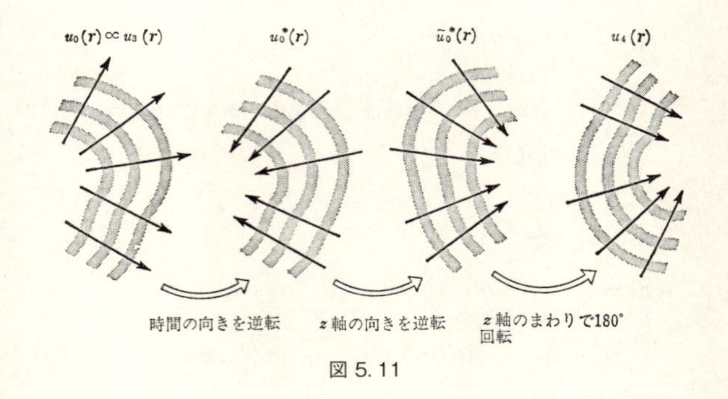

図 5.11

われわれの $u(\boldsymbol{r})$ は複素数であるが，これに $e^{-i\omega t}$ をかけて実数部分をとったものが物理的に観測にかかる量である．ところが

$$\mathrm{Re}\,u(\boldsymbol{r})e^{+i\omega t} = \mathrm{Re}\,u^*(\boldsymbol{r})e^{-i\omega t}$$

であるから，$u \to u^*$ と $t \to -t$ とは同じことを表わしている．したがって（5. 23）の複素共役

$$u_0{}^*(\boldsymbol{r}) = \iint A^*(\theta, \phi)e^{-ik\boldsymbol{a}\cdot\boldsymbol{r}} \sin\theta\, d\theta d\phi$$

は，物体から反射して外へひろがって行く波ではなく，物体へ向かって集まって行く収束光を表わしている．物体があればそれにあたるだろうが，なければ物体の位置に「実像」を結ぶような光である．定積分の変数 θ, ϕ は何とかいてもよいから，上の式を

$$u_0{}^*(\boldsymbol{r}) = \iint A^*(\theta', \phi')$$
$$\times \exp\left[-ik(x\sin\theta'\cos\phi' + y\sin\theta'\sin\phi' + z\cos\theta')\right]$$
$$\times \sin\theta' d\theta' d\phi'$$

と表わしておく．ここで，$z \to -z$ とすると，z 方向だけ速度が逆転して

$$\tilde{u}_0{}^*(\boldsymbol{r}) = \iint A^*(\theta', \phi')$$
$$\times \exp\left[+ik(-x\sin\theta'\cos\phi' - y\sin\theta'\sin\phi' + z\cos\theta')\right]$$
$$\times \sin\theta' d\theta' d\phi'$$

がえられるが，これは $u_0{}^*(\boldsymbol{r})$ の表わす収束波を z 軸に垂直に置いた鏡に写したものになっている（考えるだけで，実際に反射させるわけではない）．これもやはり収束波である．このなかで，$\theta' = \theta, \phi' = \phi \pm \pi$ の方向の成分を取り出したもの

$$A^*(\theta, \phi \pm \pi)$$
$$\times \exp\left[ik(x\sin\theta\cos\phi + y\sin\theta\sin\phi + z\cos\theta)\right]$$

の C 倍が上記の $u_4(\boldsymbol{r})$ である．つまり，$\tilde{u}_0{}^*(\boldsymbol{r})$ を z 軸のまわりで π だけ回転させたものが $u_4(\boldsymbol{r})$ を表わしている．

問題 3　再生時にホログラムにあてる光が垂直から傾いているとどうなるか．

§ 5.4　X 線回折

ふつうの光よりも波長がずっと短い X 線は，物質の微視的構造——原子の配列とか原子内の電子の分布——を知

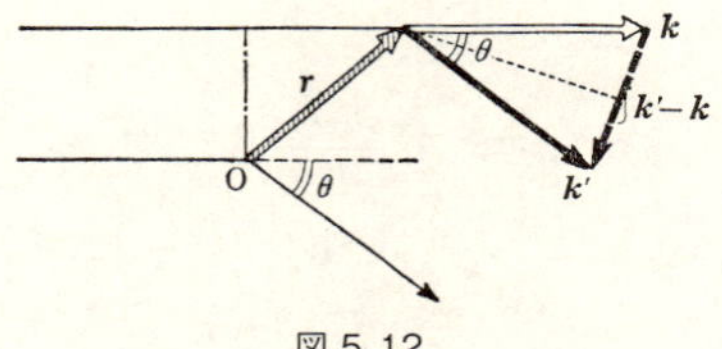

図 5.12

るのに使われる．比較的長い波長のX線の場合には，原子をひとつの点とみてよいことがあるが，ここではもっと波長の短い（$\sim 10^{-10}$ m）X線を考えることにして，電子による散乱を扱う．

入射波を

$$u_0(\boldsymbol{r}) = A_0 e^{i\boldsymbol{k}\cdot\boldsymbol{r}}$$

とすると，原点 $\boldsymbol{r}=\boldsymbol{0}$ にある電子による散乱波は，散乱角 θ の十分遠方，原点から R のところで

$$u_{s0}(\boldsymbol{r}) = A_0 \frac{\varphi(\theta)}{R} e^{ikR}$$

と表わされる．電子によるX線の散乱では，入射X線の偏りベクトル（電場ベクトルの振動方向の単位ベクトル）を $\boldsymbol{e}$ として

$$|\varphi(\theta)| = \frac{e^2}{4\pi\varepsilon_0 mc^2} \left| \boldsymbol{e} \times \frac{\boldsymbol{R}}{R} \right|$$

となることが知られている．

原点から $\boldsymbol{r}$ の位置にある電子による散乱波は，図 5.12 からわかるように

$$\boldsymbol{k}'\cdot\boldsymbol{r} - \boldsymbol{k}\cdot\boldsymbol{r} = \boldsymbol{b}\cdot\boldsymbol{r} \quad (\boldsymbol{b} = \boldsymbol{k}' - \boldsymbol{k})$$

だけの位相差があるから

$$u_s(\boldsymbol{r}) = A_0 \frac{\varphi(\theta)}{R} e^{ikR - i\boldsymbol{b}\cdot\boldsymbol{r}}$$

と表わされることになる．観測は十分遠方で行なうことにしてあるから，上記2つの散乱波に対してθは共通としてよい．電子が多数あるときには，

$$\hat{\rho}_e(\boldsymbol{r}) = \sum_j \delta(\boldsymbol{r} - \boldsymbol{r}_j)$$

を用いて

$$\begin{aligned} u_s(\boldsymbol{r}) &= A_0 \frac{\varphi(\theta)}{R} e^{ikR} \sum_j e^{-i\boldsymbol{b}\cdot\boldsymbol{r}_j} \\ &= A_0 \frac{\varphi(\theta)}{R} e^{ikR} \int \hat{\rho}_e(\boldsymbol{r}) e^{-i\boldsymbol{b}\cdot\boldsymbol{r}} d\boldsymbol{r} \end{aligned}$$

がえられる．方向による散乱波の強さを表わす**微分散乱断面積**という量は，この場合

$$\begin{aligned} \sigma(\boldsymbol{b}) &= |\varphi(\theta)|^2 \left| \int \hat{\rho}_e(\boldsymbol{r}) e^{-i\boldsymbol{b}\cdot\boldsymbol{r}} d\boldsymbol{r} \right|^2 \\ &= |\varphi(\theta)|^2 \left| \int \hat{\rho}_e(\boldsymbol{r}) e^{i\boldsymbol{b}\cdot\boldsymbol{r}} d\boldsymbol{r} \right|^2 \end{aligned}$$

で与えられる．

電子は$\boldsymbol{r}_1, \boldsymbol{r}_2, \cdots$という位置に固定されているわけではなく，動きまわっているので，実際に観測されるのは$\hat{\rho}_e(\boldsymbol{r})$の時間平均である．それを$\rho_e(\boldsymbol{r})$で表わすことにすると，電子（群）は，$-e\rho_e(\boldsymbol{r})$という空間分布関数で表わされる静的な電荷の雲とみなしてよいのである．

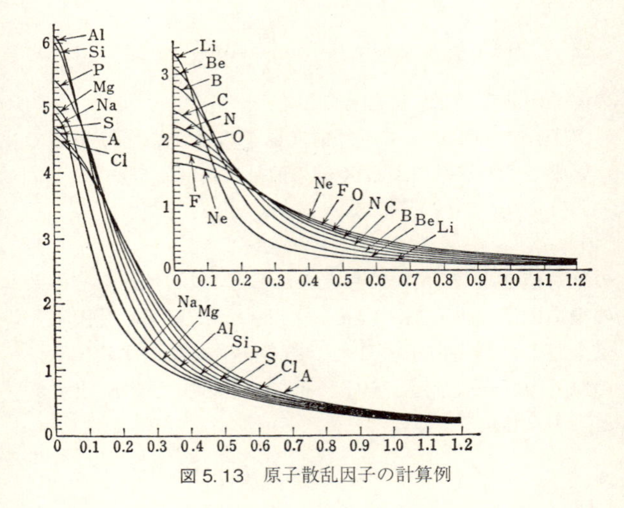

図 5.13　原子散乱因子の計算例

X 線をあてる対象が 1 個の原子の場合には，

$$f=\int \rho_e(\boldsymbol{r})e^{i(\boldsymbol{k}'-\boldsymbol{k})\cdot\boldsymbol{r}}d\boldsymbol{r} \tag{5.34}$$

で定義される量を，**原子散乱因子**（atomic scattering factor）という*．原子では $\rho_e(\boldsymbol{r})$ は球対称なので f は実数となり，$|\boldsymbol{k}'-\boldsymbol{k}|$ だけの関数である（図 5.13）．

なお $\boldsymbol{k}$ と $\boldsymbol{k}'$ とは図 5.12 のような関係にあるので，散乱角を θ，波長を λ とすると

* この分野では $\boldsymbol{k}, \boldsymbol{k}'$ のかわりに $2\pi\boldsymbol{k}, 2\pi\boldsymbol{k}'$ と記すことが多いので，注意してほしい．

$$|\boldsymbol{k}'-\boldsymbol{k}| = 2k\sin\frac{\theta}{2} = \frac{4\pi}{\lambda}\sin\frac{\theta}{2} \tag{5.35}$$

の関係があることを付言しておく．

原子が1個でなくても，構成原子の数があまり多数でない小さい物質系によるX線の散乱の角度分布は

$$F(\boldsymbol{b}) = \int_{\text{系全体}} \rho_e(\boldsymbol{r})e^{i\boldsymbol{b}\cdot\boldsymbol{r}}d\boldsymbol{r},\quad \boldsymbol{b} = \boldsymbol{k}'-\boldsymbol{k} \tag{5.36}$$

の絶対値2乗$|F(\boldsymbol{b})|^2$で与えられる．この$F(\boldsymbol{b})$をその系の**構造因子**（structure factor）という．原子散乱因子とは，原子の構造因子のことである．系を構成するj番目の原子の原子散乱因子をf_j，その原子の中心を$\boldsymbol{r}_j$とすると，すぐわかるように

$$F(\boldsymbol{b}) = \sum_j f_j \exp(i\boldsymbol{b}\cdot\boldsymbol{r}_j) \tag{5.37}$$

で与えられる．

気体によるX線の回折：壁の薄い小さな容器に気体を入れて，それに波長のきまったX線をあて，入射方向に垂直にフィルムを置くと，気体による散乱が観測される．1個の分子の構造因子を$F_M(\boldsymbol{b})$とし，気体全体のそれを$F(\boldsymbol{b})$とすると，n番目の分子の位置を$\boldsymbol{R}_n$として

$$F(\boldsymbol{b}) = \sum_n F_{Mn}e^{i\boldsymbol{b}\cdot\boldsymbol{R}_n}$$

であるから

$$|F(\boldsymbol{b})|^2 = \sum|F_{Mn}|^2 + \sum_{m\neq n}\sum F_{Mm}F_{Mn}e^{i\boldsymbol{b}\cdot(\boldsymbol{R}_m-\boldsymbol{R}_n)}$$

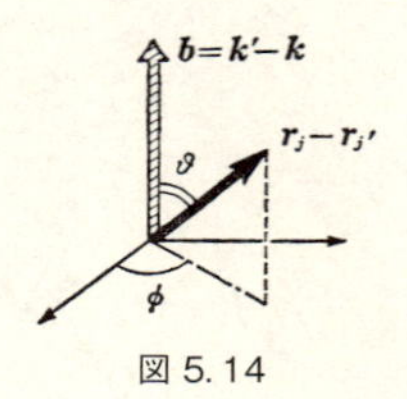

図 5.14

となるが，分子の位置は全く不規則であるから右辺第 2 項は 0 となる．第 1 項は，分子の方位が分子ごとに異なるために，和の各項がさまざまな値をとるわけであるが，方位に関する平均を $\langle\cdots\rangle$ で表わし，分子の総数を N とすれば

$$|F(\boldsymbol{b})|^2 = N\left\langle |F_M|^2 \right\rangle$$

で与えられることになる．分子内原子の原子散乱因子を f_j とすると

$$F_M(\boldsymbol{b}) = \sum_j f_j \exp(i\boldsymbol{b}\cdot\boldsymbol{r}_j)$$

であるから

$$|F_M(\boldsymbol{b})|^2 = \sum_j f_j{}^2 + \sum_{j\neq j'}\sum f_j f_{j'} \exp\left[i\boldsymbol{b}\cdot(\boldsymbol{r}_j - \boldsymbol{r}_{j'})\right]$$

となるが，方位についての平均は

$$\begin{aligned}&\langle \exp\left[i\boldsymbol{b}\cdot(\boldsymbol{r}_j - \boldsymbol{r}_{j'})\right]\rangle \\ &= \langle \exp\left[ibr_{jj'}\cos\vartheta\right]\rangle \\ &= \frac{1}{4\pi}\int_0^{2\pi}\left[\int_0^{\pi}\exp(ibr_{jj'}\cos\vartheta)\sin\vartheta d\vartheta\right]d\phi\end{aligned}$$

$$= \frac{\sin br_{jj'}}{br_{jj'}}$$

のように計算されるので

$$\langle |F_M(\boldsymbol{b})|^2 \rangle = \sum_j f_j{}^2 + \sum_{i \neq j}\sum f_{ij} \frac{\sin br_{ij}}{br_{ij}}$$
$$= \sum_i \sum_j f_i f_j \frac{\sin br_{ij}}{br_{ij}}$$

と表わされる．したがって，観測とくらべられる強度の角度分布の式は

$$\langle |F(\boldsymbol{b})|^2 \rangle = N \sum_i \sum_j \frac{\sin br_{ij}}{br_{ij}} f_i f_j \qquad (5.38)$$

となる．b は散乱角 θ と

$$b = |\boldsymbol{k} - \boldsymbol{k}'| = 2k \sin \frac{\theta}{2} = \frac{4\pi}{\lambda} \sin \frac{\theta}{2}$$

という関係にあるから，フィルムにはぼけた同心環状の回折像が生じることになる．それを分析して r_{ij} を知ることができる．

単原子液体による X 線の回折：液体全体に対して（5.37）を適用する．f_j はすべての原子に共通であるから単に f と記してよい．そうすると

$$|F(\boldsymbol{b})|^2 = Nf^2 + f^2 \sum_{j \neq j'}\sum \exp\left[i\boldsymbol{b} \cdot (\boldsymbol{r}_j - \boldsymbol{r}_{j'})\right] \qquad (5.39)$$

となるが，原子はめまぐるしく動きまわっているから，観測と比較されるべきものはこれの時間平均である．そのかわりに，多数の原子対 (j, j') についての和をとるときに，

たくさんの対についての平均と対の数の積をとっても同じことになる．そうすると，j' を一つきめてそれ以外の j についての $\exp[i\boldsymbol{b}\cdot(\boldsymbol{r}_j-\boldsymbol{r}_{j'})]$ の和をとったものは，j' にはよらないとしてよい．そこで

$$\sum_{j\neq j'}\sum \exp[i\boldsymbol{b}\cdot(\boldsymbol{r}_j-\boldsymbol{r}_{j'})] = N\sum_j{}^{(0)}\exp(i\boldsymbol{b}\cdot\boldsymbol{r}_j)$$

としてよい．ただし最後の和は，原点に原子が1個存在するとしての和であるから，$\boldsymbol{r}_j$ の分布は，ある程度以上は原点に近づけない，というようにその影響を受けたものになっているはずである．そのことを肩付 (0) で示した．

いま，ある原子を中心にとったとき，それから距離 r と $r+dr$ の間の球殻（体積 $4\pi r^2dr$）内に存在する他の原子の数の平均値を $\rho_0 g(r)4\pi r^2dr$ で表わすとしよう．ρ_0 は原子の平均密度である．原子は球対称であり，液体は等方的であるから，方向依存性は考えなくてよいのである．この $g(r)$ のことを，その液体の**動径分布関数**（radial distribution function）と呼ぶ．$g(r)$ には原子間力が反映されるが，十分遠方では互いの影響はなくなるから $r\to\infty$ で $g(r)\to 1$ となる．この $g(r)$ を用いると，上の和は

$$\sum_j{}^{(0)}\exp(i\boldsymbol{b}\cdot\boldsymbol{r}_j) \fallingdotseq \rho_0\iiint g(r)e^{i\boldsymbol{b}\cdot\boldsymbol{r}}d\boldsymbol{r}$$

$$\fallingdotseq 4\pi\rho_0\int_0^\infty r^2g(r)\frac{\sin br}{br}dr$$

となりそうであるが，$\lim_{r\to\infty} g(r)=1$ なので最後の積分は発散してしまう（上限を ∞ にしたのがいけない）．そこで，上記のような制限なしにとった和（$\boldsymbol{r}_j$ の分布は一様）を考えると，

$$\sum_j \exp(i\boldsymbol{b}\cdot\boldsymbol{r}_j)=\rho_0\iiint_{\text{器内}} e^{i\boldsymbol{b}\cdot\boldsymbol{r}}d\boldsymbol{r}$$

と書けること，しかもこれは0に等しいこと，に着目すれば

$$\begin{aligned}\frac{1}{\rho_0}\sum_j{}^{(0)}\exp(i\boldsymbol{b}\cdot\boldsymbol{r}_j)\\ &=\iiint_{\text{器内}}[g(r)-1]e^{i\boldsymbol{b}\cdot\boldsymbol{r}}d\boldsymbol{r}+\iiint_{\text{器内}}e^{i\boldsymbol{b}\cdot\boldsymbol{r}}d\boldsymbol{r}\\ &=\iiint_{\text{器内}}[g(r)-1]e^{i\boldsymbol{b}\cdot\boldsymbol{r}}d\boldsymbol{r}\\ &\fallingdotseq 4\pi\int_0^\infty r^2[g(r)-1]\frac{\sin br}{br}dr\end{aligned}$$

したがって，散乱 X 線の角度分布は

$$\langle|F(\boldsymbol{b})|^2\rangle=Nf^2\left\{1+4\pi\rho_0\int_0^\infty r^2[g(r)-1]\frac{\sin br}{br}dr\right\}$$

で与えられる．全く相互作用がなければ，$g_0(r)=1$ であるから，右辺は Nf^2 だけになる．そこで，$\boldsymbol{k}'$ 方向の散乱強度 $I(\boldsymbol{b})$ と，相互作用のない場合の同じ量 $I_0(\boldsymbol{b})$ との比は

$$\frac{I(\boldsymbol{b})}{I_0(\boldsymbol{b})}=1+4\pi\rho_0\int_0^\infty r^2[g(r)-1]\frac{\sin br}{br}dr \tag{5.40}$$

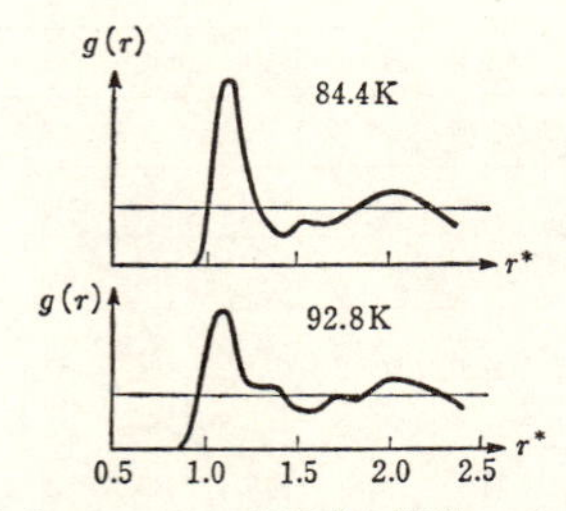

図 5.15　液体アルゴンの動径分布関数　$r^* = r/3.42\ \text{Å}$

となる．実験によってこれを測り

$$J(b) = \frac{4\pi}{b} \int_0^\infty [g(r)-1] r \sin br\, dr \tag{5.41a}$$

をきめれば，逆変換

$$g(r)-1 = \frac{1}{2\pi^2 r} \int_0^\infty bJ(b) \sin br\, db \tag{5.41b}$$

によって，動径分布関数 $g(r)$ を求めることができる．

問題 4　$J(b)$ から（5.41b）によって $g(r)$ が求められることを証明せよ．

§ 5.5　結晶構造の解析

結晶は周期的構造をもっており，3 つの基本ベクトル $\boldsymbol{a}_1, \boldsymbol{a}_2, \boldsymbol{a}_3$ を 3 辺とする平行六面体の**単位胞**（unit cell）を，周期 $\boldsymbol{a}_1, \boldsymbol{a}_2, \boldsymbol{a}_3$ でそれらの方向に並べた構造をもつ．

図 5.16 のような $N_1\boldsymbol{a}_1, N_2\boldsymbol{a}_2, N_3\boldsymbol{a}_3$ を 3 辺とする平行六面体形の結晶を考える．隅に原点をとると，単位胞の位置は $n_1\boldsymbol{a}_1 + n_2\boldsymbol{a}_2 + n_3\boldsymbol{a}_3$ で与えられるから，結晶全体の

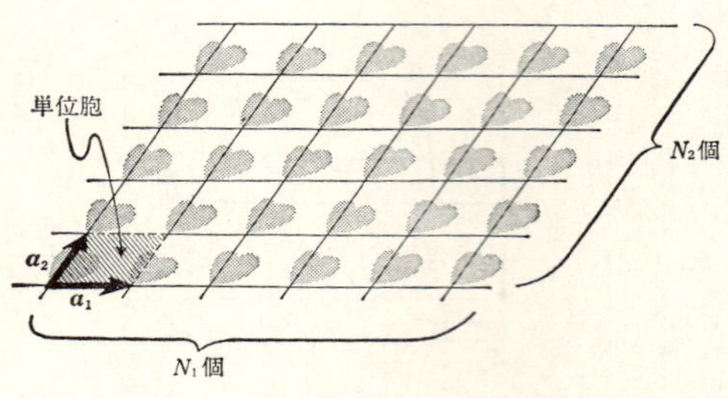

図 5.16

構造因子は

$$f(\boldsymbol{b})$$
$$= F_c(\boldsymbol{b}) \sum_{n_1} \sum_{n_2} \sum_{n_3} \exp\left[i\boldsymbol{b}\cdot(n_1\boldsymbol{a}_1 + n_2\boldsymbol{a}_2 + n_3\boldsymbol{a}_3)\right]$$
$$= F_c(\boldsymbol{b}) \prod_{\nu=1,2,3} \frac{1-\exp(i\boldsymbol{b}\cdot N_\nu \boldsymbol{a}_\nu)}{1-\exp(i\boldsymbol{b}\cdot\boldsymbol{a}_\nu)}$$
$$= F_c(\boldsymbol{b}) \prod_{\nu=1,2,3} \exp\left[\frac{i}{2}\boldsymbol{b}\cdot(N_\nu-1)\boldsymbol{a}_\nu\right] \frac{\sin\left(\dfrac{N_\nu}{2}\boldsymbol{b}\cdot\boldsymbol{a}_\nu\right)}{\sin\left(\dfrac{1}{2}\boldsymbol{b}\cdot\boldsymbol{a}_\nu\right)}$$

で与えられる．ただし $F_c(\boldsymbol{b})$ は単位胞の構造因子

$$F_c(\boldsymbol{b}) = \int_{単位胞} \rho_e(\boldsymbol{r}) \exp(i\boldsymbol{b}\cdot\boldsymbol{r}) d\boldsymbol{r} \qquad (5.42)$$

である．結晶が十分小さければ，これによるX線の散乱強度の角分布は $|F(\boldsymbol{b})|^2$ できめられる．

$$|F(\boldsymbol{b})|^2 = |F_c(\boldsymbol{b})|^2 L(\boldsymbol{b}) \qquad (5.43)$$

ただし

$$L(\boldsymbol{b}) = \frac{\sin^2\left(\frac{N_1}{2}\boldsymbol{b}\cdot\boldsymbol{a}_1\right)\sin^2\left(\frac{N_2}{2}\boldsymbol{b}\cdot\boldsymbol{a}_2\right)\sin^2\left(\frac{N_3}{2}\boldsymbol{b}\cdot\boldsymbol{a}_3\right)}{\sin^2\left(\frac{1}{2}\boldsymbol{b}\cdot\boldsymbol{a}_1\right)\sin^2\left(\frac{1}{2}\boldsymbol{b}\cdot\boldsymbol{a}_2\right)\sin^2\left(\frac{1}{2}\boldsymbol{b}\cdot\boldsymbol{a}_3\right)} \tag{5.43a}$$

は**ラウエ**（Laue）**の回折関数**と呼ばれ，$(\boldsymbol{b}\cdot\boldsymbol{a}_1), (\boldsymbol{b}\cdot\boldsymbol{a}_2), (\boldsymbol{b}\cdot\boldsymbol{a}_3)$ がすべて 2π の整数倍に等しいときにのみ大きな値 $(N_1N_2N_3)^2$ をもち，それから少しでもはずれると，これよりずっと小さい値しかとらない．

$$\boldsymbol{b}_1 = 2\pi\frac{\boldsymbol{a}_2\times\boldsymbol{a}_3}{\boldsymbol{a}_1\cdot(\boldsymbol{a}_2\times\boldsymbol{a}_3)},\quad \boldsymbol{b}_2 = 2\pi\frac{\boldsymbol{a}_3\times\boldsymbol{a}_1}{\boldsymbol{a}_1\cdot(\boldsymbol{a}_2\times\boldsymbol{a}_3)},$$
$$\boldsymbol{b}_3 = 2\pi\frac{\boldsymbol{a}_1\times\boldsymbol{a}_2}{\boldsymbol{a}_1\cdot(\boldsymbol{a}_2\times\boldsymbol{a}_3)} \tag{5.44}$$

で定義されるベクトルを**逆格子**（reciprocal lattice）**ベクトル**という*．すぐわかるように，

$$\boldsymbol{a}_1\cdot\boldsymbol{b}_1 = \boldsymbol{a}_2\cdot\boldsymbol{b}_2 = \boldsymbol{a}_3\cdot\boldsymbol{b}_3 = 2\pi,\quad \boldsymbol{a}_i\cdot\boldsymbol{b}_j = 2\pi\delta_{ij} \tag{5.45}$$

である．そうすると，h, k, l を整数として

$$\boldsymbol{b}\cdot\boldsymbol{a}_1 = 2\pi h,\quad \boldsymbol{b}\cdot\boldsymbol{a}_2 = 2\pi k,\quad \boldsymbol{b}\cdot\boldsymbol{a}_3 = 2\pi l \tag{5.46a}$$

という**ラウエ条件**は，$\boldsymbol{b}$ が

$$\boldsymbol{b} = h\boldsymbol{b}_1 + k\boldsymbol{b}_2 + l\boldsymbol{b}_3 \tag{5.46b}$$

のように表わされるということ（**逆格子点**に一致すること）にほかならない．

---

* 結晶学では右辺の 2π がないもので定義するのがふつうである．

$\boldsymbol{b}$ がそのような逆格子点の一つ $\boldsymbol{h}=h\boldsymbol{b}_1+k\boldsymbol{b}_2+l\boldsymbol{b}_3$ に一致したときの強度は

$$|F(\boldsymbol{h})|^2=|F_c(\boldsymbol{h})|^2\,(N_1N_2N_3)^2 \tag{5.47}$$

に比例する．$F_c(\boldsymbol{h})$ のことを反射指数 hkl に対する**結晶構造因子**（crystal structure factor）と呼ぶ．

単位胞内における j 番目の原子の位置を $\boldsymbol{r}_j=\xi_j\boldsymbol{a}_1+\eta_j\boldsymbol{a}_2+\zeta_j\boldsymbol{a}_3$ としてそれは

$$F_c(\boldsymbol{h})=\sum_j^{\text{単位胞}} f_j\exp\left[2\pi i(h\xi_j+k\eta_j+l\zeta_j)\right] \tag{5.48}$$

で計算される．原子散乱因子 $f_j(\boldsymbol{h})$ は正の実数なので，

$$F_c(-\boldsymbol{h})=F_c^{\,*}(\boldsymbol{h}) \tag{5.49}$$

となり，$|F_c(-\boldsymbol{h})|^2=|F_c(\boldsymbol{h})|^2$ であるから，反射指数 hkl の反射強度と反射指数 $\bar{h}\bar{k}\bar{l}$ のそれとが等しいという**フリーデルの法則**（Friedel's law）がえられる．

いま，つぎの級数で定義される関数 $R(\boldsymbol{r})$ を考える．

$$R(\boldsymbol{r})=\sum_{hkl}F_c(\boldsymbol{h})e^{-i\boldsymbol{h}\cdot\boldsymbol{r}}$$

$\boldsymbol{h}\cdot(\boldsymbol{r}+\boldsymbol{a}_1)=\boldsymbol{h}\cdot\boldsymbol{r}+2\pi h$,　$\boldsymbol{h}\cdot(\boldsymbol{r}+\boldsymbol{a}_2)=\boldsymbol{h}\cdot\boldsymbol{r}+2\pi k$,　$\boldsymbol{h}\cdot(\boldsymbol{r}+\boldsymbol{a}_3)=\boldsymbol{h}\cdot\boldsymbol{r}+2\pi l$ であるから，この関数は結晶と同じ周期性をもつ．したがって，つぎの積分はどの単位胞について計算しても同じになる．

$$\int_{\text{単位胞}} R(\boldsymbol{r})e^{i\boldsymbol{h}\cdot\boldsymbol{r}}d\boldsymbol{r}=\sum_{\boldsymbol{h}'}F_c(\boldsymbol{h}')\int_{\text{単位胞}} e^{i(\boldsymbol{h}-\boldsymbol{h}')\cdot\boldsymbol{r}}d\boldsymbol{r}$$

ところで，$\boldsymbol{r}=\xi\boldsymbol{a}_1+\eta\boldsymbol{a}_2+\zeta\boldsymbol{a}_3$ とおくと，

$$d\boldsymbol{r}=(\text{定数})d\xi d\eta d\zeta$$

であり，

$$\int_{\text{単位胞}} e^{i(\boldsymbol{h}-\boldsymbol{h}')\cdot\boldsymbol{r}}d\boldsymbol{r}$$

$$\propto \int_0^1 e^{2\pi i(h-h')\xi}d\xi \int_0^1 e^{2\pi i(k-k')\eta}d\eta \int_0^1 e^{2\pi i(l-l')\zeta}d\zeta$$

$$= \delta_{hh'}\delta_{kk'}\delta_{ll'}$$

であるから，この積分が 0 でないのは $\boldsymbol{h}=\boldsymbol{h}'$ のときだけである．$\boldsymbol{h}=\boldsymbol{h}'$ のときには積分は単位胞の体積（v_c とする）になるから

$$\int_{\text{単位胞}} e^{i(\boldsymbol{h}-\boldsymbol{h}')\cdot\boldsymbol{r}}d\boldsymbol{r} = v_c\delta_{\boldsymbol{h}\boldsymbol{h}'}$$

したがって

$$\int_{\text{単位胞}} R(\boldsymbol{r})e^{i\boldsymbol{h}\cdot\boldsymbol{r}}d\boldsymbol{r} = v_cF_c(\boldsymbol{h})$$

となることがわかる．これと（5.42）とをくらべると，$R(\boldsymbol{r})=v_c\rho_e(\boldsymbol{r})$，すなわち

$$\rho_e(\boldsymbol{r}) = \frac{1}{v_c}\sum_{\boldsymbol{h}} F_c(\boldsymbol{h})e^{-i\boldsymbol{h}\cdot\boldsymbol{r}} \tag{5.50}$$

が示された．つまり，結晶構造因子 $F_c(\boldsymbol{h})$ は結晶内の周期的な電子密度分布 $\rho_e(\boldsymbol{r})$ のフーリエ係数に比例しているのである．

結晶構造をX線回折から求めようというときには，$|F_c(\boldsymbol{h})|^2$ を測定し，それと（5.48），（5.50）によって $\rho_e(\boldsymbol{r})$ などをきめようというのであるが，測定で得られるのは $|F_c(\boldsymbol{h})|$ だけである．$F_c(\boldsymbol{h})$ は一般には複素数であ

って

$$F_c(\boldsymbol{h}) = |F_c(\boldsymbol{h})|\, e^{i\alpha(\boldsymbol{h})}$$

の形をもつ．位相角 $\alpha(\boldsymbol{h})$ がX線の強度測定からは定まらない点に，困難の源がある．それを補うために，いろいろな工夫がなされる．

測定にかかる $|F_c(\boldsymbol{h})|^2$ は，(5.42) 式から

$$\begin{aligned} |F_c(\boldsymbol{h})|^2 &= \int \rho_e(\boldsymbol{r}) e^{-i\boldsymbol{h}\cdot\boldsymbol{r}} d\boldsymbol{r} \int \rho_e(\boldsymbol{r}') e^{i\boldsymbol{h}\cdot\boldsymbol{r}'} d\boldsymbol{r}' \\ &= \iint \rho_e(\boldsymbol{r}) \rho_e(\boldsymbol{r}+\boldsymbol{x}) e^{i\boldsymbol{h}\cdot\boldsymbol{x}} d\boldsymbol{r} d\boldsymbol{x} \end{aligned}$$

(ただし　$\boldsymbol{x} = \boldsymbol{r}' - \boldsymbol{r}$)

と変形できるから，**パターソン関数** (Patterson function)

$$D(\boldsymbol{x}) = \int \rho_e(\boldsymbol{r}) \rho_e(\boldsymbol{r}+\boldsymbol{x}) d\boldsymbol{r} \tag{5.51}$$

を定義すると

$$|F_c(\boldsymbol{h})|^2 = \int D(\boldsymbol{x}) e^{i\boldsymbol{h}\cdot\boldsymbol{x}} d\boldsymbol{x} \tag{5.52}$$

となる．したがって，フーリエ変換により

$$D(\boldsymbol{x}) = \frac{1}{2\pi} \int |F_c(\boldsymbol{h})|^2\, e^{-i\boldsymbol{h}\cdot\boldsymbol{x}} d\boldsymbol{h} \tag{5.53}$$

によって測定値 $|F_c(\boldsymbol{h})|^2$ から $D(\boldsymbol{x})$ が求められることになる．

§ 5.6 プラズマ振動

希薄気体放電管内の一部や，惑星間の空間の希薄な物質中などでは，電離したイオンがほとんど自由に空間内を飛びまわっている．このように，自由に運動する正負の荷電粒子が共存して電気的中性になっている物質の状態を**プラズマ**（plasma）という．金属の内部でも，陽イオンが配列してつくる結晶格子を背景にして，伝導電子が飛びまわっているので，これを一種のプラズマとみなすことができる．プラズマの一部に正負電荷の過不足をつくってやったとすると，粒子間のクーロン力がそれを元に戻すように働くので，それと粒子の慣性とによって振動が生じる．これを**プラズマ振動**という．これを古典力学で取扱ってみることにしよう．

マクロにひろがった一様な物質を微視的に扱うときには，扱いを簡単にするために，物質は一辺の長さが L の立方体の形をもつとし（$0 \leqq x, y, z \leqq L$），**周期的境界条件**（periodic boundary condition）——x, y, z の 3 方向のそれぞれについて，すべての量は周期 L で同じことをくり返すとする——を課すことが多い．系の形や表面の状態に関係しない量を計算するようなときには，一番扱いやすい条件で処理すれば十分だからである．

そうすると，x, y, z の関数はすべてフーリエ級数で表わすことができる．

$$k_x = \frac{2\pi}{L} n_x, \quad k_y = \frac{2\pi}{L} n_y, \quad k_z = \frac{2\pi}{L} n_z$$

$$n_x, n_y, n_z = 0, \pm 1, \pm 2, \cdots$$

として，完全正規直交関数列 $\{e^{i\boldsymbol{k}\cdot\boldsymbol{r}}/\sqrt{L^3}\}$ によって

$$f(\boldsymbol{r}) = \sum_{\boldsymbol{k}} F(\boldsymbol{k}) e^{i\boldsymbol{k}\cdot\boldsymbol{r}}/\sqrt{L^3} \tag{5.54}$$

のように展開できるからである．ただし

$$F(\boldsymbol{k}) = \frac{1}{\sqrt{L^3}} \int f(\boldsymbol{r}) e^{-i\boldsymbol{k}\cdot\boldsymbol{r}} d\boldsymbol{r} \tag{5.55}$$

である．

いま，質量 m と電荷 e をもった同種粒子（例えば電子）が N 個あるとし，その位置を $\boldsymbol{r}_1, \boldsymbol{r}_2, \cdots, \boldsymbol{r}_j, \cdots, \boldsymbol{r}_N$ と表わすことにする．これら粒子間のクーロン斥力の位置エネルギーは

$$U = \frac{1}{2} \sum_{i \neq l} \frac{e^2}{4\pi\varepsilon_0 |\boldsymbol{r}_i - \boldsymbol{r}_l|}$$

で与えられる．いま $1/r$ に（5.55）を適用すると，L が十分大きいとして

$$\begin{aligned}
&\int \frac{1}{|\boldsymbol{r}|} e^{-i\boldsymbol{k}\cdot\boldsymbol{r}} d\boldsymbol{r} \\
&= \lim_{\alpha\to 0} \iiint \frac{1}{r} e^{-ikr\cos\theta - \alpha r} r^2 dr \sin\theta \, d\theta d\phi \\
&= \lim_{\alpha\to 0} 2\pi \int_0^\infty e^{-\alpha r} \left[\frac{e^{-ikr\cos\theta}}{ikr} \right]_0^\pi r dr \\
&= \lim_{\alpha\to 0} \frac{2\pi}{ik} \int_0^\infty (e^{(ik-\alpha)r} - e^{-(ik+\alpha)r}) dr \\
&= \lim_{\alpha\to 0} \frac{2\pi}{ik} \left[\frac{-1}{ik-\alpha} + \frac{1}{-(ik+\alpha)} \right]
\end{aligned}$$

$$= \frac{4\pi}{k^2}$$

したがって（5. 54）は

$$\frac{1}{r} = \frac{4\pi}{L^3} \sum_{\boldsymbol{k}} \frac{1}{k^2} e^{i\boldsymbol{k}\cdot\boldsymbol{r}}$$

となるので，これを用いると U は

$$U = \frac{e^2}{L^3 \varepsilon_0} \sum_{i \neq l} \sum_{\boldsymbol{k}} \frac{1}{k^2} e^{i\boldsymbol{k}\cdot(\boldsymbol{r}_i - \boldsymbol{r}_l)} \tag{5. 56}$$

と表わされることがわかる．したがって，j 番目の粒子に働く力は

$$-\frac{\partial U}{\partial \boldsymbol{r}_j} = -\frac{e^2}{L^3 \varepsilon_0} \sum_{i(\neq j)} \sum_{\boldsymbol{k}} \frac{i\boldsymbol{k}}{k^2} e^{i\boldsymbol{k}\cdot(\boldsymbol{r}_j - \boldsymbol{r}_i)} \tag{5. 57}$$

と書かれる．

つぎに，場所の関数としての粒子の数密度を $\hat{\rho}(\boldsymbol{r})$ とすると，

$$\hat{\rho}(\boldsymbol{r}) = \sum_j \delta(\boldsymbol{r} - \boldsymbol{r}_j) \tag{5. 58}$$

であるから，これをフーリエ級数で表わすと，（5. 54），（5. 55）からすぐわかるように，

$$\hat{\rho}(\boldsymbol{r}) = \frac{1}{L^3} \sum_j \sum_{\boldsymbol{k}} e^{i\boldsymbol{k}\cdot(\boldsymbol{r} - \boldsymbol{r}_j)} \tag{5. 59}$$

となる．そこで

$$\hat{\rho}(\boldsymbol{r}) = \frac{1}{\sqrt{L^3}} \sum_{\boldsymbol{k}} \rho_{\boldsymbol{k}} e^{i\boldsymbol{k}\cdot\boldsymbol{r}}$$

とおくと

$$\rho_{\boldsymbol{k}} = \frac{1}{\sqrt{L^3}} \sum_j e^{-i\boldsymbol{k}\cdot\boldsymbol{r}_j} \tag{5.60}$$

ということになる．いまこの $\rho_{\boldsymbol{k}}$ の時間変化を考えてみよう．$\boldsymbol{r}_j = \boldsymbol{r}_j(t)$ なので

$$\frac{d}{dt}\rho_{\boldsymbol{k}} = \frac{-i}{\sqrt{L^3}} \sum_j \boldsymbol{k}\cdot\boldsymbol{v}_j e^{-i\boldsymbol{k}\cdot\boldsymbol{r}_j} \quad (\boldsymbol{v}_j = \dot{\boldsymbol{r}}_j)$$

もう一度微分すると

$$\frac{d^2}{dt^2}\rho_{\boldsymbol{k}} = \frac{-1}{\sqrt{L^3}} \sum_j (\boldsymbol{k}\cdot\boldsymbol{v}_j)^2 e^{-i\boldsymbol{k}\cdot\boldsymbol{r}_j} - \frac{i}{\sqrt{L^3}} \sum_j \boldsymbol{k}\cdot\ddot{\boldsymbol{r}}_j e^{-i\boldsymbol{k}\cdot\boldsymbol{r}_j}$$

となるが，ニュートンの運動方程式により

$$m\ddot{\boldsymbol{r}}_j = -\frac{\partial U}{\partial \boldsymbol{r}_j}$$

であるから，(5.57) 式を用いると

$$\frac{d^2}{dt^2}\rho_{\boldsymbol{k}} = \frac{-1}{\sqrt{L^3}} \sum_j (\boldsymbol{k}\cdot\boldsymbol{v}_j)^2 e^{-i\boldsymbol{k}\cdot\boldsymbol{r}_j}$$
$$- \frac{e^2}{\varepsilon_0 L^{9/2}} \sum_j \sum_i \sum_{\boldsymbol{k}'} \frac{\boldsymbol{k}\cdot\boldsymbol{k}'}{mk'^2} e^{i\boldsymbol{k}'\cdot(\boldsymbol{r}_j - \boldsymbol{r}_i) - i\boldsymbol{k}\cdot\boldsymbol{r}_j}$$

と表わされることがわかる．ここで右辺の第2項に現われる $e^{i(\boldsymbol{k}'-\boldsymbol{k})\cdot\boldsymbol{r}_j}$ という項を考えてみる．$\boldsymbol{k}' \neq \boldsymbol{k}$ のときにはこれを j について加えたものは，$\boldsymbol{r}_j$ の分布が全く不規則なので，指数関数のいろいろな値（複素平面上の単位円周上に一様に分布する）が互いに打ち消し合って，0になってしまうと期待される．実際は，全く不規則ではなくて一種の波ができることをこれから示そうとしているのであるから，完全に0になるとしては自己矛盾を招くのであ

るが，近似として0としてしまおう．これを**乱雑位相近似**（random phase approximation, RPA）という．そうすると，

$$\frac{d^2}{dt^2}\rho_{\boldsymbol{k}} = \frac{-1}{\sqrt{L^3}}\sum_j (\boldsymbol{k}\cdot\boldsymbol{v}_j)^2 e^{-i\boldsymbol{k}\cdot\boldsymbol{r}_j} - \frac{e^2 N}{m\varepsilon_0 L^{9/2}}\sum_i e^{-i\boldsymbol{k}\cdot\boldsymbol{r}_j}$$

ということになる．ここで$k\to 0$（長波長の極限）の場合を考えると，右辺の第1項は省略でき，第2項には(5. 60)が使えるから

$$\frac{d^2}{dt^2}\rho_{\boldsymbol{k}} = -{\omega_p}^2\rho_{\boldsymbol{k}} \tag{5.61}$$

という単振動の式がえられる．ただし

$${\omega_p}^2 = \frac{ne^2}{m\varepsilon_0} \tag{5.62}$$

で，$n=N/L^3$は単位体積中の荷電粒子の数である．（これはMKSA単位系（SI単位系）による表式であるが，CGS系では${\omega_p}^2=4\pi ne^2/m$と書かれる．）このω_pを**プラズマ振動数**と呼ぶ．金属内の電子の場合には，$n\approx 10^{29}$なので，$\omega_p\approx 10^{16}\,\mathrm{s}^{-1}$となる．このような振動を量子論で扱うと，そのエネルギーは$\hbar\omega_p$の整数倍に限られることになるが，これを電子ボルト（eV）単位で表わすと約10 eV程度になる．試料を薄膜にして，これにエネルギーが既知（数万eV）の電子線をあて，透過した電子線のエネルギーを測ると，入射時のエネルギーよりも$\hbar\omega_p$だけ少ないエネルギーの電子が見出されるので，電子によってプラズマ振動が励起されることが実験的に確かめられる．

第6章　線形応答理論

§6.1　外力と応答

物理学では，ある系に外から何らかの作用をおよぼしたとき，それに対して系がどのように**応答**（response）（または**レスポンス**ともいう）するかを調べることがしばしばある．例えば電圧をかけたときの電流の流れ方とか，磁場をかけたときの磁化のしかた等である．熱平衡状態における磁化とか，定常的な電流といったものは時間的に変化しないが，外から加える作用——一般化した意味で**外力**と呼ぶことにする——が時間的に変動する場合には，応答は複雑である．この場合，とくに外力とレスポンスの関係が次に述べる線形の場合には，フーリエ解析が威力を発揮する．

外力を F，それに対する系のレスポンスを A としよう．$F_1(t)$ に対するレスポンスが $A_1(t)$，$F_2(t)$ に対するレスポンスが $A_2(t)$ であるとき，$F_1(t)+F_2(t)$ という外力に対するレスポンスが $A_1(t)+A_2(t)$ になる場合に，この F と A の関係は**線形**（linear）であると言われる．強磁性体の磁化のように，飽和現象があったり履歴現象があると，線形にはならないが，F が弱くて A も小さいときには，多くの場合に線形関係が成立する．電気伝導のオームの法則，弾性におけるフックの法則，熱伝導に関するフーリエの法則などがその例である．F や A はスカラー量とは限らず，ベクトルやテンソルのこともあるが，ここでは簡単のためにスカラー量のときだけを考える．また，以下では主として時間的な変動を考えるので，A としては外力がない場合の値からの変化をとることにする．

F と A の線形関係として最も簡単なのは，単純な比例関係

$$A(t) = \chi^{\infty} F(t),\ \ \chi^{\infty}：定数 \tag{6.1}$$

である．F が変化すると，A もすぐそれに応じて変化する場合である．しかし一般には，F の変化に応じた A の変化が生じるまでに若干の「遅れ」のあることが多い．それを表わす方法を考えよう．それには，$t<t_1$ の間 $F=1$ という一定の外力を加え続け，$t=t_1$ でそれを突然0にしてしまった場合のレスポンスを考えるとよい．それは図6.1のようになるであろう．遅れが全くなければ $A(t)$ はそれまでの一定値 $\chi(0)$ から0へストンと落ちてしまうであろうが，一般には図のような変化をして0に近づくことになるであろう．$t=t_1$ で瞬間的に変化する部分があればそれを χ^{∞} で示すことにし，以後の変化を $\Phi(t-t_1)$ で表わすとしよう．この関数を**緩和関数**（relaxation function）と呼ぶ．熱平衡の値（この場合は F が0なので $A=0$）からはずれた状態にある系が，それに向かって次第に近づくことを一般に**緩和現象**

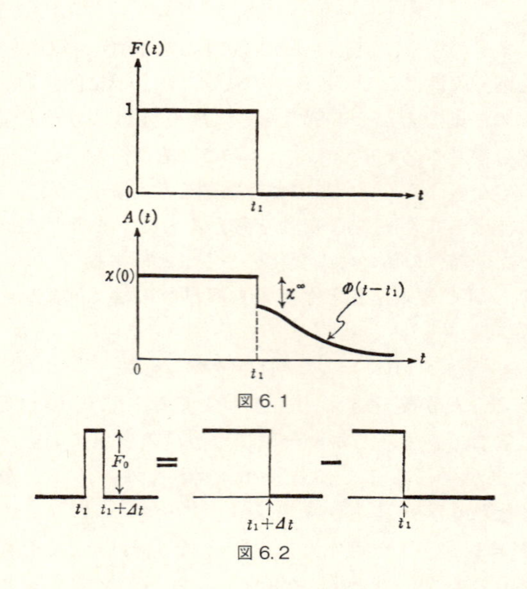

図6.1
図6.2

(relaxation) というので，それを規定するという意味で緩和関数と名づけるわけである．

今度は外力が瞬間的なパルス (pulse) ——力学の場合の撃力を一般化したもの——のときを考えよう．図6.2に示したように2つの階段関数の差で表わされるような時間変化をする外力を加えた場合を考える．線形性を仮定しているから，レスポンスは2つの階段形外力に対するものを別々に求めて，その差をとればよい．Δt がきわめて小さいときを考えるから，それは瞬間的に変化する部分

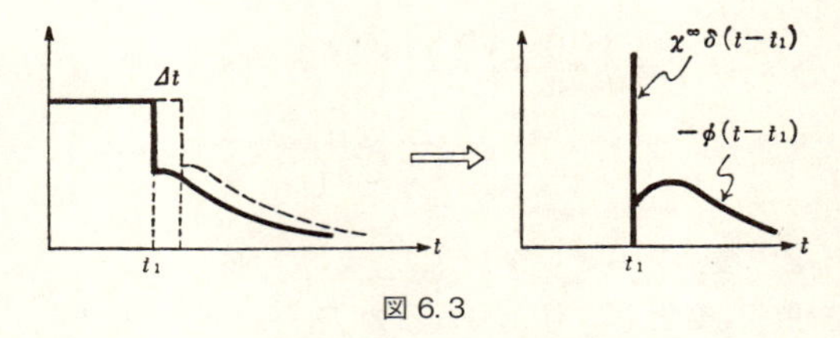

図 6.3

の差（幅が Δt で高さ $F_0\chi^\infty$ の障壁形）と，連続的に緩和する部分の差に分けられる．後者は

$$F_0[\Phi(t-t_1-\Delta t)-\Phi(t-t_1)] \fallingdotseq -F_0\left(\frac{d\Phi}{dt}\right)_{t-t_1}\Delta t$$

となる．ここで $F_0\cdot\Delta t=1$ のように F_0 と Δt をとったとし，この大きさを保ったまま $\Delta t\to 0$ とした極限を考えると，外力は**単位パルス**（unit pulse）になる．それに対するレスポンスとして，瞬間的に変化する部分からくる δ 関数形と遅れによる部分との和

$$\chi^\infty\delta(t-t_1)+\phi(t-t_1)\quad (t>t_1) \tag{6.2}$$

ただし

$$\phi(t)=-\frac{d\Phi}{dt} \tag{6.3}$$

がえられる．$\phi(t-t_1)$ のことを**応答関数**（response function）または**余効関数**（after-effect function）という．

緩和関数として最も簡単なのは，指数関数である．

$$\Phi(t-t_1)=\{\chi(0)-\chi^\infty\}e^{-(t-t_1)/\tau}\quad (t>t_1) \tag{6.4}$$

このとき τ のことを**緩和時間**（relaxation time）という．これに対する応答関数は

$$\phi(t-t_1)=\frac{\chi(0)-\chi^{\infty}}{\tau}e^{-(t-t_1)/\tau}\quad(t>t_1)\qquad(6.5)$$

ということになり，これもまた指数関数である．

§6.2 複素アドミッタンス

時間の関数として与えられる力 $F(t)$ は，

$$F(t)=\int_{-\infty}^{\infty}F(t')\delta(t-t')dt'\qquad(6.6)$$

と考えれば，時刻 t' に加えられる強さ $F(t')$ のパルス $F(t')\delta(t-t')$ の重ね合わせ（積分）とみなすことができる．上記パルスに対するレスポンスは（6.2）式で $t_1=t'$ としたものの $F(t')$ 倍である．

$$\chi^{\infty}F(t')\delta(t-t')+F(t')\phi(t-t')\qquad(6.7)$$

これを重ね合わせたもの（積分したもの）が，$F(t)$ に対するレスポンスである．$\xi<0$ では $\phi(\xi)=0$ と考えられるから

$$A(t)=\int_{-\infty}^{\infty}\{\chi^{\infty}F(t')\delta(t-t')+F(t')\phi(t-t')\}dt'$$

より

$$A(t)=\chi^{\infty}F(t)+\int_{-\infty}^{t}F(t')\phi(t-t')dt'\qquad(6.8)$$

が得られる．右辺の第1項は（6.1）にほかならないが，遅れによる部分として第2項が付加されたことになる．

$F(t)$ を

$$F(t) = \frac{1}{\sqrt{2\pi}} \int_{-\infty}^{\infty} F(\omega) e^{-i\omega t} d\omega \qquad (6.9)$$

のように表わし，フーリエ成分 $F(\omega)e^{-i\omega t}$ の重ね合わせとみなすならば，これに対するレスポンスも各成分に対するものの和になる．つまり，(6.8) 式の $F(t)$ に $e^{-i\omega t}$ を入れて得られる

$$A_\omega(t) = \chi^\infty e^{-i\omega t} + \int_{-\infty}^{t} e^{-i\omega t'} \phi(t-t') dt' \qquad (6.10)$$

がわかれば，(6.9) に対するレスポンスは

$$A(t) = \frac{1}{\sqrt{2\pi}} \int_{-\infty}^{\infty} A_\omega(t) F(\omega) d\omega \qquad (6.11)$$

によって求められることになる．(6.10) は

$$A_\omega(t) = e^{-i\omega t}\left\{\chi^\infty + \int_{-\infty}^{t} e^{i\omega(t-t')} \phi(t-t') dt'\right\}$$
$$= e^{-i\omega t}\left\{\chi^\infty + \int_{0}^{\infty} e^{i\omega\tau} \phi(\tau) d\tau\right\}$$

と変形されるから，

$$\chi(\omega) \equiv \chi^\infty + \int_{0}^{\infty} e^{i\omega t} \phi(t) dt \qquad (6.12)$$

によって**複素アドミッタンス** (complex admittance) を定義すると，外力 $e^{-i\omega t}$ に対するレスポンスは

$$A_\omega(t) = \chi(\omega) e^{-i\omega t} \qquad (6.13)$$

と表わされ，(6.9) 式で与えられる任意の $F(t)$ に対するレスポンスは，$F(\omega)$ を重みとしたこれらの重ね合わせとして

$$A(t) = \frac{1}{\sqrt{2\pi}} \int_{-\infty}^{\infty} \chi(\omega) F(\omega) e^{-i\omega t} d\omega \tag{6.14}$$

によって計算されることになる．

§3.5で見たように，インダクタンス L，容量 C，抵抗 R を直列につないだ回路に交流起電力 $V(t)$ を加えたときに流れる電流 $I(t)$ は

$$L\frac{dI}{dt} + RI + \frac{1}{C}\int^t I dt = V(t)$$

によってきめられる．もう一度微分して

$$\left(L\frac{d^2}{dt^2} + R\frac{d}{dt} + \frac{1}{C}\right) I = V'(t)$$

を得るが，$V(t) = V_0 e^{-i\omega t}$ としてそれに対する定常解を $I(t) = I_0 e^{-i\omega t}$ とおいて上に代入すると

$$\left(-L\omega^2 - i\omega R + \frac{1}{C}\right) I_0 = -i\omega V_0$$

これから

$$I_0 = \frac{V_0}{R - i(L\omega - 1/C\omega)}$$

を得る．F, A に対応するのが V, I であると考えれば，この場合の $\chi(\omega)$ は

$$\chi(\omega) = \frac{1}{R - i(L\omega - 1/C\omega)}$$

ということになる．本書では V を $V_0 e^{-i\omega t}$ としているので分母に $-i$ が現われているが，交流理論でふつうに行なわれているように（§3.5でもそうした）$V_0 e^{i\omega t}$ とすれば分母はインピーダンス $R + i(L\omega - 1/C\omega)$ になる．その逆数が（複素）アドミッタンスである．これを一般化して，電圧・電流以外の場合にも同じ名称を使うのである．

複素アドミッタンスを

$$\chi(\omega)=\chi'(\omega)+i\chi''(\omega) \tag{6.15}$$

とすると，(6.13) の実数部分は

$$\mathrm{Re}\,A_\omega(t)=\chi'(\omega)\cos\omega t+\chi''(\omega)\sin\omega t \tag{6.16}$$

となる．これは $\mathrm{Re}\,e^{-i\omega t}=\cos\omega t$ という外力に対するレスポンスであるから，外力と同じ位相の振動が $\chi'(\omega)$，$\pi/2$ だけずれた振動が $\chi''(\omega)$ という振幅になる．(6.12) 式からすぐわかるように

$$\left\{\begin{aligned}\chi'(\omega)&=\chi^\infty+\int_0^\infty\phi(t)\cos\omega t\,dt\\ \chi''(\omega)&=\int_0^\infty\phi(t)\sin\omega t\,dt\end{aligned}\right. \tag{6.17}$$

である．

§ 6.3 クラーマース - クローニヒの関係式

複素アドミッタンス $\chi(\omega)$ の実部 $\chi'(\omega)$ と虚部 $\chi''(\omega)$ は，(6.17) 式が示すように，同じ関数 $\phi(t)$ から導かれるものであるから，互いに独立ではない．これらの間の関係を調べてみよう．今まで，余効関数 $\phi(t)$ は t が正のときのみ定義し，$t<0$ のときには 0 になるとしてきた．いま，$t>0$ では $\phi(t)$ と一致し，$t<0$ では $\phi(|t|)$ に等しくなるような関数 $\phi^s(t)$ を考える*．

* 磁場が存在しなければ，負の t に対して $\phi(t)$ をこのように定義することも許される（時間反転）のであるが，ここではその問題に立ち入らない．

$$\phi^s(t) \equiv \phi(|t|) \quad (-\infty < t < \infty)$$

この $\phi^s(t)$ のフーリエ変換を $\varphi^s(\omega)$ とする．

$$\begin{cases} \phi^s(t) = \dfrac{1}{\sqrt{2\pi}} \displaystyle\int_{-\infty}^{\infty} \varphi^s(\omega) e^{-i\omega t} d\omega & (6.18\text{a}) \\ \varphi^s(\omega) = \dfrac{1}{\sqrt{2\pi}} \displaystyle\int_{-\infty}^{\infty} \phi^s(t) e^{i\omega t} dt & (6.18\text{b}) \end{cases}$$

$\phi^s(t)$ は t の偶関数であるから（6.18b）は

$$\begin{aligned} \varphi^s(\omega) &= \frac{1}{\sqrt{2\pi}} \int_{-\infty}^{\infty} \phi^s(t) \cos \omega t \, dt \\ &= \sqrt{\frac{2}{\pi}} \int_0^{\infty} \phi^s(t) \cos \omega t \, dt \end{aligned}$$

となり，$\varphi^s(\omega)$ は ω について偶関数で実数値をとることがわかる．

$$\varphi^s(-\omega) = \varphi^s(\omega)$$

$\chi(\omega)$ の定義の式（6.12）で ϕ を ϕ^s になおし，（6.18a）を代入すると

$$\begin{aligned} \chi(\omega) - \chi^{\infty} &= \int_0^{\infty} e^{i\omega t} \phi^s(t) dt \\ &= \frac{1}{\sqrt{2\pi}} \int_0^{\infty} dt \int_{-\infty}^{\infty} d\omega' e^{i(\omega-\omega')t} \varphi^s(\omega') \end{aligned}$$

となるが，ここで公式（56ページを参照）

$$\begin{aligned} \lim_{T\to\infty} \int_0^T e^{i\omega t} dt &= \lim_{\varepsilon\to+0} \int_0^{\infty} e^{-\varepsilon t} e^{i\omega t} dt \\ &= \lim_{\varepsilon\to+0} \frac{i}{\omega + i\varepsilon} = \pi\delta(\omega) + i\frac{\mathrm{P}}{\omega} \qquad (6.19) \end{aligned}$$

を代入する．ただしPは積分をする際に主値をとれという記号である．そうすると

$$\chi(\omega)-\chi^{\infty}=\sqrt{\frac{\pi}{2}}\int_{-\infty}^{\infty}\delta(\omega-\omega')\varphi^{s}(\omega')d\omega'$$
$$+\frac{i\mathrm{P}}{\sqrt{2\pi}}\int_{-\infty}^{\infty}\frac{\varphi^{s}(\omega')}{\omega-\omega'}d\omega'$$
$$=\sqrt{\frac{\pi}{2}}\varphi^{s}(\omega)-i\frac{\mathrm{P}}{\sqrt{2\pi}}\int_{-\infty}^{\infty}\frac{\varphi^{s}(\omega')}{\omega'-\omega}d\omega'$$

となる．最後の積分は実数であるから，

$$\chi'(\omega)-\chi^{\infty}=\sqrt{\frac{\pi}{2}}\varphi^{s}(\omega)$$
$$\chi''(\omega)=-\frac{\mathrm{P}}{\sqrt{2\pi}}\int_{-\infty}^{\infty}\frac{\varphi^{s}(\omega')}{\omega'-\omega}d\omega'$$

がわかる．第1式の φ^{s} を第2式に代入すれば

$$\chi''(\omega)=-\frac{\mathrm{P}}{\pi}\int_{-\infty}^{\infty}\frac{\chi'(\omega')-\chi^{\infty}}{\omega'-\omega}d\omega'$$

を得る．

$\phi^{s}(t)$ の代りに，

$$t>0\text{ で}\quad \phi^{a}(t)=\phi(t),$$
$$t<0\text{ で}\quad \phi^{a}(t)=-\phi(|t|)$$

となるような $\phi^{a}(t)$ を導入し，そのフーリエ変換 $\varphi^{a}(\omega)$（純虚数で ω の奇関数）を用いて上と同様な手続きを行なえば次式が得られる．さきの式と並べれば

$$\begin{cases} \chi'(\omega)-\chi^{\infty} = \dfrac{\mathrm{P}}{\pi}\displaystyle\int_{-\infty}^{\infty}\frac{\chi''(\omega')}{\omega'-\omega}d\omega' \\ \chi''(\omega) = -\dfrac{\mathrm{P}}{\pi}\displaystyle\int_{-\infty}^{\infty}\frac{\chi'(\omega')-\chi^{\infty}}{\omega'-\omega}d\omega' \end{cases} \tag{6.20}$$

アドミッタンスの実部と虚部の関係を示すこの式を，**クラーマース-クローニヒ**（Kramers-Kronig）**の関係式**という．

なお，この $\chi'(\omega)-\chi^{\infty} \rightleftarrows \chi''(\omega)$ の関係は，**ヒルベルト変換**と呼ばれるものである．

§6.4 デバイ型緩和

外力に対する系のレスポンスのしかたは，χ^{∞} のほかに緩和関数 $\varPhi(t)$，応答関数 $\phi(t)$，複素アドミッタンス $\chi(\omega)$ のどれかを与えればきまる．誘電体に関してこのようなことを最初に調べたのはデバイ（Debye）で，彼は緩和関数 $\varPhi$ に指数関数を仮定した．図6.1の記号を使うと，$\varPhi$ を

$$\varPhi(t-t_1) = \{\chi(0)-\chi^{\infty}\}e^{-(t-t_1)/\tau} \quad (t>t_1) \tag{6.4}$$

とおくのである．τ を**緩和時間**と呼ぶことはすでに述べた．そうすると，応答関数は

$$\phi(t-t_1) = \frac{\chi(0)-\chi^{\infty}}{\tau}e^{-(t-t_1)/\tau} \quad (t>t_1) \tag{6.5}$$

ということになる．この場合の複素アドミッタンスは（6.12）から

$$\begin{cases} \chi'(\omega)-\chi^{\infty}=(\chi(0)-\chi^{\infty})\dfrac{1}{1+(\omega\tau)^2} \\ \chi''(\omega)=(\chi(0)-\chi^{\infty})\dfrac{\omega\tau}{1+(\omega\tau)^2} \end{cases} \qquad (6.21)$$

となる.

誘電体では，電場の強さ（の ε_0 倍）を外力と考え，電束密度をレスポンスとみなす．χ に相当するのは誘電率 ε である．(6.21) は

$$\begin{cases} \varepsilon'(\omega)-\varepsilon^{\infty}=(\varepsilon(0)-\varepsilon^{\infty})\dfrac{1}{1+(\omega\tau)^2} \\ \varepsilon''(\omega)=(\varepsilon(0)-\varepsilon^{\infty})\dfrac{\omega\tau}{1+(\omega\tau)^2} \end{cases}$$

となるから，いろいろな ω について $(\varepsilon', \varepsilon'')$ を直交座標とする点をとって結ぶと，ε' 軸上の $(\varepsilon(0)+\varepsilon^{\infty})/2$ を中心とし，$(\varepsilon(0)-\varepsilon^{\infty})/2$ を半径とする半円が得られることになる.

ω を変えたときの点 $(\varepsilon'(\omega), \varepsilon''(\omega))$ の軌跡を**コール - コール線図**（Cole-Cole diagram）といい，実験的にこれを求めてみてそれが半円になるかどうかを調べることがよく行なわれる．また，上の式から得られる関係

$$\varepsilon''(\omega)=\sqrt{(\varepsilon(0)-\varepsilon'(\omega))(\varepsilon'(\omega)-\varepsilon^{\infty})}$$

を用いて，実際に (6.4) あるいは (6.5) のような指数関数形の緩和――これを**デバイ型緩和**という――になっているかどうかを，確かめることができる．もしデバイ型ならば，$\varepsilon''(\omega)$ は $\omega=1/\tau$ で最大になるはずだから，コー

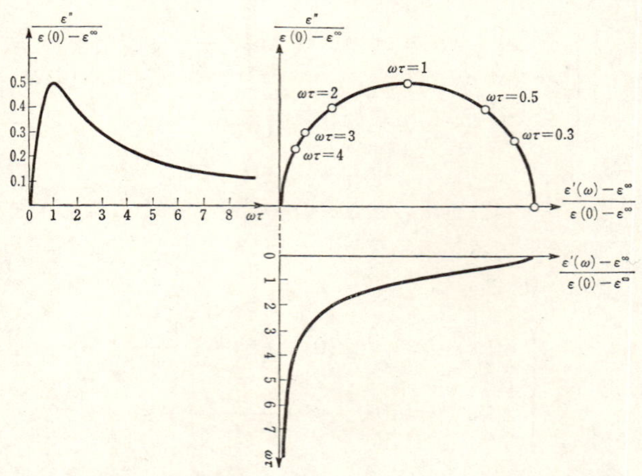

図 6.4　デバイ型緩和の $\varepsilon', \varepsilon''$ とコール - コール線図

ル - コール線図から緩和時間 τ が読みとれるわけである．

§ 6.5　共鳴吸収

図 6.1 のように，一定の力を加え続けておいて突然これを取除いたときの応答が単純な緩和 $A(t)\to 0$ ではなく，振動をしながらその振幅が次第に 0 に近づく減衰振動の場合を考えよう．$t_1=0$ として，緩和関数が

$$\Phi(t)=\{\chi(0)-\chi^{\infty}\}e^{-t/\tau}\cos\omega_0 t \tag{6.22}$$

となる場合である．応答関数は

$$\phi(t) = \frac{\chi(0)-\chi^{\infty}}{\tau} e^{-t/\tau}\{\cos\omega_0 t + \omega_0\tau \sin\omega_0 t\} \quad (t > 0) \tag{6.23}$$

となるから，(6.12) によって複素アドミッタンスは

$$\chi(\omega)-\chi^{\infty} = \frac{\chi(0)-\chi^{\infty}}{2}\left\{\frac{1-i\omega_0\tau}{1-i(\omega+\omega_0)\tau} + \frac{1+i\omega_0\tau}{1-i(\omega-\omega_0)\tau}\right\} \tag{6.24}$$

で与えられる．

質点が力 $\boldsymbol{F}$ を受けながら $d\boldsymbol{s}$ だけ変位したときに力のする仕事が $\boldsymbol{F}\cdot d\boldsymbol{s}$ であるように，電場 $\boldsymbol{E}$ の作用下で誘電体の電束密度が $d\boldsymbol{D}$ だけ変化した場合に電場の行なう仕事は $\boldsymbol{E}\cdot d\boldsymbol{D}$ に比例する．したがって，ある時間にわたってこれを積分したものは

$$\int \boldsymbol{E}\cdot d\boldsymbol{D} = \int \boldsymbol{E}\cdot\frac{\partial \boldsymbol{D}}{\partial t}dt$$

で計算される．$\boldsymbol{E} = \boldsymbol{E}_0\cos\omega t$ とすると，$\boldsymbol{D} = \varepsilon'\boldsymbol{E}_0\cos\omega t + \varepsilon''\boldsymbol{E}_0\sin\omega t$ になるわけだから，上記の積分を長時間にわたってとると，ε' の項は平均 0 となって寄与せず，ε'' に比例する項だけが残る．つまり，外部から振動電場をかけたとき（電磁波をあてたとき），それから誘電体が吸収するエネルギーは $\varepsilon''(\omega)$ に比例する．同様なことは他の場合にもあって，$\chi''(\omega)$（場合によっては $\chi'(\omega)$）がエネルギーの吸収とか散逸の度合を表わす．

(6.24) 式の虚部をとると

$$\chi''(\omega)=\frac{\chi(0)-\chi^\infty}{2}\left\{\frac{\omega\tau}{1+(\omega+\omega_0)^2\tau^2}+\frac{\omega\tau}{1+(\omega-\omega_0)^2\tau^2}\right\} \tag{6.25}$$

となるが，これは

$$\omega=\frac{\sqrt{1+\omega_0{}^2\tau^2}}{\tau}$$

で極大値をもつ．$\omega_0\tau\gg 1$ ならば，極大の位置は大体 $\omega\fallingdotseq\omega_0$ で，その半値幅（$\chi''(\omega)$ が極大値の半分になるような ω の値の間隔）は $\Delta\omega\fallingdotseq 1/(\omega_0\tau^2)$ で与えられる．これは，角振動数 ω_0 で振動するような性質を系が持っていて，それと外力が共鳴するときに，エネルギーの吸収が最大になるためと解釈される．このような現象を**共鳴吸収**（resonance absorption）という．

共鳴吸収でよく知られているのは，原子（イオン）が電子の運動による磁気モーメントをもっている場合の**常磁性共鳴吸収**（electron spin resonance, ESR）と，原子核が磁気モーメントをもっていることでおこる**核磁気共鳴吸収**（nuclear magnetic resonance, NMR）である．これらはいずれも，物質がたくさんのミクロな磁石（その方向はほとんど独立）の集まりと見なせる場合である．ミクロな磁石の磁気モーメントを $\boldsymbol{\mu}$ とすると，それは電子とか陽子や中性子の回転に起因するものなので，それらの角運動量を $\boldsymbol{j}$ として，

$$\boldsymbol{\mu}=\gamma\boldsymbol{j}$$

と書くことができる．電子では $\gamma<0$ である．磁束密度

$\boldsymbol{B}$ の磁場内におかれた $\boldsymbol{\mu}$ は，磁場からモーメント $\boldsymbol{\mu}\times\boldsymbol{B}$ の偶力を受ける．$\boldsymbol{j}$ の時間変化の割合が偶力に等しい，という力学の法則から

$$\frac{d\boldsymbol{j}}{dt}=\boldsymbol{\mu}\times\boldsymbol{B}\quad\therefore\quad\frac{d\boldsymbol{\mu}}{dt}=\gamma\boldsymbol{\mu}\times\boldsymbol{B}$$

がえられる．いま $\boldsymbol{B}$ が z 方向の一様の磁場の場合を考えると，

$$\begin{cases}\dfrac{d\mu_x}{dt}=\gamma B_0\mu_y & (6.26\text{a})\\[2mm] \dfrac{d\mu_y}{dt}=-\gamma B_0\mu_x & (6.26\text{b})\\[2mm] \dfrac{d\mu_z}{dt}=0 & (6.26\text{c})\end{cases}$$

であるが，(6.26c) から $\mu_z=$ 定数（μ_0 とおく），(6.26a) と (6.26b) の i 倍を足した式

$$\frac{d}{dt}(\mu_x+i\mu_y)=-i\gamma B_0(\mu_x+i\mu_y)$$

から

$$\mu_x+i\mu_y=\mu_1e^{-i\omega_Lt}\quad(\omega_L=\gamma B_0)$$

すなわち

$$\mu_x=\mu_1\cos\omega_Lt,\ \ \mu_y=-\mu_1\sin\omega_Lt$$

がえられる．したがって $\boldsymbol{\mu}$ は z 軸のまわりで角振動数 ω_L の歳差運動を行なうことがわかる．これを**ラーモア (Larmor) 歳差運動**という．

マクロの**磁化**は，物質の単位体積あたりの $\boldsymbol{\mu}$ の和 $\boldsymbol{M}=$

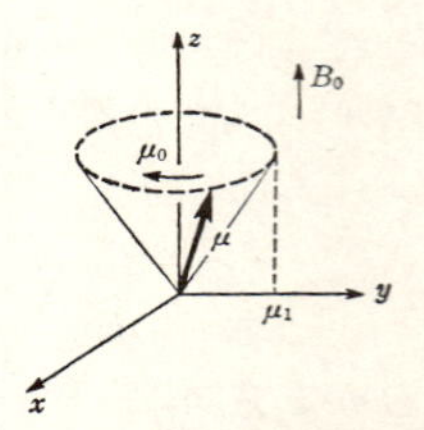

図 6.5　ラーモアの歳差運動．図は $\gamma>0$ の場合

$\sum_n \boldsymbol{\mu}_n$ で与えられる．全部の $\boldsymbol{\mu}$ がそろった運動をするのなら，$\boldsymbol{M}$ は $\boldsymbol{\mu}$ と全く同形の $d\boldsymbol{M}/dt=\gamma\boldsymbol{M}\times\boldsymbol{B}$ という方程式に従うはずである．しかし，物質内のミクロな不規則性によって，ω_L が $\boldsymbol{\mu}$ ごとに少しずつ違うので，歳差運動は時間とともに互いに次第にずれてきて，そのために，M_x や M_y は0に近づいてしまう．磁場のかかっている z 方向でも，M_z は一定には保たれず，B_0 に比例した平衡値 M_0 に近づく．これらを緩和時間で表わすことが多いが，xy 方向と磁場の z 方向とでは緩和の原因が異なるから，緩和時間を区別して，z 方向を T_1（**縦緩和**），xy 方向を T_2（**横緩和**）で表わすことになっている．そうすると

$$\begin{cases} \dfrac{dM_x}{dt}=\gamma[\boldsymbol{M}\times\boldsymbol{B}]_x-\dfrac{M_x}{T_2} & (6.27\text{a}) \\ \dfrac{dM_y}{dt}=\gamma[\boldsymbol{M}\times\boldsymbol{B}]_y-\dfrac{M_y}{T_2} & (6.27\text{b}) \\ \dfrac{dM_z}{dt}=\gamma[\boldsymbol{M}\times\boldsymbol{B}]_z-\dfrac{M_z-M_0}{T_1} & (6.27\text{c}) \end{cases}$$

という式がえられる．これを**ブロッホ（Bloch）方程式**という．$\boldsymbol{B}=(0,0,B_0)$ のときには，M_x と M_y は（6.22）と同様な減衰振動，M_z は M_0 へ向けてのデバイ型の単純緩和になる．

共鳴吸収では，この系に，x 方向の弱い振動磁場をかけるのである．

$$\boldsymbol{B}=(B_1\cos\omega t, 0, B_0),\quad B_0 \gg B_1$$

これをブロッホの方程式に代入すると，

$$\begin{cases} \dfrac{dM_x}{dt}=\gamma M_y B_0-\dfrac{M_x}{T_2} & \text{(6.28a)} \\ \dfrac{dM_y}{dt}=-\gamma M_x B_0+\gamma M_z B_1\cos\omega t-\dfrac{M_y}{T_2} & \text{(6.28b)} \\ \dfrac{dM_z}{dt}=-\dfrac{M_z-M_0}{T_1} & \text{(6.28c)} \end{cases}$$

がえられる．ただし（6.28c）の右辺で小さい量の2次の項（M_x, M_y と B_1 の積）を省略した，（6.28c）により M_z は T_1 程度の時間の後には M_0 になってしまうから，以下では $M_z=M_0$ とする．そして前と同様に，（6.28a）に（6.28b）の i 倍を加えると，$M_+=M_x+iM_y$ として

$$\frac{d}{dt}M_+ + i\omega_L M_+ + \frac{M_+}{T_2}=i\gamma M_0 B_1\cos\omega t$$

という強制振動の方程式がえられる．減衰振動を除いた定常解を求めるために

$$M_+=Ae^{i\omega t}+Be^{-i\omega t}$$

とおいて代入して A と B を求め，えられた M_+ の実数部

と虚数部をとると，

$$
\begin{cases}
M_x(t) = \dfrac{(\omega_L-\omega)\gamma M_0 B_1/2}{(\omega_L-\omega)^2+(1/T_2)^2}\cos\omega t \\
\qquad\qquad + \dfrac{\gamma M_0 B_1/2T_2}{(\omega_L-\omega)^2+(1/T_2)^2}\sin\omega t & \text{(6. 29a)} \\
M_y(t) = \dfrac{\gamma M_0 B_1/2T_2}{(\omega_L-\omega)^2+(1/T_2)^2}\cos\omega t \\
\qquad\qquad - \dfrac{(\omega_L-\omega)\gamma M_0 B_1/2}{(\omega_L-\omega)^2+(1/T_2)^2}\sin\omega t & \text{(6. 29b)}
\end{cases}
$$

がえられる．実際に計算すると，このほかに $\omega\to-\omega$ とした項が同数だけ出てくるが，いまは $\omega_L>0, \omega>0$ として $\omega_L\simeq\omega$ という共鳴の近くの ω だけを考えるので，分母の大きいそのような項を省略した．いま考えている x 方向の直線偏光的な振動磁場は，右まわりと左まわりの円偏光的な回転磁場の重ね合わせで表わされ，その一方だけが歳差運動と同じ向きでこれに共鳴するので，そちらだけをとり，共鳴から遠くはずれた他方の回転磁場は無視したのである．

上記の $M_x(t), M_y(t)$ を，x 方向の「外力」$B_1\cos\omega t=\mathrm{Re}\,B_1e^{-i\omega t}$ に対するレスポンスとみると，

$$
\begin{aligned}
M_x(t) &= \mathrm{Re}\,\chi_{xx}(\omega)B_1e^{-i\omega t} \\
&= \mathrm{Re}\,(\chi_{xx}'+i\chi_{xx}'')(\cos\omega t-i\sin\omega t)B_1
\end{aligned}
$$

したがって

$$\left.\begin{aligned} &M_x(t) = \chi_{xx}{}' B_1 \cos\omega t + \chi_{xx}{}'' B_1 \sin\omega t \\ &\text{同様に} \\ &M_y(t) = \chi_{xy}{}' B_1 \cos\omega t + \chi_{xy}{}'' B_1 \sin\omega t \end{aligned}\right\} \tag{6.30}$$

と表わされる．ここで

$$\left\{\begin{aligned} \chi_{xx}{}'(\omega) &= -\chi_{xy}{}''(\omega) = \frac{(\omega_L-\omega)\gamma M_0/2}{(\omega_L-\omega)^2+(1/T_2)^2} \\ \chi_{xx}{}''(\omega) &= \chi_{xy}{}'(\omega) = \frac{\gamma M_0/2T_2}{(\omega_L-\omega)^2+(1/T_2)^2} \end{aligned}\right. \tag{6.31}$$

である．

インダクタンス L_0 のコイル内に帯磁率 χ_0 の物質をつめると，そのインダクタンスは $L=L_0(1+\chi_0)$ になる．交流のときには $L=L_0(1+\chi_{xx}{}'+i\chi_{xx}{}'')$ とすべきであるから，コイルの抵抗を R_0 とすると，インピーダンスは

$$Z = R_0 - i\omega L = R_0 + \omega\chi_{xx}{}'' L_0 - i\omega L_0(1+\chi_{xx}{}')$$

となり，抵抗が $\omega L_0 \chi_{xx}{}''$ だけ増したのと同じになる．これによる「ジュール熱」は，導線内ではなく磁性体内に発生する．つまり，磁性体が交流からエネルギーを吸収するのである．その吸収は $\chi_{xx}{}''(\omega)$ に比例するから，$\omega=\omega_L$ に極大をもち，**磁気共鳴吸収**と呼ばれる．

第7章　確率過程

§7.1　ゆらぎと確率変数

巨視的に見て連続的な流体として扱う物質も，微視的に見れば原子や分子からできており，それらは不規則な運動をしている．1827年に植物学者のブラウン（Brown）が発見した**ブラウン運動**（Brownian motion）——水に浮かぶ花粉から出た微粒子の不規則なよろめき運動——は，静止しているように見える水の中に見えない激しい熱運動が隠れていることを示し，原子論の正当性を確立する動かぬ証拠の一つとなったことは有名である．ブラウン運動をする粒子の位置は，周囲の水分子の密度の**ゆらぎ**（fluctuation）による力のアンバランスによって，全く不規則に確率的に変化する．運動方程式から時間 t の関数として因果的にきまるようなものではない．

流体内に考えた一定体積 v の領域中に存在する分子の数も，同様に絶えず不規則に変動する．流体の密度 ρ_0 といったものを考えて，v 内に含まれる質量は $\rho_0 v$ である，と言えるのは，このようなゆらぎを無視した近似に過ぎない．v 内の分子数あるいは質量といった量も，ブラウン粒子の位置と同様に，図7.1のように変化する**確率変数**な

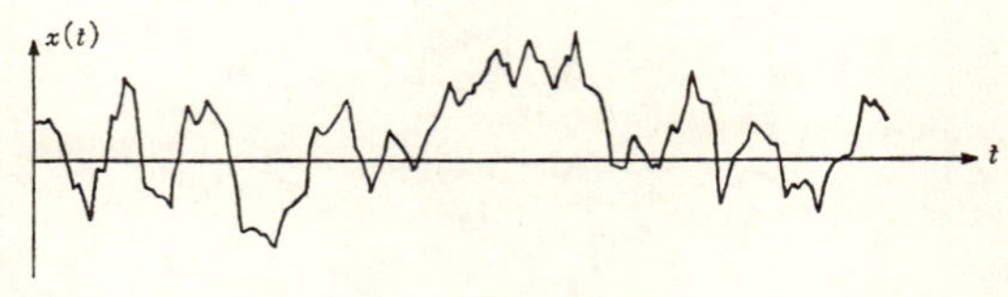

図 7.1

いし偶然量（stochastic or random variable）である．

図 7.1 のような $x(t)$ は測定の度ごとに違うであろう．個々の $x(t)$ の形を求めることは不可能であるし，意味もないことが多い．しかし，このような $x(t)$ を多数回測って求めれば，それに共通した性質を知ることで，この変数の特性を知ることができよう．x の変化の範囲がどの程度か，それが時間的に一定か否か，時間変化——図のギザギザの細かさ——が速いかどうか，等である．そのための有効な方法の一つがフーリエ解析である．

いま，$0<t<T$ でとった $x(t)$ のサンプル多数を考える．時間 T にわたっての時間平均を $\langle\cdots\rangle_T$ で表わそう．式では

$$\langle\cdots\rangle_T = \frac{1}{T}\int_0^T \cdots dt$$

であり，図 7.2 について言うと，横方向に平均をとることである．

もうひとつの平均として，これら多数のサンプルについての平均がある．図 7.2 で言えば縦方向でとる平均である．それを，量を表わす文字の上に引いた横線で示すこと

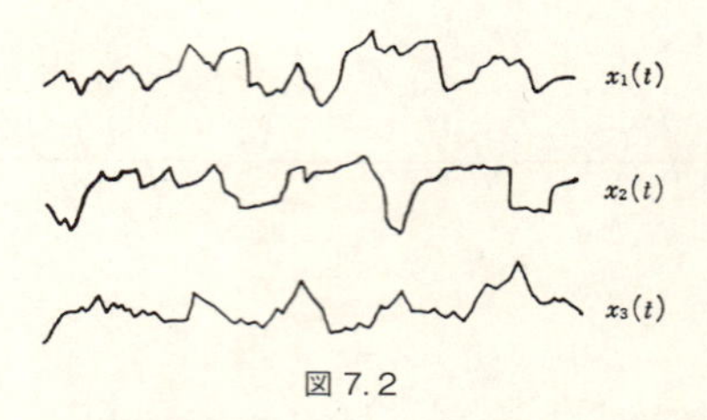

図 7.2

にしよう．そうすると

$$\overline{x}(t) = \frac{1}{N}\sum_{j=1}^{N} x_j(t)$$

ということになるが，これは一般的には t の関数である．例えば，$t=0$ で $x(0)=0$ として出発したブラウン粒子の変位 $x(t)$ では，t の小さいときには x はどのサンプルでも 0 に近いであろうが，t が大きくなると，サンプルによってはどんどん x の大きい方に動いていったものもあろうし，負の方向に大きく変位しているものもでてくる．しかし，外力がなければ $\overline{x}=0$ である．正の方に大きく変位するものも，負の方にそうするものも，同じ割合で存在するからである．したがって，$\overline{x}$ は t によらず常に一定に 0 である．しかし，$\overline{x^2}$ は t とともに増加する．x^2 は負にならないからである．そこで，多数のブラウン粒子が一点から動きはじめたとすると，それは次第に**拡散**することになる．計算によれば $\overline{x^2}=Dt$ となることがわかっている．D は**拡散係数**である（§4.2.1 を参照）．静止した流体内の体積 v 中に存在する分子数 n のような確率変数では，$x(t)=n(t)-\langle n\rangle_T$ とすると，$\overline{x}=0$ は勿論であるが*，$\overline{x^2}$ も時間的に変化しない一定値を保つ．

さて，図 7.2 のような多数のサンプルのうちの1個を，つぎのようにフーリエ展開する．

$$x(t) = \sum_{n=-\infty}^{\infty} c_n e^{i\omega_n t} \tag{7.1}$$

ただし

$$\omega_n = \frac{2\pi}{T} n \tag{7.2}$$

である．係数は，

$$c_n = \frac{1}{T}\int_0^T x(t) e^{-i\omega_n t} dt \tag{7.3}$$

で与えられる複素数であるが，x が実数なら $c_{-n}=c_n{}^*$ となっている．

こうして決めた c_n はサンプルごとに異なったものになるであろう．そこでこれのサンプル平均をとると，

$$\overline{c_n} = \frac{1}{T}\int_0^T \overline{x(t)} e^{-i\omega_n t} dt \tag{7.4}$$

となるが，$\overline{x(t)}$ が t によらない定数ならば，この式から

$$\overline{c_n} = 0 \quad (n \neq 0) \tag{7.5}$$

がわかる．$\overline{c_0}=\overline{x(t)}$ であるから，$\overline{x(t)}$ が 0 なら $\overline{c_0}=0$ である．つまり，$x(t)$ が，ブラウン粒子の変位とか，体積 v 内の流体分子の数のゆらぎ $n(t)-n_0$ のような場合に

* 一般には $\overline{z}$ と $\langle z\rangle_T$ とは等しくない．十分 T が大きいとき，$\overline{z}=\langle z\rangle_T$ ならば $z(t)$ は**エルゴード的**であるという．

は，

$$\overline{c_0} = \overline{c_{\pm 1}} = \overline{c_{\pm 2}} = \cdots = 0$$

である．

§7.2 強度スペクトル

$x(t)$ の平均が0でも，$x^2(t)$ の平均は勿論0ではない．そこで，まずサンプルの1個について $x^2(t)$ の時間平均を求めてみよう．(7.1) から

$$\begin{aligned}\langle x^2(t)\rangle_T &= \sum_n \sum_m c_n c_m \langle e^{i(\omega_n+\omega_m)t}\rangle_T \\ &= \sum_n \sum_m c_n c_m{}^* \langle e^{i(\omega_n-\omega_m)t}\rangle_T\end{aligned}$$

を得るが，すぐわかるように

$$\langle e^{i(\omega_n-\omega_m)t}\rangle_T = \delta_{nm} \tag{7.6}$$

であるから

$$\langle x^2(t)\rangle_T = \sum_n |c_n|^2 \tag{7.7}$$

となる．

つぎに，多数のサンプルについての集団平均をとると

$$\overline{\langle x^2(t)\rangle_T} = \sum_n \overline{|c_n|^2} \tag{7.8}$$

がえられる．

$$\overline{|c_n|^2} = \overline{|c_{-n}|^2} \quad (n = 1, 2, 3, \cdots)$$

であるからこれを $\sigma_n{}^2/2$ と記すことにし，$\overline{|c_0|^2} = \sigma_0{}^2$ とすれば

$$\overline{\langle x^2(t)\rangle_T} = \sum_{n=0}^{\infty} \sigma_n{}^2 \tag{7.9}$$

と書かれる．測定では振動数の正負を区別しないから，このように ω_n と ω_{-n} をまとめておいた方が実験との比較に便利である．

昔からよく知られているこの種の現象に，電気回路の端子（最も簡単なのは抵抗の両端）に生ずる不規則な電圧（**雑音電圧**という）がある．原因は電子などの熱運動で，増幅して音にすれば雑音になるので，このような電圧のゆらぎを**熱雑音**（thermal noise）などと呼んでいる．角振動数が ω と $\omega+\Delta\omega$ の間の振動だけを通すフィルターを通せば，聞える雑音の強さは，$\omega<\omega_n<\omega+\Delta\omega$ を満たすような n に関する $\sigma_n{}^2$ の和になる．これを $I(\omega)\Delta\omega$ と記すことにしよう．許される n の値の個数は $\Delta\omega\div(2\pi/T)$ であるから

$$I(\omega)\Delta\omega = \frac{T}{2\pi}\Delta\omega\times\sigma_n{}^2 \quad \left(n = \frac{T}{2\pi}\omega\right)$$

すなわち

$$I(\omega) = \frac{T}{2\pi}\sigma_n{}^2$$

となる．T は便宜上導入したものであり，$T\to\infty$ とすべきであるから

$$I(\omega) = \lim_{T\to\infty}\frac{T}{2\pi}\sigma_n{}^2 \tag{7.10}$$

この $I(\omega)$ のことを，確率変数 $x(t)$ の**強度スペクトル**

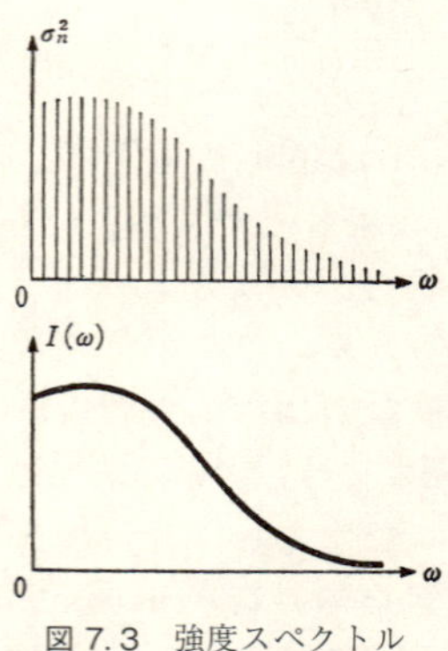

図 7.3　強度スペクトル

(intensity spectrum) という．$x(t)$ の特性がこれに反映されるわけである．

なお，(7.9) の左辺は，あらゆる場合に対する $x^2(t)$ の平均値と考えてよいから，それを単に $\langle x^2(t)\rangle$ と記せば，

$$\langle x^2(t)\rangle = \int_0^\infty I(\omega)d\omega \tag{7.11}$$

とかかれる．

ブラウン粒子がこれに衝突する流体分子から受ける力は，瞬間的な衝撃力の不規則な連鎖と考えてよいであろう．ぶつかる時刻も，強さも，正負も，全く規則性がないと考えられる．

$$F(t) = \sum_j f_j\delta(t-t_j)$$

これをフーリエ級数で

$$F(t) = \sum_n F_n e^{i\omega_n t}$$

のように表わすと，

$$F_n = \frac{1}{T}\int_0^T F(t)e^{-i\omega_n t}dt$$
$$= \sum_j \frac{1}{T}\int_0^T f_j \delta(t-t_j)e^{-i\omega_n t}dt$$

からただちに

$$F_n = \sum_j \frac{f_j}{T}e^{-i\omega_n t_j}$$

がえられる．したがって

$$|F_n|^2 = \sum_j \sum_l \frac{1}{T^2} f_j f_l e^{-i\omega_n (t_j - t_l)}$$

であるが，これのサンプル平均を考えると，$j \neq l$ のときの $f_j f_l e^{-i\omega_n (t_j - t_l)}$ はサンプルごとに全くまちまちであろうから，平均は0になってしまう．したがって，残るのは $j=l$ の項のみであって

$$\overline{|F_n|^2} = \sum_j \frac{1}{T^2}\overline{f_j{}^2}$$

となるから，これは n によらない一定値である．したがって，$F(t)$ の強度スペクトルは

$$I_F(\omega) = \text{定数}$$

となって ω によらないものになる．このようなスペクトルを，光の場合にならって，**白色スペクトル**（white spectrum）と呼ぶ．

§7.3 ウィーナー-ヒンチンの定理

$x(t)$ のギザギザの精粗を表わす別の目安に**相関関数**(correlation function)

$$C(\tau) = \langle x(t)x(t+\tau)\rangle \tag{7.12}$$

というものを使うことができる．平均はあらゆる t の値についてとる．変化が定常的なものならば，この平均値は τ だけの関数である．$\tau=0$ のときには

$$C(0) = \langle x^2(t)\rangle \tag{7.13}$$

であって，$\langle x(t)\rangle=0$ でも，ゆらぎがある限り $C(0)>0$ である．τ が小さいと，$x(t)$ と $x(t+\tau)$ はあまり違っていないであろうから，$C(\tau)$ は $C(0)$ よりは小さくなるにしても，依然として正の値をとる．τ が十分大きいと，$x(t)$ の値と $x(t+\tau)$ の値との間には関係がなくなり，積 $x(t)x(t+\tau)$ は正の値をとるときと負の値をとるときとが同じくらいの割合で存在することになるであろう．したがって

$$\lim_{\tau\to\infty} C(\tau) = 0 \tag{7.14}$$

と考えらえる．そこで，$C(\tau)$ として最も普通の形は図7.4のようになる．$x(t)$ の変化が急速であれば $C(\tau)$ は速やかに減少し，$x(t)$ の変化のしかたが激しくなければ $C(\tau)$ の減少のしかたはゆるやかとなる．最も簡単でよく出てくるのは，

$$C(\tau) = \langle x^2\rangle e^{-\tau/\tau_c} \tag{7.15}$$

という指数関数の場合である．$C(\tau)$ の減少を表わす目安

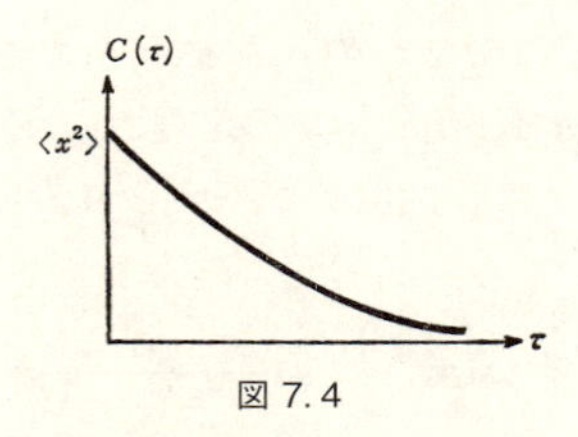

図 7.4

となる τ_c のことを，**相関時間**（correlation time）と呼ぶ．

つぎに，相関関数と強度スペクトルの関係を調べてみよう．$\langle\cdots\rangle$ を $\overline{\langle\cdots\rangle_T}$ で計算することにして（7.1）と(7.7)～(7.9) 式を用いると

$$\begin{aligned} C(\tau) &= \overline{\langle x(t)x(t+\tau)\rangle_T} \\ &= \sum_m \sum_n \overline{\langle c_m e^{i\omega_m t} c_n e^{i\omega_n (t+\tau)}\rangle_T} \\ &= \sum_{n=-\infty}^{\infty} \overline{|c_n|^2} e^{i\omega_n \tau} \\ &= \sum_{n=0}^{\infty} \sigma_n{}^2 \cos\omega_n \tau \end{aligned}$$

と書かれる．強度スペクトル $I(\omega)$ を使って表わせば

$$C(\tau) = \int_0^\infty I(\omega)\cos\omega\tau d\omega \qquad (7.16)$$

となり，相関関数は強度スペクトルのフーリエ余弦変換になっていることがわかる．逆変換は

$$I(\omega) = \frac{2}{\pi}\int_0^\infty C(\tau)\cos\omega\tau d\tau \qquad (7.17)$$

で与えられる．この2つの式をまとめて**ウィーナー-ヒンチン**（Wiener-Khinchin）**の定理**という．

（7.15）によって相関関数が与えられる場合には，強度スペクトルは

$$I(\omega)=\frac{2}{\pi}\langle x^2\rangle\frac{\tau_c}{1+(\omega\tau_c)^2} \tag{7.18}$$

で与えられる．

問題1 白色スペクトルに対する相関関数は $\delta(\tau)$ に比例することを示せ．

§7.4 ランジュバン方程式

調和解析の応用例として，ブラウン運動をする粒子の運動を考えてみよう．粒子には周囲の媒質分子がひっきりなしに衝突して力を及ぼす．大きな物体が流体内を動くときに受ける抵抗力も，このような力の合力である．しかし，物体が大きい場合には，流体力学的な抵抗力としては，ゆらぎを無視して速度に比例する粘性的な力——球の場合なら大きさが $6\pi r\eta\times$(速さ) という**ストークス**（Stokes）**の法則**に従う．r は球の半径，η は流体の粘性率——としてこれを扱って十分である．ところがブラウン粒子のように小さいものではゆらぎを無視できないから，力を速度に比例する規則的な部分と不規則なゆらぎを表わす**ランダムな力**（random force）とに分けて考えることにする．簡単のために，運動を1次元に限定し，粒子の質量を m，速度を V とし，抵抗力を $-m\gamma V$ とおくと，運動方程式は

$$m\frac{dV}{dt} = -m\gamma V + F(t) \tag{7.19}$$

となる，$F(t)$ はランダムな力で，抵抗力を除いてあるから $\langle F(t)\rangle = 0$ である．この式を**ランジュバン**（Langevin）**方程式**という．

$F(t)$ は不規則であるから（7.19）式をそのまま解いても意味がない．そこでフーリエ展開を適用する．

$$\begin{cases} V(t) = \sum_{n=-\infty}^{\infty} V_n e^{i\omega_n t} \\ F(t) = \sum_{n=-\infty}^{\infty} F_n e^{i\omega_n t} \end{cases} \tag{7.20}$$

とおいて（7.19）式に代入し，$e^{-i\omega_n t}$ をかけて t につき 0 から T まで積分すれば，$mi\omega_n V_n = -m\gamma V_n + F_n$ がえられるから，

$$V_n = \frac{F_n}{m}\frac{1}{i\omega_n + \gamma} \tag{7.21}$$

となっていることがわかる．したがって

$$|V_n|^2 = \frac{1}{m^2}\frac{1}{{\omega_n}^2 + \gamma^2}|F_n|^2$$

となる．これの平均をとれば，$|V_n|^2$ と $|F_n|^2$ はそれぞれ V と F の強度スペクトルを与えるから，それらを $I_V(\omega), I_F(\omega)$ と表わすことにすれば

$$I_V(\omega) = \frac{1}{\omega^2 + \gamma^2}\frac{I_F(\omega)}{m^2} \tag{7.22}$$

という関係が求められる．

ランダムな力 $F(t)$ が瞬間的な衝撃力による不規則な連打であるとすると，§7.2 で調べたようにそれの強度スペクトルは ω によらない白色スペクトル

$$I_F(\omega) = \text{定数} \tag{7.23}$$

になるから，(7.22) から求められるブラウン粒子の速度の強度スペクトルは

$$I_V(\omega) \propto \frac{1}{\omega^2+\gamma^2} \tag{7.24}$$

となる．(7.16) によってこれからえられる $V(t)$ の相関関数

$$C_V(\tau) = \langle V(t)V(t+\tau)\rangle$$

は

$$C_V(\tau) = \int_0^\infty I_V(\omega)\cos\omega\tau d\omega \propto e^{-\gamma\tau} \tag{7.25}$$

となっていることがわかる．

ブラウン粒子に働く撃力が全く不規則（白色スペクトル）であっても，それでつき飛ばされた粒子はそのとき得た運動量をそのまま保持し，つぎの衝突はその運動量を力積分だけ増減するにすぎないわけであるから，ブラウン粒子の運動量ないし速度は，時間的な相関をかなり長くもち続けることになる．(7.24) 式はそれを与えてくれる．

多くの現象のなかには，(7.23) と (7.24) の中間程度の時間相関を与える $1/\omega$ に比例した強度スペクトルを示すものが，かなり普遍的に見出されている．振動数を $f(=\omega/2\pi)$ で表わすことも多いため，このようなスペク

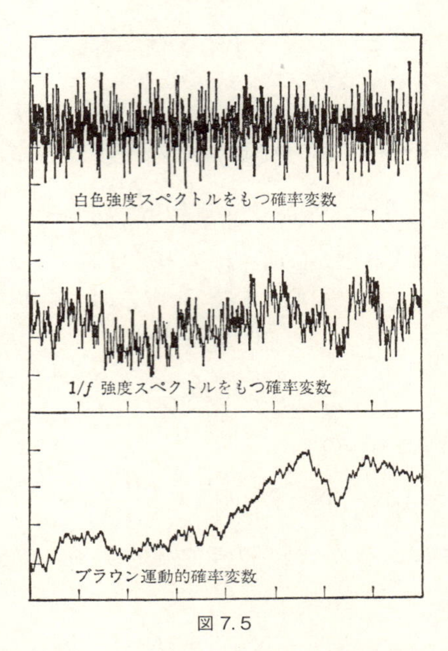

図 7.5

トルのことを **1/f** スペクトルと呼ぶ．その普遍性にもかかわらず，どのようなメカニズムが働くとそうなるのか不明な場合が多いので，今後の研究課題として残された問題になっている．

§ 7.5　密度のゆらぎと散乱

流体の密度のゆらぎを考える．簡単のため，単原子分子の流体を扱う．熱平衡にある流体のなかに一定体積 V の部分を考えると，そこの分子数 N はたえずゆらいでいる．そのような系の記述には，大きい正準集合という統計集団が用いられ，大きい分配関数 Ξ というものが導入される．そうすると，粒子数のゆらぎの大小を示す標準偏差は

$$\langle (N-\langle N\rangle)^2\rangle = (k_B T)^2 \frac{\partial^2}{\partial \mu^2}\log \Xi$$

で与えられることが証明される．k_B はボルツマン定数，μ は化学ポテンシャルである．一方 Ξ は，流体の圧力 p と

$$\frac{pV}{k_B T} = \log \Xi$$

という関係をもつので，

$$\langle (N-\langle N\rangle)^2\rangle = k_B TV \left(\frac{\partial^2 p}{\partial \mu^2}\right)_{T,V}$$

と変形される．この式を熱力学的処方でさらに書きなおすと

$$\langle (N-\langle N\rangle)^2\rangle = \langle N\rangle \frac{\kappa}{\kappa_0} \tag{7.26}$$

となることが示される，κ は等温圧縮率，κ_0 は理想気体の等温圧縮率 V/Nk_BT である．

つぎに，分子の密度 $\hat{\rho}(\boldsymbol{r}) = \sum_j \delta(\boldsymbol{r}-\boldsymbol{r}_j)$（和は単位体積）を導入しよう．

$$\begin{aligned}&\langle (N-\langle N\rangle)^2\rangle \\ &= \left\langle \int \{\hat{\rho}(\boldsymbol{r})-\rho(\boldsymbol{r})\}d\boldsymbol{r}\int \{\hat{\rho}(\boldsymbol{r}')-\rho(\boldsymbol{r}')\}d\boldsymbol{r}'\right\rangle\end{aligned}$$

$$= \iint \rho^{(2)}(\boldsymbol{r}, \boldsymbol{r}')d\boldsymbol{r}d\boldsymbol{r}'$$

ただし，$\rho(\boldsymbol{r}) = \langle\hat{\rho}(\boldsymbol{r})\rangle$ であり，

$$\begin{aligned}\rho^{(2)}(\boldsymbol{r}, \boldsymbol{r}') &= \langle\{\hat{\rho}(\boldsymbol{r}) - \rho(\boldsymbol{r})\}\{\hat{\rho}(\boldsymbol{r}') - \rho(\boldsymbol{r}')\}\rangle \\ &= \langle\hat{\rho}(\boldsymbol{r})\hat{\rho}(\boldsymbol{r}')\rangle - {\rho_0}^2 \end{aligned} \tag{7.27}$$

は密度のゆらぎの**相関関数**である．流体が一様であるから $\rho^{(2)}$ は $|\boldsymbol{r} - \boldsymbol{r}'|$ のみの関数であり，

$$\langle\hat{\rho}(\boldsymbol{r}')\rangle = \langle\hat{\rho}(\boldsymbol{r})\rangle = \rho(\boldsymbol{r}) = \rho_0$$

は流体の平均（数）密度である．

$\rho^{(2)}(\boldsymbol{r}, \boldsymbol{r}')$ は $|\boldsymbol{r} - \boldsymbol{r}'|$ のみに依存するから

$$\begin{aligned}\langle(N - \langle N\rangle)^2\rangle &= \iint \rho^{(2)}(|\boldsymbol{r} - \boldsymbol{r}'|)d\boldsymbol{r}d\boldsymbol{r}' \\ &= V\int \rho^{(2)}(\boldsymbol{r}'')d\boldsymbol{r}''\end{aligned}$$

となり，結局（7.26）は

$$\frac{\kappa}{\kappa_0} = \frac{1}{\rho_0}\int \rho^{(2)}(\boldsymbol{r})d\boldsymbol{r} \tag{7.28}$$

と表わされることがわかる．

流体が臨界点に近づくと，密度のゆらぎが異常に大きくなり，相関距離は可視光の波長くらいにも達する．このため圧縮率が異常に増大すると同時に，光や X 線などを強く散乱させるようになる．これを**臨界散乱**（critical scattering）といい，可視光のときには**臨界乳光**（critical opalescence）という．つぎにこれを調べてみよう．

流体による X 線の散乱については，すでに §5.4 で述べた．波数ベクトル $\boldsymbol{k}$ で入射した波のうち，$\boldsymbol{k}'=\boldsymbol{k}+\boldsymbol{b}$ という波数（$|\boldsymbol{k}'|=k$ は同じ）で散乱して行く波の割合は（5.40）式で与えられる．この式に現われる動径分布関数の $g(r)$ と $\rho^{(2)}$ の関係を考えてみよう．

（7.27）式を

$$\begin{aligned}\rho^{(2)}(\boldsymbol{r},\boldsymbol{r}') &= \langle\hat{\rho}(\boldsymbol{r})\hat{\rho}(\boldsymbol{r}')\rangle-{\rho_0}^2\\ &= \left\langle\sum_i\delta(\boldsymbol{r}-\boldsymbol{r}_i)\sum_j\delta(\boldsymbol{r}'-\boldsymbol{r}_j)\right\rangle-{\rho_0}^2\\ &= \left\langle\sum_{i\neq j}\sum\delta(\boldsymbol{r}-\boldsymbol{r}_i)\delta(\boldsymbol{r}'-\boldsymbol{r}_j)\right\rangle-{\rho_0}^2\\ &\quad+\left\langle\sum_i\delta(\boldsymbol{r}-\boldsymbol{r}_i)\delta(\boldsymbol{r}'-\boldsymbol{r}_i)\right\rangle\end{aligned}$$

のように $i\neq j$ と $i=j$ の項に分け，和は単位体積についてであることに注意すると，最後の項は $\rho_0\delta(\boldsymbol{r}-\boldsymbol{r}')$ となることがわかるが，第1項は ${\rho_0}^2g(|\boldsymbol{r}-\boldsymbol{r}'|)$ にほかならないのである．

$$\rho^{(2)}(\boldsymbol{r},\boldsymbol{r}')={\rho_0}^2[g(|\boldsymbol{r}-\boldsymbol{r}'|)-1]+\rho_0\delta(\boldsymbol{r}-\boldsymbol{r}')\qquad(7.29)$$

（5.39），（5.40）から，これらの式の和は体積 V にわたるものであることに注意して，

$$\begin{aligned}\frac{I(\boldsymbol{b})}{I_0(\boldsymbol{b})} &= 1+\frac{1}{N}\left\langle\sum_{i\neq j}^{N}\sum^{N}\exp\left[i\boldsymbol{b}\cdot(\boldsymbol{r}_i-\boldsymbol{r}_j)\right]\right\rangle\\ &= \frac{1}{N}\left\langle\sum_{i=1}^{N}\sum_{j=1}^{N}\exp\left[i\boldsymbol{b}\cdot(\boldsymbol{r}_i-\boldsymbol{r}_j)\right]\right\rangle\end{aligned}$$

$$= \frac{1}{N}\left\langle \sum_{i=1}^{N}\int_V e^{i\boldsymbol{b}\cdot\boldsymbol{r}}\delta(\boldsymbol{r}-\boldsymbol{r}_i)d\boldsymbol{r}\right.$$
$$\left.\times\sum_{j=1}^{N}\int_V e^{-i\boldsymbol{b}\cdot\boldsymbol{r}'}\delta(\boldsymbol{r}'-\boldsymbol{r}_j)d\boldsymbol{r}'\right\rangle$$
$$= \frac{1}{N}\int_V\int_V e^{i\boldsymbol{b}\cdot(\boldsymbol{r}-\boldsymbol{r}')}\langle\hat{\rho}(\boldsymbol{r})\hat{\rho}(\boldsymbol{r}')\rangle d\boldsymbol{r}d\boldsymbol{r}'$$

と変形すれば,

$$\frac{I(\boldsymbol{b})}{I_0(\boldsymbol{b})} = \frac{1}{\rho_0}\int_V e^{i\boldsymbol{b}\cdot\boldsymbol{r}}[\rho^{(2)}(\boldsymbol{r})+{\rho_0}^2]d\boldsymbol{r}$$

のようにも表わせることがわかる. 第2項は, V が十分大きいと $8\pi^3\rho_0\delta(\boldsymbol{b})$ に近づく*項で, $\boldsymbol{b}=\boldsymbol{0}$ の前方散乱 ($\theta=0$) にのみ寄与するので, 通常これは除いて考える. そうすると

$$\frac{I(\boldsymbol{b})}{I_0(\boldsymbol{b})} = \frac{1}{\rho_0}\int_V e^{i\boldsymbol{b}\cdot\boldsymbol{r}}\rho^{(2)}(\boldsymbol{r})d\boldsymbol{r} = \rho_0\int e^{i\boldsymbol{b}\cdot\boldsymbol{r}}[g(r)-1]d\boldsymbol{r} \tag{7.30}$$

ということになる. 散乱がこのように $\rho^{(2)}(\boldsymbol{r})$——密度のゆらぎの相関関数——のフーリエ変換できまるのであるから, (7.28) 式で与えられる圧縮率が異常に大きくなるときに散乱も異常を示すのは当然である.

なお,

$$\int_V e^{i\boldsymbol{b}\cdot\boldsymbol{r}}\rho^{(2)}(\boldsymbol{r})d\boldsymbol{r} = S(\boldsymbol{b}) \tag{7.31}$$

---

* $\delta(x) = \lim_{g\to\infty}\dfrac{\sin gx}{\pi x}$ を用いる.

を**散乱関数**ということがある．本によっては，この $S(\boldsymbol{b})$ のことを構造因子と称しているものもあるが，結晶解析分野の長い慣例に反するので，好ましくない呼び方である．

§ 7.6 オルンシュタイン - ゼルニク理論

密度のゆらぎの相関関数（7.29）を

$$\rho^{(2)}(\boldsymbol{r}-\boldsymbol{r}') = {\rho_0}^2\Gamma(\boldsymbol{r}-\boldsymbol{r}')+\rho_0\delta(\boldsymbol{r}-\boldsymbol{r}') \qquad (7.32)$$

とかくと，無次元の量

$$\Gamma(\boldsymbol{r}-\boldsymbol{r}') = g(\boldsymbol{r}-\boldsymbol{r}')-1 \qquad (7.33)$$

は1個の分子と他の分子の相関を表わしている．いまこの $\Gamma(\boldsymbol{r}-\boldsymbol{r}')$ と積分方程式

$$\Gamma(\boldsymbol{r}-\boldsymbol{r}') = C(\boldsymbol{r}-\boldsymbol{r}')+\rho_0\int C(\boldsymbol{r}-\boldsymbol{r}'')\Gamma(\boldsymbol{r}''-\boldsymbol{r}')d\boldsymbol{r}'' \qquad (7.34)$$

で結びつけられる関数 $C(\boldsymbol{r}-\boldsymbol{r}')$ を考える．この方程式を**オルンシュタイン - ゼルニク**（Ornstein-Zernike）**積分方程式**という．$\Gamma(\boldsymbol{r}), C(\boldsymbol{r})$ のフーリエ変換をそれぞれ $\hat{\Gamma}(\boldsymbol{q}), \hat{C}(\boldsymbol{q})$ とすると*，右辺の第2項は C と Γ のたたみこみ（§2.2を参照）であるから，上の式は

$$\hat{\Gamma}(\boldsymbol{q}) = \hat{C}(\boldsymbol{q})+\rho_0\hat{C}(\boldsymbol{q})\hat{\Gamma}(\boldsymbol{q})$$

となり

---

* ここでは $\sqrt{2\pi}$ を省いて，$\hat{\Gamma}(\boldsymbol{q}) = \int \Gamma(\boldsymbol{r})e^{i\boldsymbol{q}\cdot\boldsymbol{r}}d\boldsymbol{r}, \hat{C}(\boldsymbol{q}) = \int C(\boldsymbol{r})e^{i\boldsymbol{q}\cdot\boldsymbol{r}}d\boldsymbol{r}$ としておく．

$$\hat{C}(\boldsymbol{q}) = \frac{\hat{\Gamma}(\boldsymbol{q})}{1+\rho_0\hat{\Gamma}(\boldsymbol{q})} \tag{7.35}$$

となっていることがわかる.

(7.34) には, つぎのように物理的な解釈がつけられる. $\boldsymbol{r}'$ にある分子と $\boldsymbol{r}$ にある分子の相関は, 直接の相関 $C(\boldsymbol{r}-\boldsymbol{r}')$ と間接の相関とに分けられる. $|\boldsymbol{r}-\boldsymbol{r}'|$ が小さければ前者もきくが, 遠く離れていると後者だけがきく. 間接の相関は, $\boldsymbol{r}$ の付近 ($\boldsymbol{r}''$ で表わす) にいる分子と $\boldsymbol{r}'$ に存在する分子との間の相関 $\Gamma(\boldsymbol{r}''-\boldsymbol{r}')$ を通してきく. それが (7.34) の右辺の第2項である. 臨界点の近くで $\Gamma(\boldsymbol{r}-\boldsymbol{r}')$ が $|\boldsymbol{r}-\boldsymbol{r}'|$ の大きいところまで伝わるのは, この間接相関が媒介して直接相関が遠くにまで及ぶためである.

(7.32) のフーリエ変換をとると, (7.31) を参照して

$$S(\boldsymbol{q}) = {\rho_0}^2\hat{\Gamma}(\boldsymbol{q})+\rho_0 \tag{7.36}$$

となる. われわれの目的は, この $S(\boldsymbol{q})$ の近似的な形を知ることであり, そのために, 比較的考えやすい $C(\boldsymbol{r}) \leftrightarrow \hat{C}(\boldsymbol{q})$ を導入したのである. $\Gamma(\boldsymbol{r})$ とちがって $C(\boldsymbol{r})$ は, 臨界点近くでもそのおよぶ範囲は短距離にとどまり, あまり温度の影響を受けないと考えてよいであろう. そして, $C(\boldsymbol{r})$ のおよぶ範囲というのは, 大体分子間力の作用し合う距離と同程度と考えられる. いま考えている流体は等方的であるから $C(\boldsymbol{r})$ は $|\boldsymbol{r}|$ だけの関数であり, $\hat{C}(\boldsymbol{q})$ も $q=|\boldsymbol{q}|$ のみの関数となる. これが $q=0$ のところで q のべき級数に展開できるものと仮定しよう.

$$\hat{C}(q) = \hat{C}(0) + \hat{C}_2(\rho_0, T)q^2 + \cdots \tag{7.37}$$

このとき偶数べきの項しか現われないのは,

$$\begin{aligned}
\hat{C}(\boldsymbol{q}) &= \iiint C(\boldsymbol{r})e^{i\boldsymbol{q}\cdot\boldsymbol{r}}d\boldsymbol{r} \\
&= \iiint C(r)e^{iqr\cos\theta}r^2dr\sin\theta d\theta d\phi \\
&= 4\pi\int_0^\infty C(r)\frac{\sin qr}{qr}r^2dr \\
&= 4\pi\int_0^\infty C(r)\left[1-\frac{1}{3!}q^2r^2+\frac{1}{5!}q^4r^4-\cdots\right]r^2dr
\end{aligned}$$

からえられる $\lim_{q\to 0}(\partial^l\hat{C}(q)/\partial q^l)$ が, 奇数の l に対しては消えるからである.

(7.36) と (7.35) から

$$\frac{1}{\rho_0}S(q) = 1+\rho_0\hat{\Gamma}(q) = \frac{1}{1-\rho_0\hat{C}(q)}$$

はすぐえられるから, $\hat{C}(q)$ の展開を q^2 までとる近似で

$$\begin{aligned}
\frac{\rho_0}{S(q)} &= 1-\rho_0\hat{C}(q) \\
&= 1-\rho_0[\hat{C}(0)+\hat{C}_2(\rho_0, T)q^2] \\
&= \hat{C}_2(\rho_0, T)\left[\frac{1-\rho_0\hat{C}(0)}{\hat{C}_2(\rho_0, T)}-\rho_0q^2\right]
\end{aligned}$$

となる. これを

$$\frac{\rho_0}{S(q)} = R^2({K_1}^2+q^2) \tag{7.38}$$

とおくと

$$R^2 = -\rho_0 \hat{C}_2(\rho_0, T) = \frac{2\pi\rho_0}{3}\int_0^\infty r^2 C(r) r^2 dr$$

は $C(r)$ の 2 次のモーメントに比例し，

$$K_1{}^2 = \frac{1}{R^2}[1-\rho_0\hat{C}(0)] = \frac{1}{R^2}\left[1-\rho_0 4\pi\int_0^\infty C(r) r^2 dr\right]$$

は $C(r)$ の 0 次のモーメントに関係していることがわかる．$C(r)$ の n 次の**モーメント**（moment）というのは

$$\iiint r^n C(r) d\boldsymbol{r} = 4\pi\int_0^\infty r^{n+2} C(r) dr$$

のことをいうのである．圧縮率の式（7.28）と（7.31）と

$$R^2 K_1{}^2 = 1-\rho_0\hat{C}(0) = \frac{1}{1+\rho_0\hat{\Gamma}(0)} = \frac{\rho_0}{S(0)}$$

をくらべてみると

$$R^2 K_1{}^2 = \frac{\kappa_0}{\kappa}$$

となっていることがわかる．

アルゴンに関して測定された $S(q)$ の逆数と q^2 の関係をグラフにしたものが図 7.6 である．きれいな直線にのっているということは，オルンシュタイン - ゼルニク近似が良いものであることを示している．R^2 を理論的に算出することはむつかしいが，$T \to T_c$（臨界温度）としたときに圧縮率 κ は急激に変化しているのに，直線のこう配は若干増すにすぎない．つまり，実験的に求めた R^2 はそれほど温度には強く依存していないわけで，このことは，

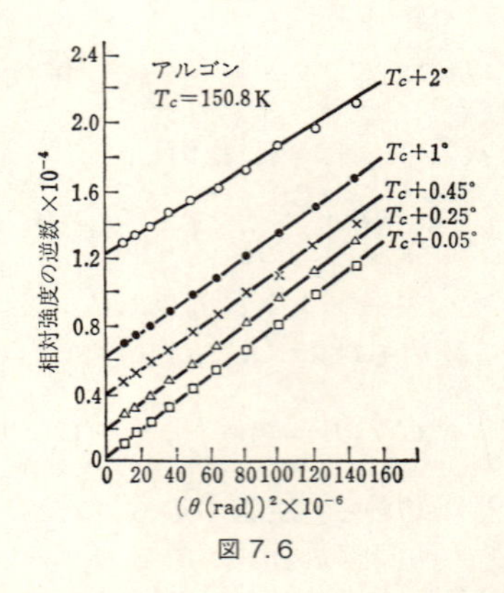

図 7.6

$C(r)$ があまり温度によって変化しないという予想を裏づけている.

問題 2　(7.38) 式の $S(q)$ をフーリエ逆変換して, $\rho^{(2)}(r)$ を求めよ.

第8章　量子論への応用

§8.1　波動力学とフーリエ変換

量子力学の一つの形式である**波動力学**（wave mechanics）では，1個の粒子の運動状態を記述するのに，位置 $\boldsymbol{r}$ と時間 t の関数である**波動関数**（wave function）というものを用いる．それを $\psi(\boldsymbol{r},t)$ で表わすことにする．粒子のふるまいを規定するのは，**ハミルトニアン**（Hamiltonian）と呼ばれる演算子（作用素）である．それは通常 H という文字で表わされ，粒子のエネルギーを運動量 $\boldsymbol{p}$ と位置 $\boldsymbol{r}$ の関数で表わしたもの——古典力学におけるハミルトン関数——で，

$$\boldsymbol{p} \to -i\hbar\nabla \quad \text{すなわち} \begin{cases} p_x \to -i\hbar\dfrac{\partial}{\partial x} \\ p_y \to -i\hbar\dfrac{\partial}{\partial y} \\ p_z \to -i\hbar\dfrac{\partial}{\partial z} \end{cases} \tag{8.1}$$

という置き換えを行なってえられる．ただし，$\hbar=h/2\pi$ で $h=6.626\times10^{-34}$ J·s は**プランク定数**（Planck constant）である．ポテンシャル $V(\boldsymbol{r})$ で与えられる力の場

の中を運動する質量 m の粒子の場合，ハミルトン関数は

$$H_c = \frac{1}{2m}({p_x}^2 + {p_y}^2 + {p_z}^2) + V(\boldsymbol{r})$$

であるから，作用素としてのハミルトニアンは

$$H = -\frac{\hbar^2}{2m}\Delta + V(\boldsymbol{r}) \tag{8.2}$$

で与えられる．

波動関数 $\psi(\boldsymbol{r}, t)$ をきめるのは，**シュレーディンガー方程式**（Schrödinger equation）

$$i\hbar\frac{\partial\psi}{\partial t} = H\psi \tag{8.3}$$

である．(8.2) のようにハミルトニアンが t を直接含まない場合には

$$\psi(\boldsymbol{r}, t) = e^{-i\omega t}\varphi(\boldsymbol{r}) \tag{8.4}$$

という形の解が存在する．ただし，$\psi(\boldsymbol{r})$ は，**時間を含まないシュレーディンガー方程式**

$$H\varphi(\boldsymbol{r}) = E\varphi(\boldsymbol{r}) \tag{8.5}$$

の解——作用素 H の**固有関数**——であり，考えている粒子が従う物理的条件を表わす境界条件にかなう関数 $\varphi(\boldsymbol{r})$ が得られるためには，定数 E の値は何でもよいとは限らず，特定の値——**固有値**——$E_1, E_2, E_3, \cdots$ をとったときにのみ，解が存在する．それらをそれぞれ $\varphi_1(\boldsymbol{r}), \varphi_2(\boldsymbol{r}), \varphi_3(\boldsymbol{r}), \cdots$ とすると，$\{\varphi_n(\boldsymbol{r})\}$ が一つの完全正規直交関数列になるようにこれらを選ぶことが可能である．正規直交関係を量子力学では

$$\int \varphi_m{}^*(\boldsymbol{r})\varphi_n(\boldsymbol{r})d\boldsymbol{r} = \delta_{mn} \tag{8.6}$$

のように表わす（内積のとき，左側の関数を複素共役にする）.

$H\varphi_n(\boldsymbol{r}) = E_n\varphi_n(\boldsymbol{r})$ ならば，$\hbar\omega_n = E_n$ として

$$\psi_n(\boldsymbol{r}, t) = e^{-i\omega_n t}\varphi_n(\boldsymbol{r}) \tag{8.7}$$

が（8.3）の解になっている．このような波動関数で表わされる粒子は**定常状態**（stationary state）にあると言われ，それがもつエネルギーの値は，いつ測定しても E_n という確定値になっている.

ハミルトニアンがエネルギーを表わす作用素（演算子）であるように，すべての物理量は，それを $\boldsymbol{p}$ と $\boldsymbol{r}$ で表わしておいて（8.1）の置き換えをして得られる作用素 $F(-i\hbar\nabla, \boldsymbol{r})$ で表現される．作用素 F の固有関数 $\chi_j(\boldsymbol{r})$

$$F(-i\hbar\nabla, \boldsymbol{r})\chi_j(\boldsymbol{r}) = f_j\chi_j(\boldsymbol{r}) \tag{8.8}$$

でつくった完全正規直交関数列で，（8.3）の解を

$$\psi(\boldsymbol{r}, t) = \sum_j c_j(t)\chi_j(\boldsymbol{r}) \tag{8.9}$$

のように展開できたとすると，$\psi(\boldsymbol{r}, t)$ が

$$\int \psi^*(\boldsymbol{r}, t)\psi(\boldsymbol{r}, t)d\boldsymbol{r} = 1 \tag{8.10}$$

のように正規化されていれば，代入してすぐわかるように

$$\sum_j |c_j(t)|^2 = 1 \tag{8.11}$$

が成り立つ．このとき，$\psi(\boldsymbol{r},t)$ で表わされるような運動をしている粒子について時刻 t に量 F を測定したとすると，

$$\left.\begin{array}{l} \text{値 } f_1 \text{ の得られる確率は } |c_1(t)|^2, \\ \text{値 } f_2 \text{ の得られる確率は } |c_2(t)|^2, \\ \qquad\cdots\cdots\cdots\cdots\cdots \end{array}\right\} \text{で与えられる．} \tag{8.12}$$

したがって，F を測定したときの期待値は $\sum_j f_j|c_j(t)|^2$ に等しく，これは

$$\langle F\rangle = \sum_j f_j|c_j(t)|^2 = \int \psi^*(\boldsymbol{r},t)F(-i\hbar\nabla,\boldsymbol{r})\psi(\boldsymbol{r},t)d\boldsymbol{r} \tag{8.13}$$

で計算される．

F として運動量そのものを考えると，固有値方程式は（3成分をまとめて）

$$-i\hbar\nabla e^{i\boldsymbol{k}\cdot\boldsymbol{r}} = \hbar\boldsymbol{k}e^{i\boldsymbol{k}\cdot\boldsymbol{r}} \tag{8.14}$$

となるから，固有関数として平面波 $e^{i\boldsymbol{k}\cdot\boldsymbol{r}}$，固有値として $\hbar\boldsymbol{k}$ がえられることになる．厄介なのは，$e^{i\boldsymbol{k}\cdot\boldsymbol{r}}$ が（全空間では）2乗可積分でないために，（8.6）と同様なやり方で正規化ができず，固有値 $\hbar\boldsymbol{k}$ が連続スペクトルをとることである．その点の処理について，ここで触れる余裕はないが，$\psi(\boldsymbol{r},t)$ のフーリエ変換

$$\psi(\boldsymbol{r},t) = \frac{1}{\sqrt{8\pi^3}}\int \zeta(\boldsymbol{k},t)e^{i\boldsymbol{k}\cdot\boldsymbol{r}}d\boldsymbol{k} \tag{8.15}$$

と（8.9）とを対応させることができる．つまり（8.12）に対応して，$\psi(\boldsymbol{r},t)$ で表わされる運動状態にある粒子について，時刻 t にその運動量を測ったとき，

x 成分が $\hbar k_x$ と $\hbar(k_x+dk_x)$ のあいだ，

y 成分が $\hbar k_y$ と $\hbar(k_y+dk_y)$ のあいだ，

z 成分が $\hbar k_z$ と $\hbar(k_z+dk_z)$ のあいだ

に見出される確率が

$$|\zeta(k_x,k_y,k_z,t)|^2dk_xdk_ydk_z \tag{8.16}$$

に等しい，と言うことができるのである．（2.16）式に対応して

$$\int|\psi(\boldsymbol{r},t)|^2d\boldsymbol{r}=\int|\zeta(\boldsymbol{k},t)|^2d\boldsymbol{k} \tag{8.17}$$

が成り立つので，ψ が正規化されていれば $\zeta(\boldsymbol{k},t)$ も $\boldsymbol{k}$ 空間で正規化されているからである．

粒子のふるまいは通常は $\psi(\boldsymbol{r},t)$ で表わされ，時刻 t にその粒子の位置を測ったときに，$\boldsymbol{r}$ をふくむ微小体積 $d\boldsymbol{r}$ 内にそれを見出す確率が

$$|\psi(\boldsymbol{r},t)|^2d\boldsymbol{r} \tag{8.18}$$

で与えられる，というのが $\psi(\boldsymbol{r},t)$ に付せられた最も直接的な意味である．それの一般化が（8.12）であり（8.16）であるが，$\psi(\boldsymbol{r},t)$ が与えられれば（8.9）の展開係数 $\{c_1(t),c_2(t),\cdots\}$ やフーリエ変換 $\zeta(\boldsymbol{k},t)$ は一意的にきまるから，$\{c_j(t)\}$ や $\zeta(\boldsymbol{k},t)$ が粒子の運動を表わすと考えてもよい．これらは，**状態ベクトル**（state vector）とい

う抽象的な（無限次元複素ベクトル空間＝ヒルベルト空間の）ベクトルの，異なる表現であると考えるのが，より一般的な量子力学の立場である．

$\boldsymbol{k}$ は，$\hbar$ を単位として測った粒子の運動量であるから，$\boldsymbol{k}$ の関数で表わした $\zeta(\boldsymbol{k}, t)$ を**運動量表示の波動関数**ということがある*.

$\psi(\boldsymbol{r}, t)$ を用いるときに位置を $\boldsymbol{r}$,
運動量を $-i\hbar\nabla$ で表わす

のに対応して

$\zeta(\boldsymbol{k}, t)$ を用いるときには，運動量を $\hbar\boldsymbol{k}$,
位置を $i\nabla_{\boldsymbol{k}}$ で表わす

必要がある．位置を $i\nabla_{\boldsymbol{k}}$ で表わすというのは，物理量 $F(\boldsymbol{p}, \boldsymbol{r})$ で

$$x \to i\frac{\partial}{\partial k_x}, \quad y \to i\frac{\partial}{\partial k_y}, \quad z \to i\frac{\partial}{\partial k_z} \tag{8.19}$$

という置き換えをした $F(\hbar\boldsymbol{k}, i\nabla_{\boldsymbol{k}})$ を，$\zeta(\boldsymbol{k}, t)$ に作用する作用素として用いなければならない，という意味である．

---

* $\boldsymbol{k}$ でなく $\hbar\boldsymbol{k}=\boldsymbol{p}$ の関数として表わしたものを言うことも多い．そのときには（8.15）や（8.17）は $\psi(\boldsymbol{r}, t)=\dfrac{1}{\sqrt{h^3}}\displaystyle\int \zeta'(\boldsymbol{p}, t)e^{i\boldsymbol{p}\cdot\boldsymbol{r}/\hbar}d\boldsymbol{p}$, $\displaystyle\int |\zeta'(\boldsymbol{p}, t)|^2 d\boldsymbol{p}=1$ とする必要がある．

例題 1 水素原子では，原点にある陽子（動かない点電荷 $+e$ とみなしてよい）からクーロン引力を受けてそのまわりを電子（質量 m，電荷 $-e$）が運動しているので，そのハミルトニアンは

$$H = -\frac{\hbar^2}{2m}\Delta - \frac{e^2}{4\pi\varepsilon_0 r} \qquad (r = \sqrt{x^2+y^2+z^2}) \tag{8.20}$$

で与えられる．その固有関数のうちでエネルギーが最低のものは

$$\varphi(r) = \sqrt{\frac{1}{\pi a^3}}e^{-r/a}$$

である．時間を含まないシュレーディンガー方程式（8.5）に代入して，定数 a と，エネルギー固有値 E を求めよ．つぎに，$\varphi(r)$ のフーリエ変換を計算して，この状態における電子の運動量について論ぜよ．

解 球座標 (r, θ, ϕ) を用いたときのラプラシアンは

$$\Delta = \frac{\partial^2}{\partial r^2} + \frac{2}{r}\frac{\partial}{\partial r} + \frac{1}{r^2}\left[\frac{1}{\sin\theta}\frac{\partial}{\partial\theta}\left(\sin\theta\frac{\partial}{\partial\theta}\right) + \frac{1}{\sin^2\theta}\frac{\partial^2}{\partial\phi^2}\right]$$

で与えられるから

$$H\varphi(r) = \sqrt{\frac{1}{\pi a^3}}\left[\frac{-\hbar^2}{2m}\left(\frac{1}{a^2} - \frac{2}{ar}\right) - \frac{e^2}{4\pi\varepsilon_0 r}\right]e^{-r/a} = E\sqrt{\frac{1}{\pi a^3}}e^{-r/a}$$

となる．左辺の[⋯]内で $1/r$ に比例する項が 0 になれば

よいから

$$a=\frac{4\pi\varepsilon_0\hbar^2}{me^2}\quad\text{（ボーア半径（Bohr radius）という）}$$

が求まる．このとき，上式の両辺を比較すれば

$$E=\frac{-\hbar^2}{2ma^2}=-\frac{me^4}{2(4\pi\varepsilon_0)^2\hbar^2}$$

であることがわかる．

$\varphi(r)$ のフーリエ変換は，$1/a=\alpha$ とおき $\boldsymbol{k}$ の方向を極軸にとった球座標で

$$\begin{aligned}
&\zeta(\boldsymbol{k})\\
&=\frac{1}{\sqrt{8\pi^3}}\int\varphi(r)e^{-i\boldsymbol{k}\cdot\boldsymbol{r}}d\boldsymbol{r}\\
&=\sqrt{\frac{\alpha^3}{8\pi^4}}\int_0^\infty\left[\int_0^{2\pi}\left\{\int_0^\pi e^{-\alpha r-ikr\cos\theta}\sin\theta\,d\theta\right\}d\phi\right]r^2dr\\
&=\sqrt{\frac{\alpha^3}{2\pi^2}}\int_0^\infty e^{-\alpha r}\frac{1}{ikr}\left[e^{-ikr\cos\theta}\right]_0^\pi r^2dr\\
&=\sqrt{\frac{\alpha^3}{2\pi^2}}\frac{1}{ik}\int_0^\infty\left[e^{(ik-\alpha)r}-e^{-(ik+\alpha)r}\right]rdr\\
&=\sqrt{\frac{\alpha^3}{2\pi^2}}\frac{1}{ik}\left[\frac{-1}{(ik+\alpha)^2}+\frac{1}{(ik-\alpha)^2}\right]\\
&=\frac{\sqrt{8\alpha^5}}{\pi(k^2+\alpha^2)^2}
\end{aligned}\tag{8.21}$$

のように計算される．これは $k=|\boldsymbol{k}|$ のみの関数で $\boldsymbol{k}$ の方向にはよらない．運動量の大きさが $\hbar k$ と $\hbar(k+dk)$ の間

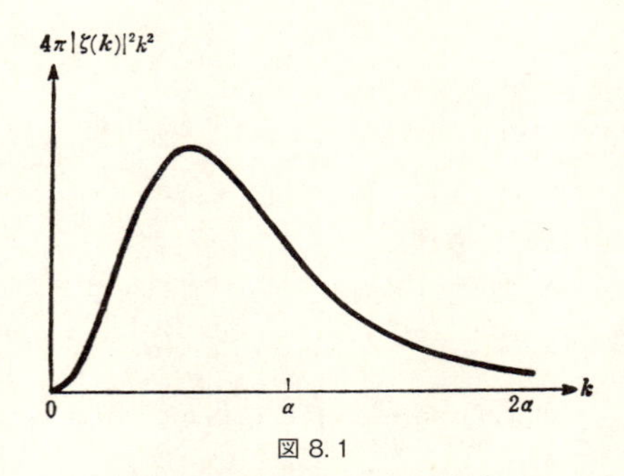

図 8.1

に見出される確率は，$|\zeta(\boldsymbol{k})|^2$ を $\boldsymbol{k}$ の方向 $(\theta_{\boldsymbol{k}}, \phi_{\boldsymbol{k}})$ について積分した

$$\int_0^{2\pi}\left[\int_0^{\pi}(|\zeta(\boldsymbol{k})|^2k^2dk)\sin\theta_{\boldsymbol{k}}d\theta_{\boldsymbol{k}}\right]d\phi_{\boldsymbol{k}}$$
$$=4\pi|\zeta(\boldsymbol{k})|^2k^2dk=\frac{32\alpha^5}{\pi}\frac{k^2}{(k^2+\alpha^2)^4}dk \qquad (8.22)$$

で与えられる．これは $k=k_m=\alpha/\sqrt{3}$ に極大をもつ図 8.1 のような関数である．

なお，ボーア半径の数値は

$$a=5.292\times10^{-11}\ \mathrm{m}$$

であり，これから求めた $\hbar k_m$ は

$$\hbar k_m=\frac{\hbar\alpha}{\sqrt{3}}=\frac{\hbar}{\sqrt{3}a}=1.15\times10^{-24}\ \mathrm{kg\cdot m/s}$$

となるから，この運動量をもつ電子の速さは（$m=9.1095\times10^{-31}$ kg），

$$v_m=1.26\times10^6\ \mathrm{m/s}$$

と算出される．

問題1 （8.13）式を証明せよ．

問題2 （8.19）の置き換えでよいことを示せ．

§8.2 不確定性原理

簡単のために話を1次元に限って進めることにしよう．波動関数 $\psi(x,t)$ とそのフーリエ変換 $\zeta(k,t)$ とは

$$\psi(x,t) = \frac{1}{\sqrt{2\pi}} \int_{-\infty}^{\infty} \zeta(k,t) e^{ikx} dx$$

で結ばれているが，変数を k から $p = \hbar k$ に変えると（同じ ζ という字を用いる）相互変換は

$$\begin{cases} \psi(x,t) = \dfrac{1}{\sqrt{2\pi\hbar}} \displaystyle\int_{-\infty}^{\infty} \zeta(p,t) e^{ipx/\hbar} dp & (8.23\text{a}) \\ \zeta(p,t) = \dfrac{1}{\sqrt{2\pi\hbar}} \displaystyle\int_{-\infty}^{\infty} \psi(x,t) e^{-ipx/\hbar} dx & (8.23\text{b}) \end{cases}$$

となる．この ψ と ζ は，時刻 t に

$$\begin{cases} |\psi(x,t)|^2 dx & : \text{粒子（の位置）を } x \text{ と } x+dx \text{ の間に見出す確率} \\ |\zeta(p,t)|^2 dp & : \text{粒子の運動量を } p \text{ と } p+dp \text{ の間に見出す確率} \end{cases}$$

を表わす．もちろん

$$\int_{-\infty}^{\infty} |\psi(x,t)|^2 dx = 1 \quad \text{ならば} \quad \int_{-\infty}^{\infty} |\zeta(p,t)|^2 dp = 1 \tag{8.24}$$

である．

ψとζが（8.23）で結ばれているということは，xとpの分布

$$P(x,t) = |\psi(x,t)|^2,\ \ \Pi(p,t) = |\zeta(p,t)|^2$$

を独立にはとれない，ということである．古典力学では，粒子の位置と運動量とを，それぞれ独立に原理的にはいくらでも正確に定めることが可能であり，そのような初期条件を与えると，以後の運動が因果的に確定する．量子力学では，位置も運動量も，特別の場合を除くと，一般には確定せず，上記のような確率的な分布でしか定めえないのであるが，さらにそれらは相互に関連し合っている．その関係を調べてみよう．

いま，$\psi(x,t)$と$\zeta(p,t)$の標準偏差をそれぞれ$\Delta x, \Delta p$とする．

$$\Delta x = \sqrt{\langle x^2\rangle - \langle x\rangle^2},\ \ \Delta p = \sqrt{\langle p^2\rangle - \langle p\rangle^2} \tag{8.25}$$

ただし，$\langle\cdots\rangle$は（8.13）で定義された期待値である．さらに，

$$I(\lambda) = \int_{-\infty}^{\infty} \left| x\psi + \lambda\hbar\frac{\partial\psi}{\partial x}\right|^2 dx \tag{8.26}$$

という量を考えると，これはどんなλに対しても$I(\lambda) \geqq 0$である．展開して部分積分を行なうと，ψは（8.24）のように正規化されているとして

$$I(\lambda) = \int_{-\infty}^{\infty} |x\psi|^2 dx + \lambda\hbar\int_{-\infty}^{\infty}\left(\frac{\partial\psi^*}{\partial x}x\psi + x\psi^*\frac{\partial\psi}{\partial x}\right)dx$$
$$+\lambda^2\hbar^2\int_{-\infty}^{\infty}\left|\frac{\partial\psi}{\partial x}\right|^2 dx$$

$$= \int_{-\infty}^{\infty} \psi^* x^2 \psi dx$$

$$- \lambda\hbar \int_{-\infty}^{\infty} \psi^* \psi dx - \lambda^2 \hbar^2 \int_{-\infty}^{\infty} \psi^* \frac{\partial^2 \psi}{\partial x^2} dx$$

$$= \langle x^2 \rangle - \lambda\hbar + \lambda^2 \langle p^2 \rangle$$

がえられる．これをλの2次式とみて，$I(\lambda) \geqq 0$であるためにはその判別式が負または0でなければならない，という条件を書くと，$\hbar^2 - 4\langle p^2 \rangle \langle x^2 \rangle \leqq 0$すなわち

$$\langle x^2 \rangle \langle p^2 \rangle \geqq \frac{1}{4} \hbar^2 \tag{8.27}$$

がわかる．

$I(\lambda)$の定義の式（8.26）で，xを$x - \langle x \rangle$に，$\hbar(\partial/\partial x)$を$\hbar(\partial/\partial x) - i\langle p \rangle$に変えた式をつくり，上と全く同じ手続きを行なうと，

$$(\varDelta x)^2 - \lambda\hbar + \lambda^2 (\varDelta p)^2 \geqq 0$$

から（8.27）に対応する式として

$$(\varDelta x)^2 (\varDelta p)^2 \geqq \frac{1}{4} \hbar^2$$

すなわち

$$\varDelta x \cdot \varDelta p \geqq \frac{1}{2} \hbar \tag{8.28}$$

がえられる．

3次元の場合に拡張すれば，各成分について

$$\Delta x\cdot\Delta p_x \geqq \frac{\hbar}{2},\ \ \Delta y\cdot\Delta p_y \geqq \frac{\hbar}{2},\ \ \Delta z\cdot\Delta p_z \geqq \frac{\hbar}{2} \tag{8.29}$$

が成り立っていることがわかる．この式は，

位置の不確定さとそれに共役な運動量の不確定さとの積を $\hbar$ 程度より小さくすることはできない．

というハイゼンベルク（Heisenberg）の**不確定性原理**を表現していると解釈される．この原理は，量子力学における粒子－波動の 2 重性を古典物理学的な立場から理解するために，ハイゼンベルクが提唱したもので，彼はいくつかの思考実験によって，実験的にもこの原理以上の正確さで測定を行なうことは不可能であることを示した．

(8.29) 式は，$\boldsymbol{p}$ のかわりに $\boldsymbol{k}$ で書けば，$\Delta x\cdot\Delta k_x \geqq 1/2$ などとなる．同様なことは，t と ω についても言えるから，

$$\Delta t\cdot\Delta\omega \geqq \frac{1}{2} \tag{8.30}$$

という関係が，$f(t)$ とそのフーリエ変換 $F(\omega)$ の標準偏差の間に成り立っている．§4.4 で調べた信号の変調などでは，信号の持続時間を Δt，そのスペクトル帯の幅を $\Delta\omega$ と考えればよい．量子力学では，$\hbar\omega$ がエネルギーを表わすので，$E=\hbar\omega$ とおくと，エネルギーの不確定さとその測定時間のあいだに

$$\Delta t\cdot\Delta E \geqq \frac{\hbar}{2} \tag{8.31}$$

の関係が成り立つ.

例題 2　$\psi(x,t)=e^{-i\omega t}\varphi(x)$ であって, $\varphi(x)$ が

$$\varphi(x)=\begin{cases} e^{ip_0x/\hbar} & |x|<a \\ 0 & |x|>a \end{cases}$$

という関数の場合について, 不確定性原理を確かめよ.

解　この場合のフーリエ変換 (8.23b) は

$$\zeta(p,t)=\sqrt{\frac{2\hbar}{\pi}}\frac{\sin[(p-p_0)a/\hbar]}{p-p_0}e^{-i\omega t}$$

となるから

$$|\zeta(p,t)|^2=\frac{2\hbar}{\pi}\left(\frac{\sin[(p-p_0)a/\hbar]}{p-p_0}\right)^2$$

は図 5.5 (117 ページ) と同様な形になる. x の標準偏差は容易に $a/\sqrt{3}$ と求められるが, p のそれは発散してしまう. そこで, この問題ではむしろ $|\varphi|^2$ と $|\zeta|^2$ の関数の形から考えて, 不確定さの幅を $\delta x\sim 2a, \delta p\sim \hbar\pi/a$ と見つもれば,

$$\delta x\cdot\delta p\sim 2\pi\hbar$$

となって, 大体 $\hbar$ の程度になっていることがわかる.

問題 3　波動関数が

$$\varphi(x)=\left(\frac{\alpha}{\pi}\right)^{1/4}\exp\left(-\frac{\alpha}{2}x^2\right)$$

で与えられている場合の不確定性関係はどうなるか.

§ 8.3　波束の運動

初期条件 $\psi(\boldsymbol{r}, 0)=f(\boldsymbol{r})$ を与えてシュレーディンガー方程式（8.3）を解く問題に，フーリエ変換を応用することを試みよう．1次元の自由粒子という最も簡単な場合を考えると，

$$H=-\frac{\hbar^2}{2m}\frac{\partial^2}{\partial x^2}$$

であるから，シュレーディンガー方程式は

$$i\hbar\frac{\partial\psi}{\partial t}=-\frac{\hbar^2}{2m}\frac{\partial^2\psi}{\partial x^2} \tag{8.32}$$

で与えられる．フーリエ変換

$$\psi(x,t)=\frac{1}{\sqrt{2\pi}}\int_{-\infty}^{\infty}\zeta(k,t)e^{ikx}dk \tag{8.33}$$

を導入すると，（8.32）式は

$$i\hbar\frac{\partial\zeta(k,t)}{\partial t}=\frac{\hbar^2k^2}{2m}\zeta(k,t)$$

という式になるから，t について積分できて

$$\zeta(k,t)=\zeta(k,0)\exp\left(-\frac{i\hbar k^2}{2m}t\right) \tag{8.34}$$

がえられる．これを（8.33）に入れれば

$$\psi(x,t)=\frac{1}{\sqrt{2\pi}}\int_{-\infty}^{\infty}\zeta(k,0)\exp\left[i\left(kx-\frac{\hbar k^2}{2m}t\right)\right]dk$$

初期条件を $\psi(x,0)=f(x)$ とすると，上の式で $t=0$ とおいて

$$f(x) = \frac{1}{\sqrt{2\pi}} \int_{-\infty}^{\infty} \zeta(k, 0) e^{ikx} dk$$

となるから，$\zeta(k, 0)$ は $f(x)$ のフーリエ変換 $F(k)$ にほかならないことがわかる．したがって

$$\psi(x, t) = \frac{1}{\sqrt{2\pi}} \int_{-\infty}^{\infty} F(k) \exp\left[i\left(kx - \frac{\hbar k^2}{2m} t\right)\right] dk \tag{8.35}$$

が求める結果である．

具体的な例として，正規化されたガウス関数に e^{ik_0x} をかけた

$$f(x) = \left(\frac{\alpha}{\pi}\right)^{1/4} \exp\left(ik_0 x - \frac{\alpha}{2} x^2\right) \tag{8.36a}$$

を初期条件として与えた場合を計算してみよう．e^{ik_0x} をかけるということの意味は，あとで結果を見れば判明する．$f(x)$ のフーリエ変換が

$$F(k) = \left(\frac{1}{\pi\alpha}\right)^{1/4} \exp\left[-\frac{(k-k_0)^2}{2\alpha}\right] \tag{8.36b}$$

となることはすぐわかるから，これを（8.35）に入れればよい．

$$\psi(x, t) = \left(\frac{1}{4\pi^3\alpha}\right)^{1/4} \times \int_{-\infty}^{\infty} \exp\left[-\frac{(k-k_0)^2}{2\alpha} + i\left(kx - \frac{\hbar k^2 t}{2m}\right)\right] dk$$

積分を遂行すると，結果は

$$\psi(x,t)=\left(\frac{\alpha}{\pi}\right)^{1/4}\frac{\exp\left[\dfrac{-\dfrac{\alpha}{2}x^2+i\,(k_0x-\omega_0t)}{1+i\xi t}\right]}{(1+i\xi t)^{1/2}} \tag{8.37}$$

となる．ここで

$$\xi=\frac{\alpha\hbar}{m},\quad \omega_0=\frac{\hbar{k_0}^2}{2m} \tag{8.37a}$$

である．

位置の確率は

$$|\psi(x,t)|^2=\sqrt{\frac{\alpha/\pi}{1+\xi^2t^2}}\exp\frac{\left[-\alpha\left(x-\dfrac{\hbar k_0}{m}t\right)^2\right]}{1+\xi^2t^2} \tag{8.38}$$

で与えられる．これは

$$\langle x\rangle=\frac{\hbar k_0}{m}t$$

のところに最大値をもつガウス関数であるが，この位置は速さ

$$v_G=\frac{\hbar k_0}{m} \tag{8.39}$$

で等速運動をしていることがわかる．また，x の標準偏差を

$$\langle (x-\langle x\rangle)^2\rangle = \int_{-\infty}^{\infty}\left(x-\frac{\hbar k_0}{m}t\right)^2 |\psi(x,t)|^2 dx$$
$$= \frac{1+\xi^2 t^2}{2\alpha}$$

から求めると

$$\Delta x = \sqrt{\frac{1+\xi^2 t^2}{2\alpha}}$$

となって，時間がたつと次第に増大し，十分長時間後（$\xi t \gg 1$）には

$$\Delta x \simeq \frac{\xi t}{\sqrt{2\alpha}}$$

となる．つまり，ほぼ t に比例して位置の不確定さが増していくことがわかる．

このように，ガウス形の波束は，幅を増しながら（正規化は保たれたまま）その中心が等速度で動くことがわかるが，この速度は，$t=0$ で $\psi(x,0)$ に e^{ik_0x} という因子をかけたことが実は粒子に運動量 $\hbar k_0$（したがって初速 $\hbar k_0/m$）を与えたことに相当するので，それを保持し続けていることを示すのである．

Δx はこのように増すが，(8.34) からすぐわかるように

$$|\zeta(k,t)|^2 = |\zeta(k,0)|^2$$

は時間によらないから，Δp は一定に保たれる．前節の問題３の結果が示すように，$t=0$ では

$$(\Delta x \cdot \Delta p)_{t=0} = \frac{\hbar}{2}$$

であるが，$t>0$ では

$$(\Delta x \cdot \Delta p)_t = \frac{\hbar}{2}\sqrt{1+\xi^2 t^2}$$

のように t とともに増加していく．（時間をさかのぼれば $\Delta x \cdot \Delta p < \hbar/2$ になるかというと，そうもいかないことがこの式からわかる．）

§ 8.4 ミクロ粒子の散乱

ミクロの粒子が遠方から飛来して，ポテンシャル $V(r)$ で記述される力の場でその進路を曲げられてのち，再び遠方へ飛び去る場合を考える．歴史的に最も有名な例は，原子核による α 粒子の散乱を分析したラザフォード（Rutherford）の研究である．この場合の力は原子核（電荷 Ze）と α 粒子（電荷 $+2e$）との間のクーロン斥力である．

入射するのは，多数の粒子からなる粒子線である．古典力学的に考えると，各粒子の入射方向をそのまま延長したときにそれが力の中心からどれだけの距離のところを通りすぎるかを示す**衝突径数**（impact parameter）b は，粒子によって異なるから，それにより散乱角 θ も異なってくる．つまり θ は b の関数である．逆に解けば b が θ の関数 $b(\theta)$ ということになる．そうすると，図 8.3 に示すように，角 θ と $\theta+d\theta$ の間の散乱角で出てくる粒子

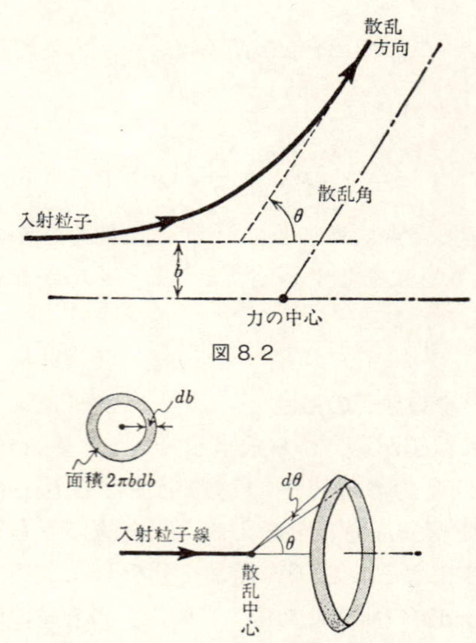

図 8.2

図 8.3 入射線側から（左から）散乱中心を見て，半径 b と $b+db$ の円ではさまれた面積 $2\pi bdb$ の部分を目がけて入射した粒子が $\theta\sim\theta+d\theta$ 方向に散乱される．

は，それに対応する b と $b+db$ の間の衝突径数で入射したものであるから，その割合は $2\pi bdb$ に比例する．

$$2\pi bdb = 2\pi b\frac{db}{d\theta}d\theta$$

であるから，$b(\theta)$ がわかれば，$\theta\sim\theta+d\theta$ の方向に散乱されて出てくる粒子の割合が求められることになる．多数の粒子に関する実測とこれをくらべることによって，仮定し

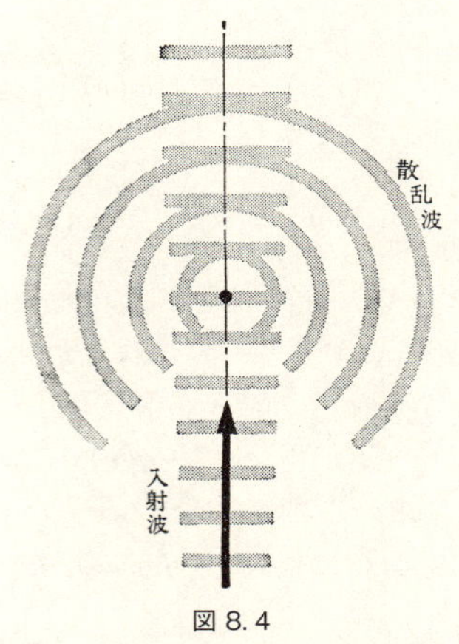

図 8.4

た $V(r)$ が正しかったかどうか，というようなことが験証できる．以上は古典論である．

ミクロの粒子に対して古典力学は正しくないから，同じ問題を波動力学で扱うことを考えよう．このような問題では，波動関数の正規化は考えなくてよい．入射粒子線の方向やエネルギーはかなり精密に定まっていることが多いから，それを平面波 $e^{i(\boldsymbol{k}\cdot\boldsymbol{r}-\omega t)}$ で表わすことにする．与えたエネルギーを $E=\hbar\omega$ とし，$\boldsymbol{k}$ の大きさはそれに応じた運動量の大きさ p を $\hbar$ で割ったものである．シュレーディンガー理論で扱うような非相対論的（光速よりずっと遅い）粒子では $E=p^2/2m$ であるから，$\omega=\hbar k^2/2m$ である．

ポテンシャルによる散乱では，エネルギーは一定に保た

れるから，

$$\psi(\boldsymbol{r}, t) = e^{-i\omega t}\varphi(\boldsymbol{r}) \tag{8.40}$$

として，

$$\left\{-\frac{\hbar^2}{2m}\Delta + V(\boldsymbol{r})\right\}\varphi(\boldsymbol{r}) = \hbar\omega\varphi(\boldsymbol{r}) \tag{8.41}$$

の解を求めればよい．今の問題では，$\varphi(\boldsymbol{r})$ は入射波 $e^{i\boldsymbol{k}\cdot\boldsymbol{r}}$ と散乱波——$g(\boldsymbol{r})$ とおく——の重ね合わせと考えられるから，

$$\varphi(\boldsymbol{r}) = e^{i\boldsymbol{k}\cdot\boldsymbol{r}} + g(\boldsymbol{r}) \tag{8.42}$$

とおいて $g(\boldsymbol{r})$ を求めることを考える．

(8.42) を (8.41) に代入し，$\hbar\omega = \hbar^2k^2/2m$ を用いると，

$$\Delta e^{i\boldsymbol{k}\cdot\boldsymbol{r}} = -({k_x}^2 + {k_y}^2 + {k_z}^2)e^{i\boldsymbol{k}\cdot\boldsymbol{r}} = -k^2 e^{i\boldsymbol{k}\cdot\boldsymbol{r}}$$

であるから

$$\left\{\frac{\hbar^2}{2m}(\Delta + k^2) - V(\boldsymbol{r})\right\}g(\boldsymbol{r}) = V(\boldsymbol{r})e^{i\boldsymbol{k}\cdot\boldsymbol{r}}$$

がえられる．ここで，$V(\boldsymbol{r})$ は弱く，したがって $g(\boldsymbol{r})$ も小さい，という場合を考え，左辺の $V(\boldsymbol{r})g(\boldsymbol{r})$ の項を省略してしまうことにしよう．これを**ボルン近似** (Born approximation) という．そうすると上の式は

$$(\Delta + k^2)g(\boldsymbol{r}) = \frac{2m}{\hbar^2}V(\boldsymbol{r})e^{i\boldsymbol{k}\cdot\boldsymbol{r}} \tag{8.43}$$

となるが，これは§4.3 に出てきたヘルムホルツの方程式 (4.16) になっている．そのグリーン関数として

$$(\Delta + k^2)G(\boldsymbol{r}) = -\delta(\boldsymbol{r}) \tag{8.44}$$

の解 $G(\boldsymbol{r})$ を求めると，(4.19) に示されているように

$$G(\boldsymbol{r}) = \frac{e^{ikr}}{4\pi r} \tag{8.45}$$

がえられる．複号の上側をとったのは，すぐわかるように，それが外向きに広がっていく散乱波に対応するからである．

(8.44) の原点はどこにずらしてもよいから

$$(\Delta + k^2)G(\boldsymbol{r} - \boldsymbol{r}') = -\delta(\boldsymbol{r} - \boldsymbol{r}')$$

としておいて，これに $(2m/\hbar^2)V(\boldsymbol{r}')e^{i\boldsymbol{k}\cdot\boldsymbol{r}'}$ をかけて $\boldsymbol{r}'$ で積分すると

$$\begin{aligned}(\Delta + k^2)\frac{2m}{\hbar^2}\int V(\boldsymbol{r}')e^{i\boldsymbol{k}\cdot\boldsymbol{r}'}G(\boldsymbol{r} - \boldsymbol{r}')d\boldsymbol{r}' \\ = -\frac{2m}{\hbar^2}\int V(\boldsymbol{r}')e^{i\boldsymbol{k}\cdot\boldsymbol{r}'}\delta(\boldsymbol{r} - \boldsymbol{r}')d\boldsymbol{r}' \\ = -\frac{2m}{\hbar^2}V(\boldsymbol{r})e^{i\boldsymbol{k}\cdot\boldsymbol{r}}\end{aligned}$$

がえられる．これと (8.43) をくらべれば

$$g(\boldsymbol{r}) = -\frac{2m}{\hbar^2}\int V(\boldsymbol{r}')e^{i\boldsymbol{k}\cdot\boldsymbol{r}'}G(\boldsymbol{r} - \boldsymbol{r}')d\boldsymbol{r}'$$

$G(\boldsymbol{r})$ に (8.45) を入れれば

$$g(\boldsymbol{r}) = -\frac{2m}{\hbar^2}\frac{1}{4\pi}\int \frac{e^{ik|\boldsymbol{r}-\boldsymbol{r}'|}}{|\boldsymbol{r} - \boldsymbol{r}'|}V(\boldsymbol{r}')e^{i\boldsymbol{k}\cdot\boldsymbol{r}'}d\boldsymbol{r}' \tag{8.46}$$

と書かれることがわかる．

いま，散乱波を観測する位置 $\boldsymbol{r}$ は原点からマクロの距離だけ離れた点であるとし，$V(\boldsymbol{r}')$ が 0 でないのは原点の近傍のミクロの範囲であるとしよう．$|\boldsymbol{r}| \gg |\boldsymbol{r}'|$ であるか

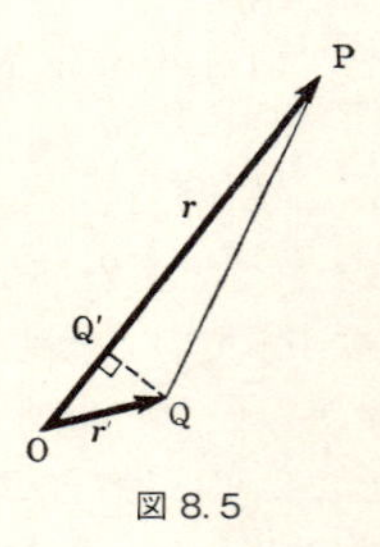

図 8.5

ら

$$|\boldsymbol{r}-\boldsymbol{r}'| = \mathrm{PQ} \simeq \mathrm{PQ}' = r - \boldsymbol{r}'\cdot\boldsymbol{n}$$

($\boldsymbol{n}$ は $\boldsymbol{r}$ 方向の単位ベクトル)

となり,

$$\frac{e^{ik|\boldsymbol{r}-\boldsymbol{r}'|}}{|\boldsymbol{r}-\boldsymbol{r}'|} = \frac{e^{ik(r-\boldsymbol{r}'\cdot\boldsymbol{n})}}{r}\left(1+\frac{\boldsymbol{r}'\cdot\boldsymbol{n}}{r}+\cdots\right)$$

と書くことができる.右辺の第2項以下を省略し,$k\boldsymbol{n} = \boldsymbol{k}'$ とおけば,(8.46) は $r\to\infty$ で

$$g(\boldsymbol{r}) \simeq -\frac{m}{2\pi\hbar^2}\frac{e^{ikr}}{r}\int V(\boldsymbol{r}')e^{i(\boldsymbol{k}-\boldsymbol{k}')\cdot\boldsymbol{r}'}d\boldsymbol{r}' \qquad (8.47)$$

と表わされることがわかる.

この式の右辺の積分は定積分なので,$\boldsymbol{k}-\boldsymbol{k}'$ だけに依存する.$\boldsymbol{k}'$ は $\boldsymbol{r}$ に平行であるから,結局この積分は ($\boldsymbol{k}$ に対する) $\boldsymbol{r}$ の方向 (θ, ϕ) の関数である.そこで

$$g(\boldsymbol{r}) = \frac{e^{ikr}}{r}f(\theta,\phi) \qquad (8.48)$$

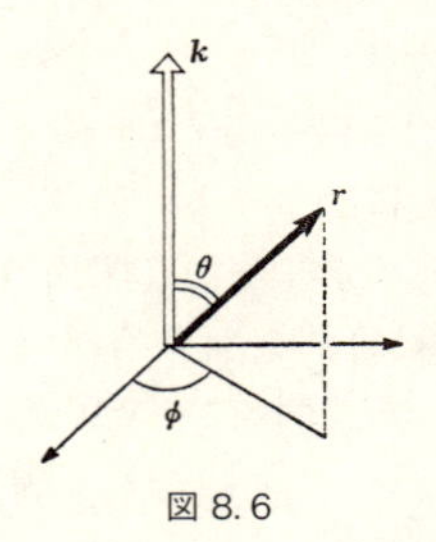

図 8.6

と表わすと，$f(\theta,\phi)$ は散乱球面波が方向 (θ,ϕ) でもつ振幅を表わしている．波動関数の絶対値 2 乗は粒子を見出す確率に比例するから，$|f(\theta,\phi)|^2$ は方向 (θ,ϕ) に散乱されていく粒子の割合に比例すると考えられる．もっと正確に言うと，(θ,ϕ) 方向にとった微小立体角 $d\Omega$ 内に散乱されていく粒子の割合は

$$\left|\int V(\boldsymbol{r}')e^{i(\boldsymbol{k}-\boldsymbol{k}')\cdot\boldsymbol{r}'}d\boldsymbol{r}'\right|^2 \tag{8.49}$$

と $d\Omega$ の積に比例する．十分遠方では散乱波も平面波に近くなるが，$\boldsymbol{r}$ 方向に進む平面波は $e^{i\boldsymbol{k}'\cdot\boldsymbol{r}}$ で表わされるから，運動量 $\hbar\boldsymbol{k}$ で入射した粒子のうちで運動量 $\hbar\boldsymbol{k}'$ で飛び去るものの割合は（8.49）式に比例する，と表現してもよい．（8.49）の積分は，ポテンシャル関数 $V(\boldsymbol{r})$ のフーリエ変換になっている．

問題 4　$V(\boldsymbol{r})=Ce^{-\beta r}/r$（$C,\beta$ は正の定数）としたとき，（8.49）式は $\beta\to 0$ の極限（クーロン力による散乱）で $\sin^4\dfrac{\theta}{2}$ に逆比例することを示せ．

§ 8.5 自由電子ガス

金属内の伝導電子を**自由電子**（free electron）とみなすことは，多くの場合にかなりよい近似になっていることが知られている．金属の形や表面に関係のない性質を論じるときには，なるべく簡単な境界条件で考えた方がよいから，§5.6でやったのと同様に，金属は1辺の長さがLの立方体（体積$V=L^3$）であるとし，周期的境界条件を課すことにする．

ハミルトニアンは

$$H=-\frac{\hbar^2}{2m}\left(\frac{\partial^2}{\partial x^2}+\frac{\partial^2}{\partial y^2}+\frac{\partial^2}{\partial z^2}\right)$$

であるから，時間を含まないシュレーディンガー方程式

$$H\varphi(\boldsymbol{r})=\varepsilon\varphi(\boldsymbol{r}) \tag{8.50}$$

の解は

$$\varphi(\boldsymbol{r})\propto e^{i\boldsymbol{k}\cdot\boldsymbol{r}} \tag{8.51a}$$

あるいは

$$\varphi(\boldsymbol{r})\propto\sin(k_x x+\alpha)\sin(k_y y+\beta)\sin(k_z z+\gamma) \tag{8.51b}$$

などで与えられ，エネルギー固有値は

$$\varepsilon_{\boldsymbol{k}}=\frac{\hbar^2}{2m}({k_x}^2+{k_y}^2+{k_z}^2) \tag{8.52}$$

となる．$\varepsilon_{\boldsymbol{k}}$は$|\boldsymbol{k}|$のみに依存するので，異なる$\boldsymbol{k}$で同じエネルギーの固有値に対応するものがいくつもある（**縮重**または**縮退**しているという）から，(8.50)の解としての$\varphi(\boldsymbol{r})$は一意的には定まらない．同じ固有値に属する固有関数の線形結合なら何でもよいからである．そこで，ここ

では，H の固有関数であると同時に，**運動量** $\boldsymbol{p} = -i\hbar\nabla$ の固有関数

$$-i\hbar\nabla e^{i\boldsymbol{k}\cdot\boldsymbol{r}} = \hbar\boldsymbol{k}e^{i\boldsymbol{k}\cdot\boldsymbol{r}} \quad (\text{固有値}：\hbar\boldsymbol{k})$$

でもある（8.51a）を採用することにする．

　この $e^{i\boldsymbol{k}\cdot\boldsymbol{r}}$ ならば，周期的境界条件

$$\varphi(x+L, y, z) = \varphi(x, y, z) \quad (y, z \text{ についても同様}) \tag{8.53}$$

を満たすようにすることは容易である．

$$k_x = \frac{2\pi}{L}n_x,\ \ k_y = \frac{2\pi}{L}n_y,\ \ k_z = \frac{2\pi}{L}n_z \tag{8.54}$$

$$(n_x, n_y, n_z = 0, \pm 1, \pm 2, \cdots)$$

とすればよいからである．境界条件によって，運動量の固有値（ベクトル）$\hbar\boldsymbol{k}$ は，2 次元の場合を図 8.7 に示したような，とびとび（離散的）なものになったのである．考える空間（金属内）も有限体積 $V = L^3$ をもつので，（8.51a）は 2 乗可積分となり，正規化したものは

$$\varphi_{\boldsymbol{k}}(\boldsymbol{r}) = \frac{1}{\sqrt{V}}e^{i\boldsymbol{k}\cdot\boldsymbol{r}} \tag{8.55}$$

で与えられる．時間因子まで含めた場合の波動関数は

$$\psi_{\boldsymbol{k}}(\boldsymbol{r}) = \frac{1}{\sqrt{V}}\exp\left[i\left(\boldsymbol{k}\cdot\boldsymbol{r} - \frac{\hbar k^2}{2m}t\right)\right] \tag{8.55a}$$

である．

　これらは，1 個の電子がとることのできる状態とそのエネルギー $\varepsilon_{\boldsymbol{k}}$ である．多数の電子があると，クーロン斥力による相互作用のために各電子は自由でなくなるのであ

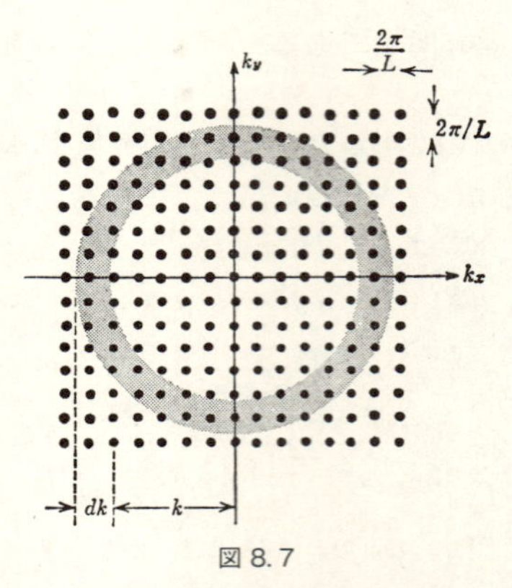

図 8.7

るが，1個の電子が他の電子から受ける力を平均化して考えると，前後上下左右から同じように反発されるから，力はないに等しいと見てよかろう，というのが自由電子近似なのである．そうすると，各電子はそれぞれ独立に上で求めた状態 $\varphi_k(\boldsymbol{r})$ をとる——あるいは図 8.7 の黒丸で示された状態を「占める」——ことになりそうである．ところが，同種粒子の集まり（多電子系など）では，系全体の状態を表わす（多次元）波動関数が従うべき交換対称性の要請によって，これに制限がつく．電子の場合には，図 8.7 の黒丸で示されるような，1個の固有状態（ひとつの粒子の軌道運動を表わす状態）を占める電子の数は2までしか許されない．電子には，変数 $\boldsymbol{r}$ で特徴づけられる軌道運動（太陽のまわりの惑星でたとえれば公転）のほかに，スピン（spin）と称せられる運動（惑星で言えば自転に対応する．この対応は完全ではない.）があって，独立なものは2つである．通常それを「上向きスピン」「下向きスピン」と呼ぶ．スピンは電子固有の角運動量という形で観測にかかる量で，それを上向きの磁場などによって観測すると，角運動量（大きさ $\hbar/2$ は不変）の向きとして，その磁場と同じか反対かのどちらかしか得られないからである．

ひとつの $\varphi_{\boldsymbol{k}}(\boldsymbol{r})$ で表わされる状態を2個の電子がとっているときには，そのスピンは必ず一方が「上向き」他方が「下向き」になっていなければならない．つまり，スピンまで含めて，全く同じ運動状態を2個以上の電子がとることは許されない，のである．これを**パウリ**（Pauli）の**原理**または**排他律**という．

そうすると，$\boldsymbol{k}$ の大きさが k と $k+dk$ の間，したがってエネルギーが

$$\varepsilon=\frac{\hbar^2}{2m}k^2 \quad \text{と} \quad \varepsilon+d\varepsilon=\frac{\hbar^2}{2m}(k+dk)^2 \text{ の間}$$

$$\left(\therefore \quad d\varepsilon=\frac{\hbar^2}{m}kdk\right)$$

にあるような「1電子状態」の数は，図8.7で半径が k の球と $k+dk$ の球との間にはさまれた球殻内に含まれる黒丸の2倍になる．この部分の体積は $4\pi k^2dk$ で，黒丸は $(2\pi/L)^3=8\pi^3/V$ ごとに1個の割合で存在するから，求める数は

$$\frac{4\pi k^2 dk}{8\pi^3/V}\times 2 = \frac{V}{\pi^2}k^2 dk$$

となる．$kdk=(m/\hbar^2)d\varepsilon$，$k=\sqrt{2m\varepsilon/\hbar^2}$

$$\therefore \quad k^2 dk = \frac{1}{2}\left(\frac{2m}{\hbar^2}\right)^{3/2}\sqrt{\varepsilon}d\varepsilon$$

を入れると，エネルギーがεと$\varepsilon+d\varepsilon$の間にあるような1電子状態の数は

$$D(\varepsilon)d\varepsilon = \frac{V}{2\pi^2}\left(\frac{2m}{\hbar^2}\right)^{3/2}\sqrt{\varepsilon}d\varepsilon \qquad (8.56)$$

で与えられることがわかる．$D(\varepsilon)$を1粒子の**状態密度**（state density）という．

統計力学によれば，パウリの原理に従うような粒子（**フェルミ粒子**（Fermi particle）または**フェルミオン**（Fermion）という）多数が温度Tの熱平衡状態にある場合，エネルギーがεの1電子状態を電子が占めている割合は

$$f(\varepsilon) = \frac{1}{e^{(\varepsilon-\mu)/k_B T}+1} \qquad (8.57)$$

で与えられる．これを**フェルミ分布**といい，μは**化学ポテンシャル**と呼ばれる量である．$f(\varepsilon)$は図8.8に示すように，μの近く$10k_BT$くらいのところで$1\leftrightarrow 0$のように変化する関数で，$T\to 0$では階段形の不連続関数

$$\lim_{T\to 0} f(\varepsilon) = 1-\theta(\varepsilon-\mu) \qquad (8.57a)$$

になる．

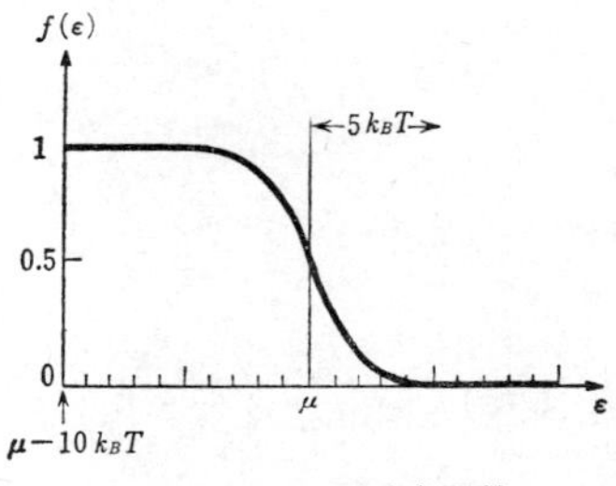

図 8.8 フェルミ分布関数

(8.56) が「席の数」で (8.57) はその「占有率」であるから，実際に $\varepsilon\sim\varepsilon+d\varepsilon$ の間のエネルギーをもつ電子の数（ゆらいでいるものの平均である）は

$$n(\varepsilon)d\varepsilon=f(\varepsilon)D(\varepsilon)d\varepsilon=\frac{V}{2\pi^2}\left(\frac{2m}{\hbar^2}\right)^{3/2}\frac{\sqrt{\varepsilon}d\varepsilon}{e^{(\varepsilon-\mu)/k_BT}+1} \tag{8.58}$$

で与えられることになる．

全電子数は

$$N=\int_0^\infty n(\varepsilon)d\varepsilon \tag{8.59a}$$

で計算されるが，積分したものは T と μ の関数であり，体積 V に比例するから，両辺を V で割れば $\rho_0=(N/V)$ $=(T$ と μ の関数) という式になる．ふつうは T と ρ_0 があらかじめわかっていることが多いので，この式から逆に μ が T と ρ_0 の関数として定まることになる．また，全エネルギーは

$$E = \int_0^\infty \varepsilon n(\varepsilon) d\varepsilon \tag{8.59b}$$

で計算される．

0 K のときには，(8.57a) が使えるから，積分は簡単で

$$N = \int_0^\mu D(\varepsilon) d\varepsilon = \frac{V}{2\pi^2}\left(\frac{2m}{\hbar^2}\right)^{3/2} \int_0^{\mu_0} \sqrt{\varepsilon} d\varepsilon$$
$$= \frac{V}{3\pi^2}\left(\frac{2m}{\hbar^2}\right)^{3/2} {\mu_0}^{3/2} \tag{8.60}$$

となる．μ_0 は $T=0$ のときの μ という意味である．金属の自由電子の場合，1 原子あたり大体 1 個の割合で自由電子が存在するので，$\rho_0 = N/V \sim 10^{29}\ \mathrm{m}^{-3}$ の程度である．これを用いると，$\mu_0 \sim 10^{-18}\ \mathrm{J} \sim 10\ \mathrm{eV}$（電子ボルト）となり，これを $\mu_0 = k_B T_F$ とおくと，

$$T_F \sim 10^5\ \mathrm{K}$$

となる．μ のことを**フェルミ・エネルギー**（Fermi energy）ということがあるが，それを $k_B T_F$ として「温度」に換算したのが T_F である．常温では $T \sim 300$ であるから，$T_F \gg T$ であり，$f(\varepsilon)$ と (8.57a) との差は，全体からみてごく僅かであることがわかる．

このことを念頭に置いて，

$$\int_0^\infty \varepsilon^\nu f(\varepsilon) d\varepsilon = -\frac{1}{\nu+1}\int_0^\infty \varepsilon^{\nu+1}\frac{df}{d\varepsilon} d\varepsilon \tag{8.61}$$

の近似計算を試みる．$df/d\varepsilon$ は $\varepsilon=\mu$ に極大をもち，$\zeta = (\varepsilon-\mu)/k_B T$ とおいてみると

$$-\frac{df}{d\varepsilon}=\frac{1}{k_BT}\frac{e^{\zeta}}{(e^{\zeta}+1)^2}=\frac{1}{k_BT}\frac{e^{-\zeta}}{(1+e^{-\zeta})^2}$$

となるので，ζ の偶関数である．そこで（8.61）を $\varepsilon=\mu$ のところで

$$\begin{aligned}
&-\frac{1}{\nu+1}\int_0^{\infty}[(\varepsilon-\mu)+\mu]^{\nu+1}\frac{df}{d\varepsilon}d\varepsilon\\
&=\frac{-1}{\nu+1}\int_0^{\infty}\left\{\mu^{\nu+1}+(\nu+1)\mu^{\nu}(\varepsilon-\mu)\right.\\
&\qquad\left.+\frac{\nu(\nu+1)}{2}\mu^{\nu-1}(\varepsilon-\mu)^2+\cdots\right\}\frac{df}{d\varepsilon}d\varepsilon
\end{aligned}$$

と展開すると，$\{\cdots\}$ 内の第 1 項は $\mu\gg k_BT$ を用いて

$$\begin{aligned}
\int_0^{\infty}\mu^{\nu+1}\frac{df}{d\varepsilon}d\varepsilon&=\mu^{\nu+1}\int_0^{\infty}\frac{df}{d\varepsilon}d\varepsilon\\
&=\mu^{\nu+1}\{f(\infty)-f(0)\}\simeq-\mu^{\nu+1}
\end{aligned}$$

第 2 項以下の計算では，$df/d\varepsilon$ が $\varepsilon=\mu$ の近くでのみ 0 と異なることを利用して，積分の範囲を $(-\infty,\infty)$ にしてしまうと，$df/d\varepsilon$ が $(\varepsilon-\mu)$ の偶関数なので第 2 項は消える．したがって

$$\begin{aligned}
&\int_0^{\infty}\varepsilon^{\nu}f(\varepsilon)d\varepsilon\\
&\simeq\frac{\mu^{\nu+1}}{\nu+1}+\frac{(k_BT)^2}{2}\nu\mu^{\nu-1}\int_{-\infty}^{\infty}\frac{\zeta^2e^{\zeta}}{(1+e^{\zeta})^2}d\zeta+\cdots
\end{aligned}$$

となる．この積分は

$$2\int_0^\infty \zeta^2 \frac{d}{d\zeta}\frac{-1}{1+e^\zeta}d\zeta = 2\left[\zeta^2\frac{-1}{1+e^\zeta}\right]_0^\infty + 4\int_0^\infty \frac{\zeta}{1+e^\zeta}d\zeta$$
$$= 4\int_0^\infty \zeta e^{-\zeta}\sum_{n=0}^\infty (-1)^n e^{-n\zeta}d\zeta$$
$$= 4\sum_{n=0}^\infty (-1)^n \frac{1}{(1+n)^2}$$
$$= 4\sum_{n=1}^\infty (-1)^{n+1}\frac{1}{n^2}$$

と変形されるが，最後の級数は，第１章の問題３（23ページ）の結果

$$|x|<\pi,\ \ x^2 = \frac{\pi^2}{3} + 4\sum_{n=1}^\infty (-1)^n \frac{1}{n^2}\cos nx$$

で $x=0$ とおけば

$$\sum_{n=1}^\infty (-1)^n \frac{1}{n^2} = -\frac{\pi^2}{12}$$

となることを利用して計算される．結局

$$\int_0^\infty \varepsilon^\nu f(\varepsilon)d\varepsilon \simeq \frac{\mu^{\nu+1}}{\nu+1} + \frac{(k_BT)^2}{6}\pi^2\nu\mu^{\nu-1} + \cdots \tag{8.62}$$

がえられる．

(8.62) で $\nu=1/2$ とすると，(8.59a)，(8.58) より

$$N = \frac{V}{2\pi^2}\left(\frac{2m}{\hbar^2}\right)^{3/2}\frac{2}{3}\mu^{3/2}\left[1+\frac{\pi^2}{8}\left(\frac{k_BT}{\mu}\right)^2+\cdots\right]$$

がえられるが，この式と，ここで $T=0, \mu=\mu_0$ とした式

$$N = \frac{V}{2\pi^2}\left(\frac{2m}{\hbar^2}\right)^{3/2}\frac{2}{3}{\mu_0}^{3/2}$$

とをくらべることによって

$$\mu = \mu_0 \left[1 + \frac{\pi^2}{8} \left(\frac{k_B T}{\mu} \right)^2 + \cdots \right]^{-2/3}$$
$$\simeq \mu_0 \left[1 + \frac{\pi^2}{8} \left(\frac{k_B T}{\mu_0} \right)^2 + \cdots \right]^{-2/3}$$
$$\simeq \mu_0 \left[1 - \frac{\pi^2}{12} \left(\frac{k_B T}{\mu_0} \right)^2 + \cdots \right] \qquad (8.63)$$

がえられる．

また，(8. 62) で $\nu = 3/2$ としたものを用いると

$$E = \frac{V}{2\pi^2} \left(\frac{2m}{\hbar^2} \right)^{3/2} \frac{2}{5} \mu^{5/2} \left[1 + \frac{5\pi^2}{8} \left(\frac{k_B T}{\mu} \right)^2 + \cdots \right]$$

となるが，$[\cdots]$ 内の μ は μ_0 で近似し，$\mu^{5/2}$ については (8. 63) からえられる

$$\mu^{5/2} = {\mu_0}^{5/2} \left[1 - \frac{\pi^2}{12} \left(\frac{k_B T}{\mu_0} \right)^2 + \cdots \right]^{5/2}$$
$$\simeq {\mu_0}^{5/2} \left[1 - \frac{5\pi^2}{24} \left(\frac{k_B T}{\mu_0} \right)^2 + \cdots \right]$$

を使うと

$$E = \frac{V}{2\pi^2} \left(\frac{2m}{\hbar^2} \right)^{3/2} \frac{2}{5} {\mu_0}^{5/2} \left[1 + \frac{5\pi^2}{12} \left(\frac{k_B T}{\mu_0} \right)^2 + \cdots \right].$$

がえられる．右辺の $[\cdots]$ の外は $T=0$ のときのエネルギー E_0 であるからこれは

$$E = E_0 \left[1 + \frac{5\pi^2}{12} \left(\frac{k_B T}{\mu_0} \right)^2 + \cdots \right]$$

と書かれる．

E は体積 V を与えたときの全エネルギー（熱力学の内

部エネルギー）であるから，これを T で微分したものは定積（あるいは定容）熱容量である．1モルで計算すれば定積モル比熱になる．それは，(k_BT/μ_0) の高次を省略できるとき

$$C_v = aT$$

となることがわかる．

$$a = \frac{\pi^2 {k_B}^2 N_0}{2\mu_0 V} \quad （N_0 はアボガドロ数）$$

となることを示すのは容易であろう．

§8.6　ウィグナー分布関数

前節で扱った電子ガスでは，0Kのときには

$$\frac{\hbar^2}{2m}{k_F}^2 = \mu_0$$

できまる k_F よりも小さい $|\boldsymbol{k}|$ をもつ1電子状態はすべて電子2個ずつで占められることを知った．図8.7のような $\boldsymbol{k}$ 空間で，半径 k_F の球の内部はすっかりつまり，その外は空席になるのが0Kの電子ガスの状態であった．$\boldsymbol{k}$ 空間では，図8.7の黒丸は密度 $L^3/8\pi^3 = V/8\pi^3$ で分布しており，各点を2個ずつの電子が占めてよいのだから，状態の密度は $V/4\pi^3$ である．

$\boldsymbol{p} = \hbar\boldsymbol{k}$ の関係を使って，図8.9のように $\boldsymbol{p}$ 空間になおすと，状態点の密度は $2V/h^3$ になる（$h = 2\pi\hbar$）．0Kでは

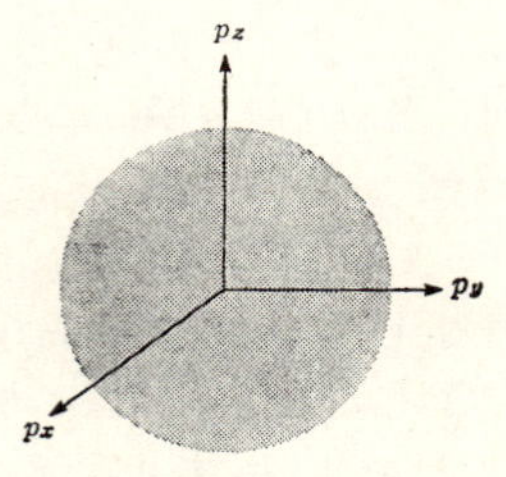

図 8.9　フェルミ球

$$\frac{4\pi}{3}{p_F}^3 \times \frac{2V}{h^3} = N$$

を満たすような半径 p_F の球（これを**フェルミ球**（Fermi sphere）という）内は密度 $2V/h^3$ で電子がいっぱいになっており，外側はからっぽである．$T>0$ になると，図 8.8 のようにフェルミ分布が変化するから，フェルミ球の表面付近の電子は少しその外側のエネルギーの高い方へ広がり，球の表面がぼやけることになる．温度が高いほどこのぼやけ方は甚しくなる．これが，電子ガスの運動量空間における統計的分布である．

同じようなことは，ふつうの気体の分子の運動量分布についても言える．ただしそのときには，フェルミ分布（8.57）のかわりに，**マクスウェル - ボルツマン分布**（Maxwell-Boltzmann distribution）が使われる．いずれにせよ，外力を受けていない気体の場合には空間分布は一様であるから，わざわざ考えないわけである．

重力を受けて熱平衡状態にある気体では，高い所ほど密度が小さくなる．つまり，分布は位置にもよるわけである．古典力学では，各粒子は各瞬間にきまった位置 $\boldsymbol{r}$ と運動量 $\boldsymbol{p}$ をもつから，x, y, z, p_x, p_y, p_z を座標軸にとった6次元空間（これを1粒子の**位相空間**（phase space）または $\boldsymbol{\mu}$（ミュー）**空間**という）内の1点で表わされる．時間とともにその点（**代表点**という）は移動する．6次元では描けないから，x と p_x だけで話がすむ1次元の場合を示すと，図8.10のようなことになる．

たくさんの粒子があると，各粒子はそれぞれがこの位相空間内の1点で表わされるから，N 粒子系は位相空間内の N 個の粒子で表わされる．$N \simeq 10^{23}$ というような場合には，これは，連続的な分布関数 $f(\boldsymbol{r}, \boldsymbol{p})$ で表わした方がよいことになる．熱平衡状態では，この $f(\boldsymbol{r}, \boldsymbol{p})$ は時間によらないわけである．

古典力学に従う粒子だと，このように位相空間を使う表わし方が可能であるが，量子力学的な対象ではそれが不可能である．しかし，古典力学との対応を何とかつけたい，ということで考え出されたのが，以下に述べる**ウィグナー（Wigner）表示**である．

量子力学では，1個の粒子の運動は波動関数 $\psi(\boldsymbol{r}, t)$ によって完全に記述される．この粒子について，物理量 $A(\boldsymbol{r}, \boldsymbol{p})$ を測ったとき，一般には測定値にはばらつきがあり，期待値は

$$A_\psi = \int \psi^*(\boldsymbol{r}) A(\boldsymbol{r}, -i\hbar\nabla)\psi(\boldsymbol{r}) d\boldsymbol{r}$$

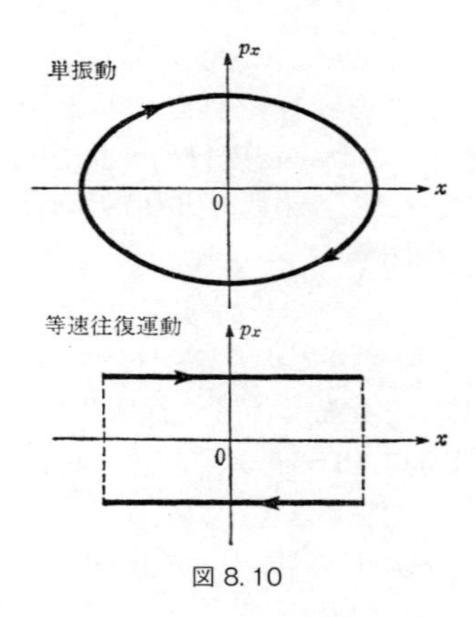

図 8.10

で与えられる．いま，適当な完全正規直交関数列 $\{\varphi_n(\boldsymbol{r})\}$ を使って ψ を

$$\psi(\boldsymbol{r}, t) = \sum_n c_n(t)\varphi_n(\boldsymbol{r})$$

のように展開したとすると

$$A_\psi = \sum_m \sum_n A_{mn} c_n(t) c_m{}^*(t)$$

と表わされる．ここで

$$A_{mn} \equiv \int \varphi_m{}^*(\boldsymbol{r}) A(\boldsymbol{r}, -i\hbar\nabla)\varphi_n(\boldsymbol{r}) d\boldsymbol{r} \tag{8.64}$$

である．いま，1個でなく，多数の粒子を考えると，粒子ごとに ψ は異なるので，$c_n(t)$ も異なる．そこで，多数の粒子についての平均を $\langle\cdots\rangle$ で表わし

$$\rho_{nm} \equiv \langle c_n(t) c_m{}^*(t) \rangle \tag{8.65}$$

で定義される ρ_{nm} を n 行 m 列目の要素（元）としてもつ行列 ρ を考え，これを**密度行列**（density matrix）と呼ぶ．これを使うと，A の期待値の平均値は

$$\langle A \rangle = \sum_m \sum_n A_{mn} \rho_{nm} = \sum_m (A\rho)_{mm} = \mathrm{Tr} A\rho$$

と表わされる．同じ A という文字を用いたが，最後の2つの A は，A_{mn} を元としてもつ行列という意味である．Tr は行列の対角和（$\mathrm{Tr}\, M = \sum_n M_{nn}$）をとれという記号である．

上の A_{mn} や ρ_{nm} は基底 $\{\varphi_n(\boldsymbol{r})\}$ を用いた A と ρ の表示であるが，別の表示として，

$$\begin{cases} \langle \boldsymbol{r} \,|A|\, \boldsymbol{r}' \rangle \equiv \displaystyle\sum_m \sum_n \varphi_m(\boldsymbol{r}) A_{mn} \varphi_n{}^*(\boldsymbol{r}') \\ \langle \boldsymbol{r}' \,|\rho|\, \boldsymbol{r} \rangle = \displaystyle\sum_n \sum_m \varphi_n(\boldsymbol{r}') \rho_{nm} \varphi_m{}^*(\boldsymbol{r}) \end{cases} \tag{8.66}$$

を定義すると，$\{\varphi_n(\boldsymbol{r})\}$ の正規直交性

$$\int \varphi_m{}^*(\boldsymbol{r}) \varphi_n(\boldsymbol{r}) d\boldsymbol{r} = \delta_{mn}$$

を使って

$$\iint \langle \boldsymbol{r} \,|A|\, \boldsymbol{r}' \rangle \langle \boldsymbol{r}' \,|\rho|\, \boldsymbol{r} \rangle \, d\boldsymbol{r} d\boldsymbol{r}'$$

$$= \sum_m \sum_{m'} \sum_n \sum_{n'}$$

$$\times \iint \varphi_m(\boldsymbol{r}) A_{mn} \varphi_n{}^*(\boldsymbol{r}') \varphi_{n'}(\boldsymbol{r}') \rho_{n'm'} \varphi_{m'}{}^*(\boldsymbol{r}) d\boldsymbol{r} d\boldsymbol{r}'$$

$$= \sum_m \sum_n A_{mn}\rho_{nm} = \langle A \rangle$$

となることがわかるから，$\langle A \rangle$ には

$$\langle A \rangle = \sum_m \sum_n A_{mn}\rho_{nm} = \iint \langle \boldsymbol{r}\,|A|\,\boldsymbol{r}' \rangle \langle \boldsymbol{r}'\,|\rho|\,\boldsymbol{r} \rangle\, d\boldsymbol{r} d\boldsymbol{r}' \tag{8.67}$$

という 2 通りの表示があることがわかる．(8.66) の左辺も 1 種の行列表示なのである．

完全正規直交系 $\{\varphi_n(\boldsymbol{r})\}$ に対して成り立つ関係*

$$\sum_n \varphi_n(\boldsymbol{r})\varphi_n{}^*(\boldsymbol{r}') = \delta(\boldsymbol{r}-\boldsymbol{r}') \tag{8.68}$$

を用いると

$$\begin{aligned}
&\langle \boldsymbol{r}\,|A|\,\boldsymbol{r}' \rangle \\
&\quad = \sum_m \sum_n \varphi_m(\boldsymbol{r}) A_{mn} \varphi_n{}^*(\boldsymbol{r}') \\
&\quad = \sum_m \sum_n \int \varphi_m(\boldsymbol{r})\varphi_m{}^*(\boldsymbol{r}'') A(\boldsymbol{r}'', -i\hbar\nabla'') \\
&\qquad\qquad \times \varphi_n(\boldsymbol{r}'')\varphi_n{}^*(\boldsymbol{r}') d\boldsymbol{r}'' \\
&\quad = \int \delta(\boldsymbol{r}-\boldsymbol{r}'') A(\boldsymbol{r}'', -i\hbar\nabla'') \delta(\boldsymbol{r}''-\boldsymbol{r}') d\boldsymbol{r}''
\end{aligned}$$

---

* 任意の関数を $f(\boldsymbol{r}) = \sum_n \alpha_n \varphi_n(\boldsymbol{r})$ のように展開したとき $\alpha_n = \int \varphi_n{}^*(\boldsymbol{r}') f(\boldsymbol{r}') d\boldsymbol{r}'$ であるから，

$$f(\boldsymbol{r}) = \sum_n \int \varphi_n(\boldsymbol{r})\varphi_n{}^*(\boldsymbol{r}') f(\boldsymbol{r}') d\boldsymbol{r}'.$$

これと $f(\boldsymbol{r}) = \int \delta(\boldsymbol{r}-\boldsymbol{r}') f(\boldsymbol{r}') d\boldsymbol{r}'$ とを比較すればよい．

ここで，$A(\boldsymbol{r}'', -i\hbar\nabla'')\delta(\boldsymbol{r}''-\boldsymbol{r}')$ を $\boldsymbol{r}''$ の関数とみて，$\int \delta(\boldsymbol{r}-\boldsymbol{r}'')F(\boldsymbol{r}'')d\boldsymbol{r}'' = F(\boldsymbol{r})$ を使えば

$$\langle \boldsymbol{r}\,|A|\,\boldsymbol{r}'\rangle = A(\boldsymbol{r}, -i\hbar\nabla)\delta(\boldsymbol{r}-\boldsymbol{r}') \tag{8.69}$$

であることがわかる．

古典力学では物理量は $\boldsymbol{r}$ と $\boldsymbol{p}$ の関数として $A(\boldsymbol{r}, \boldsymbol{p})$ のように表わされるのに，量子力学では $\boldsymbol{p}$ が $-i\hbar\nabla$ という作用素に化けてしまって $A(\boldsymbol{r}, -i\hbar\nabla)$ も関数ではなくなってしまう．別の表わし方（8.69）にすると，これは作用素ではなく関数ではあるが，$\boldsymbol{p}$ は表面に現われず，そのかわり位置が $\boldsymbol{r}$ と $\boldsymbol{r}'$ のように２重に現われて出てきている．

ウィグナー表示というのは，（8.66）の表示から $\boldsymbol{r}$ と $\boldsymbol{r}'$ の平均値の $\boldsymbol{q}$ と，それらの差 $\boldsymbol{x}$

$$\boldsymbol{q} \equiv \frac{\boldsymbol{r}+\boldsymbol{r}'}{2}, \quad \boldsymbol{x} \equiv \boldsymbol{r}-\boldsymbol{r}' \tag{8.70}$$

に変数を変え，後者についてフーリエ変換したもの，として定義される．

$$A_W(\boldsymbol{q}, \boldsymbol{p}) \equiv \int e^{-i\boldsymbol{p}\cdot\boldsymbol{x}/\hbar} \langle \boldsymbol{r}\,|A|\,\boldsymbol{r}'\rangle\, d\boldsymbol{x} \tag{8.71}$$

A が $\boldsymbol{r}$ だけの関数なら，（8.69）から

$$\begin{aligned}\langle \boldsymbol{r}\,|A|\,\boldsymbol{r}'\rangle &= A(\boldsymbol{r})\delta(\boldsymbol{r}-\boldsymbol{r}') \\ &= A\left(\boldsymbol{q}+\frac{\boldsymbol{x}}{2}\right)\delta(\boldsymbol{x})\end{aligned}$$

となることがわかるから，（8.71）に入れて

$$A_W(\boldsymbol{q}, \boldsymbol{p}) = A(\boldsymbol{q})$$

である．A が $\boldsymbol{p}$ だけの関数なら，(8.69) は

$$\langle \boldsymbol{r} |A| \boldsymbol{r}' \rangle = A(-i\hbar\nabla)\delta(\boldsymbol{r}-\boldsymbol{r}')$$

となるが，変数を $\boldsymbol{r}, \boldsymbol{r}'$ から $\boldsymbol{q}, \boldsymbol{x}$ に変えると，$\nabla \to \dfrac{1}{2}\nabla_q + \nabla_x$ となり，$\delta(\boldsymbol{r}-\boldsymbol{r}')=\delta(\boldsymbol{x})$ は $\boldsymbol{q}$ を含まないから ∇_q は不要で

$$A_W(\boldsymbol{q}, \boldsymbol{p}) = \int e^{-i\boldsymbol{p}\cdot\boldsymbol{x}/\hbar} A\left(-i\hbar\left(\frac{1}{2}\nabla_q + \nabla_x\right)\right)\delta(\boldsymbol{x})d\boldsymbol{x}$$
$$= \int e^{-i\boldsymbol{p}\cdot\boldsymbol{x}/\hbar} A(-i\hbar\nabla_x)\delta(\boldsymbol{x})d\boldsymbol{x}$$

となる．$A(\boldsymbol{p})$ が p_x, p_y, p_z のべき級数で表わされるとして，第 2 章の問題 1（47 ページ）の論法を使うと，結局

$$A_W(\boldsymbol{q}, \boldsymbol{p}) = A(\boldsymbol{p})$$

となることがわかる．A が $\boldsymbol{p}$ と $\boldsymbol{q}$ の両方に依存する場合には，交換しない x と p_x などの順序についての注意が必要であるが，$A_W(\boldsymbol{q}, \boldsymbol{p})$ は古典論の $A(\boldsymbol{r}, \boldsymbol{p})$ で，$\boldsymbol{r} \to \boldsymbol{q}$ としたものと考えてよい．

密度行列のウィグナー表示は，とくに**ウィグナー分布関数**と呼ばれる．それを $f_W(\boldsymbol{p}, \boldsymbol{q})$ とすると

$$f_W(\boldsymbol{p}, \boldsymbol{q}) = \int e^{-i\boldsymbol{p}\cdot\boldsymbol{x}/\hbar} \langle \boldsymbol{r} |\rho| \boldsymbol{r}' \rangle \, d\boldsymbol{x} \qquad (8.72)$$

である．逆変換は

$$\langle \boldsymbol{r} |\rho| \boldsymbol{r}' \rangle = \frac{1}{h^3}\int e^{i\boldsymbol{p}\cdot\boldsymbol{x}/\hbar} f_W(\boldsymbol{p}, \boldsymbol{q})d\boldsymbol{p} \qquad (8.73)$$

となる．右辺を計算して，$\boldsymbol{q}=(\boldsymbol{r}+\boldsymbol{r}')/2$ とおくのである．

$\langle A\rangle$ の式（8.67）にこの（8.73）を入れると

$$
\begin{aligned}
\langle A\rangle &= \iint \langle \boldsymbol{r}\,|A|\,\boldsymbol{r}'\rangle \langle \boldsymbol{r}'\,|\rho|\,\boldsymbol{r}\rangle\, d\boldsymbol{r}d\boldsymbol{r}' \\
&= \frac{1}{h^3}\iiint \langle \boldsymbol{r}\,|A|\,\boldsymbol{r}'\rangle\, e^{-i\boldsymbol{p}\cdot\boldsymbol{x}/\hbar} f_W(\boldsymbol{p},\boldsymbol{q})d\boldsymbol{p}d\boldsymbol{r}d\boldsymbol{r}'
\end{aligned}
$$

となる．指数の符号が（8.73）と逆になったのは，（8.73）とは $\boldsymbol{r}$ と $\boldsymbol{r}'$ が入れかわったためである．変数を $\boldsymbol{r},\boldsymbol{r}'$ から $\boldsymbol{q},\boldsymbol{x}$ に変換すると，ヤコビアンは1なので $d\boldsymbol{r}d\boldsymbol{r}'\to d\boldsymbol{q}d\boldsymbol{x}$ としてよいから

$$
\langle A\rangle = \frac{1}{h^3}\iiint e^{-i\boldsymbol{p}\cdot\boldsymbol{x}/\hbar} \langle \boldsymbol{r}\,|A|\,\boldsymbol{r}'\rangle\, f_W(\boldsymbol{p},\boldsymbol{q})d\boldsymbol{p}d\boldsymbol{q}d\boldsymbol{x}
$$

（8.71）を使うと，結局

$$
\langle A\rangle = \frac{1}{h^3}\iint A_W(\boldsymbol{q},\boldsymbol{p})f_W(\boldsymbol{p},\boldsymbol{q})d\boldsymbol{p}d\boldsymbol{q} \qquad (8.74)
$$

となって，古典論の場合とよく対応した表式がえられる．ただ $f_W(\boldsymbol{p},\boldsymbol{q})$ は負になる場合もあるので，上のような積分として使うのはよいが，f_W そのものを統計的な分布関数と考えることには少し無理がある．

例として，前節で調べた電子ガスでは，$\varphi_{\boldsymbol{k}}(\boldsymbol{r})=e^{i\boldsymbol{k}\cdot\boldsymbol{r}}/\sqrt{V}$ ととり，ψ としてはこのような平面波のどれかひとつを考えればよい．そうすると，（8.65）で $n\neq m$ に相当するものはなく，$f(\varepsilon)$ をフェルミ分布として

$$\rho_{\boldsymbol{k}\boldsymbol{k}'} = \delta_{\boldsymbol{k}\boldsymbol{k}'} f(\varepsilon_{\boldsymbol{k}}) \times \frac{2}{N} \quad \text{(2 はスピンによる因子)}$$

とすればよい．A として運動エネルギー $\boldsymbol{p}^2/2m$ をとると

$$\langle \boldsymbol{r} | A | \boldsymbol{r}' \rangle = -\frac{\hbar^2}{2m} \Delta \delta(\boldsymbol{r} - \boldsymbol{r}')$$

となり，密度行列は（8.66）と上の式から

$$\begin{aligned} \langle \boldsymbol{r}' | \rho | \boldsymbol{r} \rangle &= \sum_{\boldsymbol{k}} \frac{1}{V} e^{i\boldsymbol{k}\cdot\boldsymbol{r}'} \frac{2}{N} f(\varepsilon_{\boldsymbol{k}}) e^{-i\boldsymbol{k}\cdot\boldsymbol{r}} \\ &= \frac{2}{NV} \sum_{\boldsymbol{k}} f(\varepsilon_{\boldsymbol{k}}) e^{i\boldsymbol{k}\cdot(\boldsymbol{r}'-\boldsymbol{r})} \end{aligned}$$

となることがわかるから

$$\begin{aligned} &\left\langle \frac{p^2}{2m} \right\rangle \\ &= \frac{2}{NV} \sum_{\boldsymbol{k}} f(\varepsilon_{\boldsymbol{k}}) \iint \frac{-\hbar^2}{2m} [\Delta \delta(\boldsymbol{r} - \boldsymbol{r}')] e^{i\boldsymbol{k}\cdot(\boldsymbol{r}'-\boldsymbol{r})} d\boldsymbol{r} d\boldsymbol{r}' \\ &= \frac{2}{NV} \sum_{\boldsymbol{k}} f(\varepsilon_{\boldsymbol{k}}) \iint \frac{-\hbar^2}{2m} \delta(\boldsymbol{r} - \boldsymbol{r}') \Delta e^{i\boldsymbol{k}\cdot(\boldsymbol{r}'-\boldsymbol{r})} d\boldsymbol{r} d\boldsymbol{r}' \\ &= \frac{2}{NV} \sum_{\boldsymbol{k}} f(\varepsilon_{\boldsymbol{k}}) \iint \frac{\hbar^2 k^2}{2m} \delta(\boldsymbol{r} - \boldsymbol{r}') e^{i\boldsymbol{k}\cdot(\boldsymbol{r}'-\boldsymbol{r})} d\boldsymbol{r} d\boldsymbol{r}' \\ &= \frac{2}{NV} \sum_{\boldsymbol{k}} f(\varepsilon_{\boldsymbol{k}}) \frac{\hbar^2 k^2}{2m} \int d\boldsymbol{r} \\ &= \frac{2}{N} \sum_{\boldsymbol{k}} \varepsilon_{\boldsymbol{k}} f(\varepsilon_{\boldsymbol{k}}) \end{aligned}$$

という当然の結果が出てくる．ρ_W を求めることは，少し手間がかかるので，ここでは省略する．

§ 8.7　空洞放射

いままで本章では，古典力学で「粒子」と考えられていたものを，波動力学ではどのように扱うかを見てきた．ここでは逆に，古典物理学では波動と考えられてきた光（電磁波）を力学的に扱う方法を考えることにする．

第5章では光波が何の振動であるかに触れずに議論を進めたが，その正体不明であった $u(\boldsymbol{r}, t)$ を明らかにすることから始めよう．真空中で，電荷をもった物質が存在しない（$\rho=0, \boldsymbol{j}=\boldsymbol{0}$）ときのマクスウェルの方程式は

$$\mathrm{rot}\,\boldsymbol{E}+\frac{\partial \boldsymbol{B}}{\partial t}=\boldsymbol{0}, \quad \mathrm{div}\,\boldsymbol{B}=0$$

$$\mathrm{rot}\,\boldsymbol{H}-\frac{\partial \boldsymbol{D}}{\partial t}=\boldsymbol{0}, \quad \mathrm{div}\,\boldsymbol{D}=0$$

$$\boldsymbol{D}=\varepsilon_0\boldsymbol{E}, \quad \boldsymbol{B}=\mu_0\boldsymbol{H}$$

である．$\boldsymbol{E}$ と $\boldsymbol{B}$ だけで表わせば

$$\mathrm{rot}\,\boldsymbol{E}+\frac{\partial \boldsymbol{B}}{\partial t}=\boldsymbol{0} \tag{8.75a}$$

$$\mathrm{rot}\,\boldsymbol{B}-\varepsilon_0\mu_0\frac{\partial \boldsymbol{E}}{\partial t}=\boldsymbol{0} \tag{8.75b}$$

$$\mathrm{div}\,\boldsymbol{B}=\mathrm{div}\,\boldsymbol{E}=0 \tag{8.75c}$$

となる．

いま，ベクトルポテンシャル $\boldsymbol{A}(\boldsymbol{r}, t)$ を

$$\boldsymbol{B}=\mathrm{rot}\,\boldsymbol{A} \tag{8.76}$$

によって導入すると，$\mathrm{div}\,\boldsymbol{B}=0$ は自動的に満たされることになる．(8.76) を (8.75a) に代入してみると

$$\boldsymbol{E} = -\frac{\partial \boldsymbol{A}}{\partial t} \tag{8.77}$$

で，$\boldsymbol{A}$ から $\boldsymbol{E}$ も計算されることがわかる．したがって，$\boldsymbol{A}(\boldsymbol{r}, t)$ を求めれば電磁場がきまることになる．

（8.77）と（8.76）を（8.75b）に代入すると，$\boldsymbol{A}$ が従うべき方程式として

$$\Delta \boldsymbol{A} - \frac{1}{c^2}\frac{\partial^2 \boldsymbol{A}}{\partial t^2} = \boldsymbol{0} \tag{8.78}$$

という波動方程式が容易に得られる．波の伝わる速さは

$$c = \sqrt{\frac{1}{\varepsilon_0 \mu_0}} = 3 \times 10^8 \ \mathrm{m \cdot s^{-1}}$$

で与えられる．これが電磁波であり，第5章の $u(\boldsymbol{r}, t)$ とは $A(\boldsymbol{r}, t)$ のことであったと考えてよい．

電磁場は一辺の長さが L の立方体（体積 $V = L^3$）内にできているとし，壁の存在とは関係のない性質を調べることにするので，§5.6 や §8.5 と同じ周期的境界条件を設けることにする．そうすると，$\boldsymbol{A}(\boldsymbol{r}, t)$ を

$$\boldsymbol{A}(\boldsymbol{r}, t) = \sum_{\boldsymbol{k}} \boldsymbol{A}_{\boldsymbol{k}}(t) e^{i\boldsymbol{k}\cdot\boldsymbol{r}} \tag{8.79}$$

のようにフーリエ級数に展開することができ，$\boldsymbol{k}$ としては図 8.7（224 ページ）の黒丸で示された（ただし 3 次元）ような値をとればよいことになる．

ベクトル $\boldsymbol{A}_{\boldsymbol{k}}(t)$ がどんなものになるかを知るためには，（8.79）を（8.78）に代入すればよい．

$$\Delta \boldsymbol{A} = -\sum_{\boldsymbol{k}} (k_x{}^2 + k_y{}^2 + k_z{}^2) \boldsymbol{A}_{\boldsymbol{k}}(t) e^{i\boldsymbol{k}\cdot\boldsymbol{r}}$$

$$\frac{\partial^2 \boldsymbol{A}}{\partial t^2} = \sum_{\boldsymbol{k}} \frac{d^2 \boldsymbol{A}_{\boldsymbol{k}}}{dt^2} e^{i\boldsymbol{k}\cdot\boldsymbol{r}}$$

であるから

$$-\sum_{\boldsymbol{k}} \left(k^2 + \frac{1}{c^2} \frac{d^2}{dt^2} \right) \boldsymbol{A}_{\boldsymbol{k}}(t) e^{i\boldsymbol{k}\cdot\boldsymbol{r}} = \boldsymbol{0}$$

したがって，単振動の式

$$\frac{d^2}{dt^2} \boldsymbol{A}_{\boldsymbol{k}}(t) = -\omega_{\boldsymbol{k}}{}^2 \boldsymbol{A}_{\boldsymbol{k}}(t) \tag{8.80}$$

が得られる．ただし

$$\omega_{\boldsymbol{k}} = ck$$

は角振動数である．

(8.80) の解は sine, cosine でもよいのであるが，ここでは

$$\boldsymbol{A}_{\boldsymbol{k}}(t) = \frac{1}{\sqrt{V}} \boldsymbol{q}_{\boldsymbol{k}} e^{-i\omega_{\boldsymbol{k}} t} \tag{8.81}$$

を採用する．そのことを添字 c で示す．そうすると，(8.79) は

$$\boldsymbol{A}_c(\boldsymbol{r}, t) = \sum_{\boldsymbol{k}} \boldsymbol{q}_{\boldsymbol{k}} \frac{1}{\sqrt{V}} e^{i(\boldsymbol{k}\cdot\boldsymbol{r} - \omega_{\boldsymbol{k}} t)} \tag{8.82}$$

となる．

つぎに $\operatorname{div} \boldsymbol{A}_c = 0$ という条件を考えよう．(8.82) から

$$\mathrm{div}\,\boldsymbol{A}_c = \sum_{\boldsymbol{k}} i(\boldsymbol{q}_{\boldsymbol{k}} \cdot \boldsymbol{k}) \frac{1}{\sqrt{V}} e^{i(\boldsymbol{k}\cdot\boldsymbol{r} - \omega_k t)}$$

であることがわかるから，$\mathrm{div}\,\boldsymbol{A}_c = 0$ から

$$(\boldsymbol{q}_{\boldsymbol{k}} \cdot \boldsymbol{k}) = 0 \tag{8.83}$$

が導かれる．$\boldsymbol{q}_{\boldsymbol{k}}$ は，波数ベクトル $\boldsymbol{k}$ をもった波の振幅に比例するベクトルであるが，上の式はそれが $\boldsymbol{k}$ に垂直であることを示している．つまり電磁波は横波である．そこで，ひとつの $\boldsymbol{k}$ に対し，これに垂直な方向を2つずつ定めて，その方向の単位ベクトルでそれを表わすことにして，それらを $\boldsymbol{e}_{\boldsymbol{k}1}, \boldsymbol{e}_{\boldsymbol{k}2}$ とする．$\gamma = 1, 2$ として $\boldsymbol{e}_{\boldsymbol{k}\gamma}$ で表わそう．そうすると

$$\boldsymbol{q}_{\boldsymbol{k}} = q_{\boldsymbol{k}1}\boldsymbol{e}_{\boldsymbol{k}1} + q_{\boldsymbol{k}2}\boldsymbol{e}_{\boldsymbol{k}2} = \sum_{\gamma} q_{\boldsymbol{k}\gamma}\boldsymbol{e}_{\boldsymbol{k}\gamma}$$

と表わされるから，(8.82) は

$$\boldsymbol{A}_c(\boldsymbol{r}, t) = \sum_{\boldsymbol{k}} \sum_{\gamma} q_{\boldsymbol{k}\gamma}\boldsymbol{e}_{\boldsymbol{k}\gamma} \frac{1}{\sqrt{V}} e^{i(\boldsymbol{k}\cdot\boldsymbol{r} - \omega_k t)} \tag{8.84}$$

と書けることになる．$q_{\boldsymbol{k}\gamma}$ は複素数の定数であって

$$q_{\boldsymbol{k}\gamma} = |q_{\boldsymbol{k}\gamma}|\, e^{i\alpha_{\boldsymbol{k}\gamma}} \tag{8.85}$$

と表わせる．$(\boldsymbol{k}, \gamma)$ できまるのは波の種類（波長，伝播方向，偏光の方向）であり，そのおのおのについて $|q_{\boldsymbol{k}\gamma}|$ と $\alpha_{\boldsymbol{k}\gamma}$ の2つの実数を与えれば $\boldsymbol{A}_c(\boldsymbol{r}, t)$ が確定するわけである．ただしこれでは $\boldsymbol{A}_c(\boldsymbol{r}, t)$ の各成分は複素数になってしまうから，最後には $\mathrm{Re}\,\boldsymbol{A}_c(\boldsymbol{r}, t)$ をとるということにしておく．そうすると

$$\boldsymbol{A}(\boldsymbol{r},t) = \mathrm{Re}\,\boldsymbol{A}_c(\boldsymbol{r},t)$$
$$= \frac{1}{\sqrt{V}}\sum_{\boldsymbol{k}}\sum_{\gamma}|q_{\boldsymbol{k}\gamma}|\,\boldsymbol{e}_{\boldsymbol{k}\gamma}\cos(\boldsymbol{k}\cdot\boldsymbol{r}-\omega_{\boldsymbol{k}}t+\alpha_{\boldsymbol{k}\gamma}) \tag{8.84a}$$

ということになるから，$\boldsymbol{A}(\boldsymbol{r},t)$ は進行波の重ね合わせで表わされたことになり，各成分波の振幅が $|q_{\boldsymbol{k}\gamma}|$，$\boldsymbol{r}=\boldsymbol{0}$ におけるその波の振動の初期位相が $\alpha_{\boldsymbol{k}\gamma}$ だということになる．振幅と初期位相を与えればその後の時間変化が確定するという意味で，各成分波は1個の振動子と同等である．そのことをもう少し確かめよう．

そこで，まず

$$\boldsymbol{C}(\boldsymbol{r},t) = \sum_{\boldsymbol{k},\gamma}\boldsymbol{C}_{\boldsymbol{k}\gamma}\cos(\boldsymbol{k}\cdot\boldsymbol{r}-\omega_{\boldsymbol{k}}t+\alpha_{\boldsymbol{k}\gamma})$$

という量があるとき，これの2乗を $\boldsymbol{r}$ について $V=L^3$ 内で積分したものを考える．$\int_V e^{i\boldsymbol{k}\cdot\boldsymbol{r}}d\boldsymbol{r}=\delta_{\boldsymbol{k}0}V$，$\omega_{-\boldsymbol{k}}=\omega_{\boldsymbol{k}}$ を使うと

$$\int_V \boldsymbol{C}^2(\boldsymbol{r},t)d\boldsymbol{r}$$
$$= \int_V\sum_{\boldsymbol{k},\gamma}\sum_{\boldsymbol{k}',\gamma'}(\boldsymbol{C}_{\boldsymbol{k}\gamma}\cdot\boldsymbol{C}_{\boldsymbol{k}'\gamma'})\cos(\boldsymbol{k}\cdot\boldsymbol{r}-\omega_{\boldsymbol{k}}t+\alpha_{\boldsymbol{k}\gamma})$$
$$\times\cos(\boldsymbol{k}'\cdot\boldsymbol{r}-\omega_{\boldsymbol{k}'}t+\alpha_{\boldsymbol{k}'\gamma'})d\boldsymbol{r}$$
$$= \frac{1}{4}\sum_{\boldsymbol{k},\gamma}\sum_{\boldsymbol{k}',\gamma'}(\boldsymbol{C}_{\boldsymbol{k}\gamma}\cdot\boldsymbol{C}_{\boldsymbol{k}'\gamma'})$$
$$\times\int_V\{\exp i[(\boldsymbol{k}+\boldsymbol{k}')\boldsymbol{r}-(\omega_{\boldsymbol{k}}+\omega_{\boldsymbol{k}'})t+\alpha_{\boldsymbol{k}\gamma}+\alpha_{\boldsymbol{k}'\gamma'}]$$

$$+\exp i[(\boldsymbol{k}-\boldsymbol{k}')\boldsymbol{r}-(\omega_{\boldsymbol{k}}-\omega_{\boldsymbol{k}'})t+\alpha_{\boldsymbol{k}\gamma}-\alpha_{\boldsymbol{k}'\gamma'}]$$

$$+\text{複素共役}\}d\boldsymbol{r}$$

$$=\frac{V}{4}\sum_{\boldsymbol{k},\gamma,\gamma'}(\boldsymbol{C}_{\boldsymbol{k}\gamma}\cdot\boldsymbol{C}_{-\boldsymbol{k}\gamma'})\{\exp i(-2\omega_{\boldsymbol{k}}t+\alpha_{\boldsymbol{k}\gamma}+\alpha_{-\boldsymbol{k}\gamma'})+\text{複素共役}\}$$

$$+\frac{V}{4}\sum_{\boldsymbol{k},\gamma,\gamma'}(\boldsymbol{C}_{\boldsymbol{k}\gamma}\cdot\boldsymbol{C}_{\boldsymbol{k}\gamma'})\{\exp i(\alpha_{\boldsymbol{k}\gamma}-\alpha_{\boldsymbol{k}\gamma'})+\text{複素共役}\}$$

$$=\frac{V}{2}\sum_{\boldsymbol{k},\gamma,\gamma'}[(\boldsymbol{C}_{\boldsymbol{k}\gamma}\cdot\boldsymbol{C}_{-\boldsymbol{k}\gamma'})\cos(2\omega_{\boldsymbol{k}}t-\alpha_{\boldsymbol{k}\gamma}-\alpha_{-\boldsymbol{k}\gamma'})$$

$$+(\boldsymbol{C}_{\boldsymbol{k}\gamma}\cdot\boldsymbol{C}_{\boldsymbol{k}\gamma'})\cos(\alpha_{\boldsymbol{k}\gamma}-\alpha_{\boldsymbol{k}\gamma'})] \tag{8.86}$$

のように，$\boldsymbol{k}=\boldsymbol{k}'$ と $\boldsymbol{k}=-\boldsymbol{k}'$ の項だけが残ることがわかる．

古典電磁気学によると，電磁場のエネルギー密度は

$$U=\frac{\varepsilon_0}{2}\boldsymbol{E}^2+\frac{1}{2\mu_0}\boldsymbol{B}^2=\frac{\varepsilon_0}{2}(\boldsymbol{E}^2+c^2\boldsymbol{B}^2) \tag{8.87}$$

で与えられる．ただし $c=1/\sqrt{\varepsilon_0\mu_0}$ は光速である．そこで，(8.84) の $\boldsymbol{A}_c(\boldsymbol{r},t)$ から $\boldsymbol{E}(\boldsymbol{r},t)$ と $\boldsymbol{B}(\boldsymbol{r},t)$ を求めよう．(8.77) と (8.76) により

$$\begin{cases}\boldsymbol{E}_c(\boldsymbol{r},t)=-\dfrac{\partial\boldsymbol{A}_c}{\partial t}=\displaystyle\sum_{\boldsymbol{k},\gamma}i\omega_{\boldsymbol{k}}q_{\boldsymbol{k}\gamma}\boldsymbol{e}_{\boldsymbol{k}\gamma}\frac{1}{\sqrt{V}}e^{i(\boldsymbol{k}\cdot\boldsymbol{r}-\omega_{\boldsymbol{k}}t)}\\ \boldsymbol{B}_c(\boldsymbol{r},t)=\mathrm{rot}\,\boldsymbol{A}_c=\displaystyle\sum_{\boldsymbol{k},\gamma}iq_{\boldsymbol{k}\gamma}(\boldsymbol{k}\times\boldsymbol{e}_{\boldsymbol{k}\gamma})\frac{1}{\sqrt{V}}e^{i(\boldsymbol{k}\cdot\boldsymbol{r}-\omega_{\boldsymbol{k}}t)}\end{cases}$$

がえられるから，$q_{\boldsymbol{k}\gamma}=|q_{\boldsymbol{k}\gamma}|\exp(i\alpha_{\boldsymbol{k}\gamma})$，$\boldsymbol{k}=k\boldsymbol{n}_{\boldsymbol{k}}$ とおいて

$$\begin{cases} \boldsymbol{E}(\boldsymbol{r},t) \\ = \sum_{\boldsymbol{k},\gamma} \frac{1}{\sqrt{V}} \omega_k |q_{\boldsymbol{k}\gamma}| \boldsymbol{e}_{\boldsymbol{k}\gamma} \cos\left(\boldsymbol{k}\cdot\boldsymbol{r} - \omega_k t + \alpha_{\boldsymbol{k}\gamma} + \frac{\pi}{2}\right) \\ \boldsymbol{B}(\boldsymbol{r},t) \\ = \sum_{\boldsymbol{k},\gamma} \frac{1}{\sqrt{V}} k |q_{\boldsymbol{k}\gamma}| (\boldsymbol{n}_{\boldsymbol{k}} \times \boldsymbol{e}_{\boldsymbol{k}\gamma}) \cos\left(\boldsymbol{k}\cdot\boldsymbol{r} - \omega_k t + \alpha_{\boldsymbol{k}\gamma} + \frac{\pi}{2}\right) \end{cases}$$

がえられる．同じ $\boldsymbol{k}$ に対しては $\boldsymbol{e}_{\boldsymbol{k}1}$ と $\boldsymbol{e}_{\boldsymbol{k}2}$ は直交するから $(\boldsymbol{e}_{\boldsymbol{k}\gamma}\cdot\boldsymbol{e}_{\boldsymbol{k}\gamma'})=\delta_{\gamma\gamma'}$ である．$\boldsymbol{k}$ と $-\boldsymbol{k}$ に対しては，$\boldsymbol{e}_{\boldsymbol{k}1}=\boldsymbol{e}_{-\boldsymbol{k}1}$，$\boldsymbol{e}_{\boldsymbol{k}2}=\boldsymbol{e}_{-\boldsymbol{k}2}$ と選んでおくことにすれば，$(\boldsymbol{e}_{\boldsymbol{k}\gamma}\cdot\boldsymbol{e}_{-\boldsymbol{k}\gamma'})=\delta_{\gamma\gamma'}$ となる．これらと，(8.86) とを用いると，

$$\int_V \boldsymbol{E}^2 d\boldsymbol{r} = \sum_{\boldsymbol{k},\gamma} \frac{1}{2} {\omega_k}^2 [\,|q_{\boldsymbol{k}\gamma}|^2 + |q_{\boldsymbol{k}\gamma}|\,|q_{-\boldsymbol{k}\gamma}| \times \cos(2\omega_k t - \alpha_{\boldsymbol{k}\gamma} - \alpha_{-\boldsymbol{k}\gamma} - \pi)]$$

$$\int_V \boldsymbol{B}^2 d\boldsymbol{r} = \sum_{\boldsymbol{k},\gamma} \frac{1}{2} k^2 [\,|q_{\boldsymbol{k}\gamma}|^2 - |q_{\boldsymbol{k}\gamma}|\,|q_{-\boldsymbol{k}\gamma}| \times \cos(2\omega_k t - \alpha_{\boldsymbol{k}\gamma} - \alpha_{-\boldsymbol{k}\gamma} - \pi)]$$

がえられる．2番目の式の右辺の [⋯] 内の第2項の負号は

$$\boldsymbol{n}_{-\boldsymbol{k}} = -\boldsymbol{n}_{\boldsymbol{k}} \qquad \therefore \quad (\boldsymbol{n}_{-\boldsymbol{k}} \times \boldsymbol{e}_{-\boldsymbol{k}\gamma}) = -(\boldsymbol{n}_{\boldsymbol{k}} \times \boldsymbol{e}_{\boldsymbol{k}\gamma})$$

からきたものである．したがって，$ck=\omega_k$（$c=\lambda_\nu$ と同じ）により，結局電磁場のエネルギーは

$$\int_V \frac{\varepsilon_0}{2}(\boldsymbol{E}^2 + c^2\boldsymbol{B}^2) d\boldsymbol{r} = \sum_{\boldsymbol{k},\gamma} \frac{1}{2} \varepsilon_0 |q_{\boldsymbol{k}\gamma}|^2 {\omega_k}^2 \qquad (8.88)$$

という簡単な式に帰着することがわかる．

質量が m で角振動数が ω の調和振動子は，運動方程式

$$m\frac{d^2x}{dt^2} = -m\omega^2 x$$

より，

$$x = |q|\cos(\omega t - \alpha)$$

したがって

$$\dot{x} = -\omega\,|q|\sin(\omega t - \alpha)$$

を得るから，そのエネルギーは

$$\frac{1}{2}m\dot{x}^2 + \frac{1}{2}m\omega^2 x^2 = \frac{1}{2}m\,|q|^2\,\omega^2$$

と表わされる．これと（8.88）とをくらべてみると，電磁場は，$(\boldsymbol{k}, \gamma)$ で区別される無限個の振動子の集まりと同等であることがわかる．各振動子は，「質量」ε_0 をもち，角振動数 $\omega_{\boldsymbol{k}}$ で振動する．各振動子に，振幅 $|q_{\boldsymbol{k}\gamma}|$ と初期位相 $\alpha_{\boldsymbol{k}\gamma}$ を与えて振動をさせたとすれば，そのエネルギーは（8.88）で計算されることになる．

（8.84a）で $\boldsymbol{r}=\boldsymbol{0}$ とおくと，原点の位置におけるベクトルポテンシャル

$$\sqrt{V}\boldsymbol{A}(\boldsymbol{0}, t) = \sum_{\boldsymbol{k},\,\gamma} |q_{\boldsymbol{k}\gamma}|\,\boldsymbol{e}_{\boldsymbol{k}\gamma}\cos(\omega_{\boldsymbol{k}}t - \alpha_{\boldsymbol{k}\gamma})$$

はまさに振動子の和の形をしており，これを時間で微分した

$$-\sqrt{V}\boldsymbol{E}(\boldsymbol{0}, t) = -\sum_{\boldsymbol{k},\,\gamma} \omega_{\boldsymbol{k}}\,|q_{\boldsymbol{k}\gamma}|\,\boldsymbol{e}_{\boldsymbol{k}\gamma}\sin(\omega_{\boldsymbol{k}}t - \alpha_{\boldsymbol{k}\gamma})$$

はその「速度」に対応している．そこで

$$Q_{\boldsymbol{k}\gamma} = |q_{\boldsymbol{k}\gamma}|\cos(\omega_{\boldsymbol{k}} t - \alpha_{\boldsymbol{k}\gamma})$$

が振動子の変位 x に対応する量であると考えられる．これを使うと，

$$\sqrt{V}\boldsymbol{A}(\boldsymbol{0}, t) = \sum_{\boldsymbol{k},\gamma} \boldsymbol{e}_{\boldsymbol{k}\gamma} Q_{\boldsymbol{k}\gamma}, \quad -\sqrt{V}\boldsymbol{E}(0, t) = \sum_{\boldsymbol{k},\gamma} \boldsymbol{e}_{\boldsymbol{k}\gamma} \dot{Q}_{\boldsymbol{k}\gamma}$$

となる．さらに（8.88）は

$$\text{電磁場のエネルギー} = \sum_{\boldsymbol{k},\gamma} \left(\frac{\varepsilon_0}{2} \dot{Q}_{\boldsymbol{k}\gamma}{}^2 + \frac{\varepsilon_0}{2} \omega_{\boldsymbol{k}}{}^2 Q_{\boldsymbol{k}\gamma} \right) \tag{8.89}$$

となる．こうして，真空中の電磁場は無限個の 1 次元調和振動子の集まりと等価である，というジーンズ（Jeans）**の定理**が示された．

電磁場を記述する振動子の変位 $\{Q_{\boldsymbol{k}\gamma}\}$ は，この「力学系」の一般化座標とみなすことができる．ただし，その数（系の自由度）は無限大である．一般化運動量としては，

$$\varepsilon_0 \dot{Q}_{\boldsymbol{k}\gamma} = P_{\boldsymbol{k}\gamma}$$

を採用すればよい．そうすると，（8.89）式は，電磁場のハミルトニアン

$$H = \sum_{\boldsymbol{k},\gamma} \left(\frac{1}{2\varepsilon_0} P_{\boldsymbol{k}\gamma}{}^2 + \frac{\varepsilon_0}{2} \omega_{\boldsymbol{k}}{}^2 Q_{\boldsymbol{k}\gamma}{}^2 \right)$$

という形に表わされる．

以上は全く古典物理学的な議論であるが，とにかくこれで，「波」→「振動子」という表現の変換が行なわれたことになる．振動子というときに，質量が ε_0 の質点（粒子）が振動しているものを想像するなら，これで「波」

→「粒子」と見なおしたことになる.

古典統計力学によると，振動子の集まりが温度 T の熱平衡状態にあるときには，各振動子のもつエネルギー（大きくゆらぐ）の平均値は $k_B T$ である．温度 T で熱平衡の電磁場というのは，温度 T の壁でかこまれた空間内の電磁場（太陽光などがさしこんだり，なかであかりをつけたりしてはいけない）である．そのなかの様子が知りたければ，壁に小孔をあけてそっとのぞけばよい．図 8.7 の各黒丸ごとに（$\boldsymbol{e}_{\boldsymbol{k}1}$ と $\boldsymbol{e}_{\boldsymbol{k}2}$ に対応する）2 種類の波が可能だから，波数が k と $k+dk$ のあいだにあるような電磁波の種類は

$$2 \times \frac{4\pi k^2 dk}{8\pi^3/V} = \frac{V}{\pi^2} k^2 dk$$

であり，そのそれぞれが振動子と同等で，平均エネルギー $k_B T$ をもつのだから，波数が k と $k+dk$ のあいだの電磁波のエネルギー密度は

$$\frac{k_B T}{\pi^2} k^2 dk$$

ということになる．$ck = 2\pi\nu$ によって，振動数 ν になおすと

$$k^2 dk = \frac{8\pi^3}{c^3} \nu^2 d\nu \tag{8.90}$$

であるから，振動数が ν と $\nu + d\nu$ のあいだの電磁波（放射）のエネルギー密度は

$$\frac{8\pi k_B T}{c^3}\nu^2 d\nu \tag{8.91}$$

である，という**レイリー-ジーンズ**（Rayleigh-Jeans）**の放射式**がえられる．

無限個の振動子がすべてエネルギー k_BT をもつということは，$T=0$ でない限り，真空中には無限のエネルギーが存在する，ということを意味し，明らかにおかしい．事実（8.90）を ν で積分（0〜∞）したものは発散する．量子論の導入をうながすもとになった古典物理学の矛盾は，ここに露呈したのであった．

われわれの方式で量子論に移るには，$\{P_{k\gamma}, Q_{k\gamma}\}$ で記述される各振動子にシュレーディンガーの波動方程式を適用して，再びこれを「波」に戻せばよい．ただしこれは，$Q_{k\gamma}$ を座標軸とする抽象的な1次元空間の「物質波」であって，もとの電磁波ではないことに注意しなければならない．そうすると，古典力学的扱いで角振動数が ω_k であるような振動子のエネルギーは，$\hbar\omega_k$ の整数倍に限られる*ということが導かれる．そこでこの整数（0, 1, 2, …）を**光子**（photon）の数とみなし，$\hbar\omega_k$ をその光子1個がもつエネルギーとみなすと，再び電磁場は「つぶつぶ」になって，光子の集まりということになる．

光子の集まりとみてもみなくても，とにかく1個の振

* 初等的な量子力学では，n_k を0または正の整数として，エネルギー固有値が $(n_k+1/2)\hbar\omega_k$ と出てくる．いまは物理的に意味のない付加定数 $\hbar\omega_k/2$ を省略する．

動子がとりうるエネルギーの値が $\varepsilon_1, \varepsilon_2, \cdots$ のように「とびとび」の場合には，まわりとエネルギーをやりとりしてゆらいでいる振動子の平均エネルギーは，

$$\langle\varepsilon\rangle = \frac{\sum_n \varepsilon_n \exp(-\varepsilon_n/k_B T)}{\sum_n \exp(-\varepsilon_n/k_B T)}$$

で与えられる，というのが統計力学の教えるところである．$\varepsilon_n = n\hbar\omega$ としてこれを計算すると

$$\langle\varepsilon\rangle = \frac{\hbar\omega}{\exp(\hbar\omega/k_B T)-1} = \frac{h\nu}{\exp(h\nu/k_B T)-1}$$

が得られる．$h\nu \to 0$ とした極限で

$$\langle\varepsilon\rangle \to k_B T$$

という古典論の値に一致する．つまり，エネルギー値のとびとびの間隔がせまくて，連続とみてよい極限が古典論の場合である．(8.90) と上の $\langle\varepsilon\rangle$ とを組み合わせれば，(8.91) に代る式として

$$\frac{8\pi}{c^3}\frac{h\nu^3}{\exp(h\nu/k_B T)-1}d\nu \tag{8.92}$$

が得られる．これが**プランク** (Planck) **の放射式**で，実験結果と完全に一致する．積分したものは

$$\begin{aligned}&(\text{単位体積中の放射の全エネルギー})\\ &= \frac{8\pi}{c^3}\int_0^\infty \frac{h\nu^3}{\exp(h\nu/k_B T)-1}d\nu\\ &= \frac{8\pi^5}{15}\frac{{k_B}^4}{(hc)^3}T^4 \qquad (8.93)\end{aligned}$$

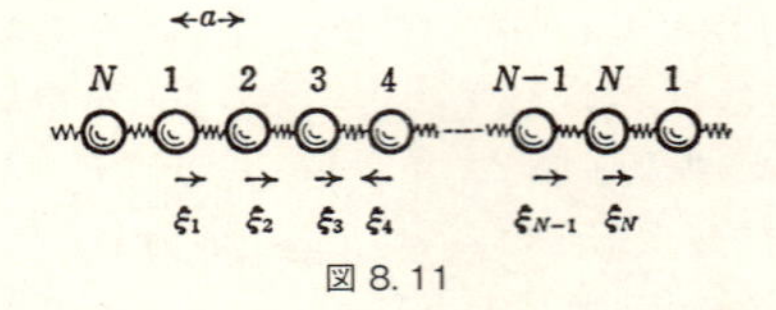

図 8.11

となるが*，これはシュテファン-ボルツマン（Stefan-Boltzmann）の法則と呼ばれる．

§ 8.8 ワニエ変換

フーリエ変換では $\boldsymbol{r}$ の連続関数 $f(\boldsymbol{r})$ が $\boldsymbol{k}$ 空間の連続関数 $F(\boldsymbol{k})$ に変換される．$\boldsymbol{r}$ の変域が有限ならば，$f(\boldsymbol{r})$ はフーリエ級数で表わされ，$\boldsymbol{k}$ のとりうる値はとびとび（離散的）になる．固体の結晶のように，原子が空間格子をつくってとびとびの位置に規則的に並んでいる場合（図 5.16 参照）には，$\boldsymbol{k}$ も $\boldsymbol{r}$ もとびとびで，有限の範囲になる．簡単な例でそれを示すことにしよう．

図 8.11 のように，質量 M の等しい球 N 個が，間隔 a でバネによってつながれている系を考える．いま，これらの球が，鎖の方向に少しずつ変位する場合を考える．平衡点からの各球の変位を $\xi_1, \xi_2, \cdots, \xi_N$ とする．簡単のために周期的境界条件を設けることにすると，両端が環状につなげられているのと同じことになり $N+1$ 番目の球と 1 番目とは同じものをさすことになる（$\xi_{N+1}=\xi_1$）．

---

* $\displaystyle\int_0^\infty \frac{\xi^3}{e^\xi-1}d\xi=\frac{\pi^4}{15}$ を使う．

この系の運動エネルギーは

$$T = \frac{M}{2}\sum_{j=1}^{N}\dot{\xi}_j{}^2 \tag{8.94}$$

であり，バネ（全部等しいとする）の伸縮による位置エネルギーの変化は

$$U = \frac{1}{2}K\sum_{j=1}^{N}(\xi_{j+1}-\xi_j)^2 = K\sum_{j=1}^{N}(\xi_j{}^2-\xi_j\xi_{j+1}) \tag{8.95}$$

と表わされる．したがって，

$$T+U = \sum_{j=1}^{N}\left(\frac{M}{2}\dot{\xi}_j{}^2+K\xi_j{}^2-K\xi_j\xi_{j+1}\right) \tag{8.96}$$

最後の項がなければ，これは単に振動子のエネルギーの和にすぎないが，この項があるために，これは連成振動になっている．

そこで，$\xi_1, \xi_2, \cdots, \xi_N$ から別の変数 $Q_1, Q_2, \cdots, Q_N$ への変換を

$$Q_k = \frac{1}{\sqrt{N}}\sum_{j=1}^{N}e^{ikX_j}\xi_j, \quad X_j = ja \quad (j\text{ 番目の球の位置}) \tag{8.97a}$$

によって定義する．ただし k は

$$k = \frac{2\pi}{Na}n$$

$$\left(n = -\frac{N}{2}, -\frac{N}{2}+1, \cdots, \frac{N}{2}-2, \frac{N}{2}-1\right)$$

という N 個の値をとるものとする．

このような，とびとびの X_j と k

$$X_j = ja,\ \ k = \frac{2\pi}{Na}n \tag{8.98}$$

$$(j = 1, 2, 3, \cdots, N) \quad \left(n = -\frac{N}{2}, -\frac{N}{2}+1, \cdots, \frac{N}{2}\right)$$

に対して

$$\frac{1}{N}\sum_j e^{\pm ikX_j} = \delta_{k0},\ \ \frac{1}{N}\sum_k e^{\pm ik(X_j - X_l)} = \delta_{jl} \tag{8.99}$$

を証明することは容易である．これを使うと，(8.97a) の逆変換が

$$\xi_j = \frac{1}{\sqrt{N}}\sum_k e^{-ikX_j}Q_k \tag{8.97b}$$

となることも簡単にわかる．ξ_j は実数であるから，$Q_k = Q_{-k}$ でなくてはならない．

いま，

$$\xi_j = \frac{1}{\sqrt{N}}\sum_k e^{-ikX_j}Q_k,\ \ \xi_{j+m} = \frac{1}{\sqrt{N}}\sum_{k'} e^{-ik'(X_j+ma)}Q_{k'}$$

の積をつくって j について和をとると

$$\begin{aligned}\sum_j \xi_j\xi_{j+m} &= \frac{1}{N}\sum_k\sum_{k'}\sum_j e^{-i(k+k')X_j - ik'ma}Q_kQ_{k'}\\ &= \sum_k\sum_{k'}\delta_{k+k',0}e^{-ik'ma}Q_kQ_{k'}\\ &= \sum_k e^{ikma}Q_kQ_{-k}\end{aligned}$$

$Q_k = Q_{-k}$ を用いると，

$$\sum_j \xi_j\xi_{j+m} = \sum_k e^{ikma}{Q_k}^2$$

ということになる．ξ_j が t の関数であるから Q_k もそうであり，(8.97 a, b) は，$\xi_j \to \dot{\xi}_j, Q_k \to \dot{Q}_k$ としても成り立つから

$$\sum_j \dot{\xi}_j \dot{\xi}_{j+m} = \sum_k e^{ikma} \dot{Q}_k{}^2$$

である．周期性から考えて $\sum_j \xi_j \xi_{j+m} = \sum_j \xi_{j-m} \xi_j$ であるから

$$\begin{aligned}\sum_j \xi_j \xi_{j+m} &= \sum_j \xi_{j-m} \xi_j \\ &= \frac{1}{2}\left[\sum_j \xi_j \xi_{j+m} + \sum_j \xi_{j-m} \xi_j\right] \\ &= \sum_k Q_k{}^2 \cos kma\end{aligned}$$

も容易にわかる．

これらを入れると，(8.96) は

$$T+U = \sum_k \left[\frac{M}{2}\dot{Q}_k{}^2 + K(1-\cos ka) Q_k{}^2\right]$$

となるから

$$\omega_k = \sqrt{\frac{2K}{M}(1-\cos ka)} = \sqrt{\frac{4K}{M}} \sin\frac{|k|\,a}{2} \qquad (8.100)$$

とおくと

$$T+U = \sum_k \frac{M}{2}(\dot{Q}_k{}^2 + \omega_k{}^2 Q_k{}^2)$$

となって，系は N 個の独立な 1 次元調和振動子の集まりと同等になる．

電磁場のときと同様に，ここで $P_k = M\dot{Q}_k$ としてハミ

ルトニアン

$$H=\sum_k\left(\frac{1}{2M}{P_k}^2+\frac{1}{2}M{\omega_k}^2{Q_k}^2\right)$$

をつくり，$P_k\to i\hbar\partial/\partial Q_k$ とすれば，シュレーディンガーの波動力学に変換され，エネルギー固有値は

$$E=\sum_k\left(n_k+\frac{1}{2}\right)\hbar\omega_k$$

となる．n_k を**フォノン**（phonon，**音子**と訳すこともある）の数とみなせば，この連成振動系はフォノンの集まりと等価になる．

金属内の伝導電子を §8.5 では自由電子としてしまったが，もう少し近似を改良すると，伝導電子はイオン（Na なら $Na\to Na^++e^-$ となっているから，Na^+ のこと）が並んでつくる周期的な電場 $V(\boldsymbol{r})$ の中を動いていることになる．まず，簡単のために１次元のときを考えると，$V(x)$ が周期 a の関数だとして，伝導電子のふるまいをきめるシュレーディンガー方程式

$$\left[-\frac{\hbar^2}{2m}\frac{d^2}{dx^2}+V(x)\right]\psi(x)=\varepsilon\psi(x)\quad(V(x+a)=V(x))$$

を考える．固有値 ε は重なり（縮退）がないとしよう．いま x を a だけずらせたとする（$x\to x+a$）．このとき $V(x+a)=V(x)$ であるが，d^2/dx^2 も変化しないから，ハミルトニアン（上式の [⋯] 内）は不変である．したがって

$$\left[-\frac{\hbar^2}{2m}\frac{d^2}{dx^2}+V(x)\right]\psi(x+a)=\varepsilon\psi(x+a)$$

となるから，$\psi(x)$ が固有関数なら $\psi(x+a)$ も同じ固有値 ε に属する固有関数である．ε は縮退していないとしたから，$\psi(x+a)$ と $\psi(x)$ は線形独立ではありえない．つまり，一方が他方の定数倍である．

$$\psi(x+a)=C\psi(x)$$

この操作を N 回くり返すと C が N 回かかることになるが，一方，周期性により

$$\psi(x+Na)=\psi(x)=C^N\psi(x)$$

となるから $C^N=1$ がわかる．したがって

$$C=e^{i2n\pi/N}$$

である．そうすると，$\psi(x+a)=e^{2n\pi i/N}\psi(x)$ になるような関数として，$\psi(x)$ は，(8.98) の k を用いて，つぎの形になっていなければならないことがわかる．

$$\psi_k(x)=e^{ikx}u(x) \tag{8.101}$$

ただし，$u(x)$ は周期 a をもった x の関数

$$u(x+a)=u(x) \tag{8.101a}$$

である．

いま (8.97a) に対応して

$$\phi_j(x)=\frac{1}{\sqrt{N}}\sum_k e^{-ikX_j}\psi_k(x) \tag{8.102a}$$

という関数を考えよう．(8.101) を入れれば

$$\phi_j(x)=\frac{1}{\sqrt{N}}\sum_k e^{ik(x-X_j)}u(x)$$

となるが，$|2\pi(x-X_j)/Na| \ll 1$ のときには

$$\sum_k e^{ik(x-X_j)} = e^{-i\pi(x-X_j)/a} \frac{1-e^{i2\pi(x-X_j)/a}}{1-e^{i2\pi(x-X_j)/Na}}$$
$$= \frac{\sin[\pi(x-X_j)/a]}{\pi(x-X_j)/Na}$$

となるから図 5.4（117 ページ）を参照すればわかるように，$\phi_j(x)$ は $x=X_j$ のところに局在した関数であることがわかる．(8.99）と $u(x)$ の周期性を使えば，

$$\int_0^{Na} \phi_j{}^*(x)\phi_l(x)dx = \delta_{jl} \quad \text{（正規直交性）} \qquad (8.103\text{a})$$

も容易に証明できる．ただし

$$\int_0^{Na} |\psi_k(x)|^2 dx = 1$$

とした．(8.102a）の逆変換は

$$\psi_k(x) = \frac{1}{\sqrt{N}} \sum_j e^{ikX_j} \phi_j(x) \qquad (8.102\text{b})$$

で与えられる．これも正規直交系をつくる．

$$\int_0^{Na} \psi_k{}^*(x)\psi_{k'}(x)dx = \delta_{kk'} \qquad (8.103\text{b})$$

$\psi_k(x)$ は，周期的なポテンシャル $V(x)$ のなかを運動する電子を記述するのに使われる波動関数で，**ブロッホ（Bloch）関数**と呼ばれる．(8.101）式の形では，自由電子の場合の関数 e^{ikx} が $u(x)$ によって「変調」されたようになっている．$V(x)$ の効果が $u(x)$ に現われるわけである．古典的比喩を用いると，等速度運動（e^{ikx}）が変化し

て，粒子は速くなったり遅くなったりしながら（平均としては等速度的に）進む，と言ったらよいであろう．

（8.102b）は，この運動を，ひとつの原子のところの運動 $\phi_j(x)$ から，別の原子のまわりの運動 $\phi_{j+1}(x)$ へと，つぎつぎに原子をわたり歩くという形に表わしたものと言える．$\{\phi_j(x)\}$ のことを**ワニエ**（Wannier）**関数**という．

$\phi_j(x)$ と $\psi_k(x)$，ξ_j と Q_k の関係

$$\psi_k(x) = \frac{1}{\sqrt{N}} \sum_j e^{ikX_j} \phi_j(x),$$

$$\phi_j(x) = \frac{1}{\sqrt{N}} \sum_k e^{-ikX_j} \psi_k(x)$$

$$Q_k = \frac{1}{\sqrt{N}} \sum_j e^{ikX_j} \xi_j, \quad \xi_j = \frac{1}{\sqrt{N}} \sum_k e^{-ikX_j} Q_k$$

は，とびとびの $\{X_j\}$ と $\{k\}$ で特徴づけられる関数あるいは変位の間の変換であって，$f(\boldsymbol{r}) \leftrightarrow F(\boldsymbol{k})$ のフーリエ変換に対応するものである．上のような変換のことを**ワニエ変換**という．

3 次元に拡張するときには，結晶としては図 5.16（144 ページ）に示されているように，3 辺が $N_1\boldsymbol{a}_1, N_2\boldsymbol{a}_2, N_3\boldsymbol{a}_3$ になるような平行六面体のものを考える．これに対応する $\boldsymbol{k}$ の値としては，（5.44）式（145 ページ）で定義された逆格子ベクトル $\boldsymbol{b}_1, \boldsymbol{b}_2, \boldsymbol{b}_3$ を用いて

$$\boldsymbol{k} = \frac{n_1}{N_1}\boldsymbol{b}_1 + \frac{n_2}{N_2}\boldsymbol{b}_2 + \frac{n_3}{N_3}\boldsymbol{b}_3 \tag{8.104}$$

$$
\text{ただし}\begin{cases} n_1 = -\dfrac{N_1}{2},\ -\dfrac{N_1}{2}+1,\ \cdots,\ \dfrac{N_1}{2}-1 & (N_1\ \text{個}) \\ n_2 = -\dfrac{N_2}{2},\ -\dfrac{N_2}{2}+1,\ \cdots,\ \dfrac{N_2}{2}-1 & (N_2\ \text{個}) \\ n_3 = -\dfrac{N_3}{2},\ -\dfrac{N_3}{2}+1,\ \cdots,\ \dfrac{N_3}{2}-1 & (N_3\ \text{個}) \end{cases}
$$

で定義される $N=N_1N_2N_3$ 個の値をとる．X_j に相当するのは

$$
\boldsymbol{R}_{jlm} = j\boldsymbol{a}_1 + l\boldsymbol{a}_2 + m\boldsymbol{a}_3 \tag{8.105}
$$

$$
\text{ただし}\begin{cases} j = 1, 2, \cdots, N_1 \\ l = 1, 2, \cdots, N_2 \\ m = 1, 2, \cdots, N_3 \end{cases}
$$

という N 個のベクトルである．(5.44) を用いれば，(8.99) を一般化した

$$
\frac{1}{N}\sum_{\nu} e^{i(\boldsymbol{k}-\boldsymbol{k}')\cdot\boldsymbol{R}_\nu} = \delta_{\boldsymbol{k}\boldsymbol{k}'},\quad \frac{1}{N}\sum_{\boldsymbol{k}} e^{i\boldsymbol{k}\cdot(\boldsymbol{R}_\mu-\boldsymbol{R}_\nu)} = \delta_{\mu\nu} \tag{8.106}
$$

を証明することは容易である．

そうすると，3次元の場合のブロッホ関数 $\psi_{\boldsymbol{k}}(\boldsymbol{r})$ とワニエ関数 $\phi_\nu(\boldsymbol{r})$ は

$$
\psi_{\boldsymbol{k}}(\boldsymbol{r}) = \frac{1}{\sqrt{N}}\sum_{\nu} e^{i\boldsymbol{k}\cdot\boldsymbol{R}_\nu}\phi_\nu(\boldsymbol{r}),
$$

$$
\phi_\nu(\boldsymbol{r}) = \frac{1}{\sqrt{N}}\sum_{\boldsymbol{k}} e^{-i\boldsymbol{k}\cdot\boldsymbol{R}_\nu}\psi_{\boldsymbol{k}}(\boldsymbol{r}) \tag{8.107}
$$

で結ばれる．このワニエ変換 $\{\psi_{\boldsymbol{k}}(\boldsymbol{r})\} \leftrightarrow \{\phi_\nu(\boldsymbol{r})\}$ は2つ

の正規直交系間のユニタリー変換になっている．伝導電子のふるまいを記述するのには $\{\psi_{\boldsymbol{k}}(\boldsymbol{r})\}$ が便利なことが多いが（エネルギー帯理論），金属内に含まれる不純物に引きつけられてそのまわりを局所的にうろつく伝導電子などを表わすには，ワニエ関数が便利なこともある．3次元のフォノンも同様であるが，原子の変位はベクトルなので，式が面倒になるから，省略する．

光などをあてて，結晶内の ν 番目の原子を励起したとする．ν 番目の原子だけが励起されているような結晶を表わす状態関数（多原子系全体の波動関数）を Φ_ν とすると，そのように特定の原子に励起が局在している状態は一般には不安定であって，「励起」は原子から原子へとわたり歩く．そういう状態は

$$\Psi_{\boldsymbol{k}} = \frac{1}{\sqrt{N}} \sum_{\nu} e^{i\boldsymbol{k}\cdot\boldsymbol{R}_\nu} \Phi_\nu$$

で表わされる．このように動きまわる励起を，**励起子**（exciton）という．フォノンは，原子の振動という一種の「励起」が結晶中を波としてわたり歩くものである，とも言える．0Kの強磁性体内では，磁性原子のもつ磁気モーメントは全部同じ方向にそろっていると考えられる．どれか1個の磁気モーメントを少し傾けたとすると，そのエネルギーは高くなるから，これも一種の励起である．それが結晶中を伝わるのを，**マグノン**（magnon）と呼ぶ．これらはいずれも，真空中の1点で電気火花が飛んだりして電磁場が励起されると，それが空間を伝わって電磁波と

なるが，それを量子論で扱うとフォトン（光子，photon）ができたことになるので，それに準じてつけた名称である．

問題の解答

第1章

問題1 $S(x)$

$$= \frac{8}{\pi^2}\left(\cos\frac{\pi x}{l} + \frac{1}{3^2}\cos\frac{3\pi x}{l} + \frac{1}{5^2}\cos\frac{5\pi x}{l} + \cdots\right)$$

問題2 $S(x) = \dfrac{1}{\pi} + \dfrac{1}{2}\sin x - \dfrac{2}{\pi}\left(\dfrac{\cos 2x}{1\cdot 3} + \dfrac{\cos 4x}{3\cdot 5} + \cdots\right)$

問題3 $S(x) = \dfrac{\pi^2}{3} + 4\sum\limits_{n=1}^{\infty}(-1)^n\dfrac{1}{n^2}\cos nx$

問題4 $x=\pi$ のときの両辺を比較すればよい.

問題5 $S_\varepsilon(x) = \dfrac{1}{2l} + \dfrac{2}{\varepsilon\pi}\sum\limits_{n=1}^{\infty}\dfrac{1}{n}\sin\dfrac{n\varepsilon\pi}{2l}\cos\dfrac{n\pi x}{l}$

$$S_0(x) = \frac{1}{2l} + \frac{1}{l}\sum_{n=1}^{\infty}\cos\frac{n\pi x}{l}$$

$\left(\lim\limits_{\delta\to 0}\dfrac{\sin\delta}{\delta} = 1\right.$ を用いる$\left.\right)$

問題6 $\dfrac{8\pi^4}{15} - 48\sum\limits_{n=1}^{\infty}\dfrac{(-1)^n}{n^4}\cos nx$

問題7 略.

第2章

問題1 (2.7) 式を k で n 回微分すれば

$$\frac{d^nF(k)}{dk^n} = \frac{1}{\sqrt{2\pi}}\int_{-\infty}^{\infty} f(x)(-ix)^n e^{-ikx}dx$$

より

$$(i)^n \frac{d^n F(k)}{dk^n} = \frac{1}{\sqrt{2\pi}} \int_{-\infty}^{\infty} x^n f(x) e^{-ikx} dx$$

を得るが，これは $x^n f(x)$ のフーリエ変換が左辺に等しいことを示す．(2.6) 式を x で n 回微分すれば，同様にして，$f^{(n)}(x)$ のフーリエ変換が $(ik)^n F(k)$ である，という式になる．

問題 2 $F(k) = \dfrac{1}{\sqrt{2\pi}} \left[\dfrac{\sin \dfrac{(k+k_0)L}{2}}{k+k_0} + \dfrac{\sin \dfrac{(k-k_0)L}{2}}{k-k_0} \right]$

問題 3 $F_L(k) = \sqrt{\dfrac{2}{\pi}} \dfrac{\sin \dfrac{kL}{2}}{kL}$，$F_0 = \dfrac{1}{\sqrt{2\pi}}$

問題 4 $\dfrac{1}{\sqrt{2\alpha}} e^{-k^2/4\alpha}$

問題 5 $\delta(\xi - x) = \delta(x - \xi)$ を用いれば，たたみこみの定義からすぐわかる．

問題 6 $\dfrac{1}{\sqrt{2\pi}}$

問題 7 $\sqrt{2\pi} A \delta(k)$

問題 8 $\sqrt{2\pi} \delta(k - k_0)$

問題 9 $\sqrt{\dfrac{\pi}{2}} [\delta(k + k_0) + \delta(k - k_0)]$，

$$\sqrt{\frac{\pi}{2}} [i\delta(k + k_0) - i\delta(k - k_0)]$$

問題 10 周期関数はフーリエ級数で表わされ，その各項に前問が適用できるから．

第3章

問題1　$\sum_{n=0}^{\infty} \frac{8\varepsilon}{\pi^2} \frac{(-1)^n}{(2n+1)^2} \sin(2n+1)k_1 x \cos(2n+1)\omega_1 t$

問題2　$x = 1\ \mathrm{m}$: $10 + 16.7\cos\left(\frac{2\pi}{T}t - 0.06\pi\right)$

$x = 5\ \mathrm{m}$: $10 + 8.04\cos\left(\frac{2\pi}{T}t - 0.29\pi\right)$

$x = 10\ \mathrm{m}$: $10 + 3.2\cos\left(\frac{2\pi}{T}t - 0.58\pi\right)$

$x = 17\ \mathrm{m}$: $10 + 0.9\cos\left(\frac{2\pi}{T}t - 0.99\pi\right)$

地下 17 m では，夏冬がほとんど逆転している．

問題3　$T = 1$ 日 $= 60 \times 60 \times 24$ 秒より，

$$\omega = 7.27 \times 10^{-5}\ \mathrm{s}^{-1},\quad \alpha_1 = 3.48\ \mathrm{m}$$

がえられる．これを用いると，$e^{-\alpha_1 x}$ は，$x = 50\ \mathrm{cm}$ で 0.18，$x = 1\ \mathrm{m}$ で 0.031 となる．

問題4　各腕のインピーダンスを，$Z_L = r + i\omega L$，$Z_R = R$，$Z_1 = R_1$，$Z_2 = R_2 - i/C\omega$ とし，Z_L および Z_R を流れる電流を I_1，Z_1 と Z_2 を流れる電流を I_2 とすると，受話器の両端の電位差が 0 という条件は，$Z_L I_1 = Z_1 I_2$ と表わせる．これから

$$\frac{r + iL\omega}{R_1} = \frac{R}{R_2 - i/C\omega}$$

$$\therefore \quad \left(rR_2 + \frac{L}{C} - R_1 R\right) + i\left(L\omega R_2 - \frac{r}{C\omega}\right) = 0$$

実部 = 虚部 = 0 から L, r を求めれば，

$$Z_L = \frac{\omega R_1 RC}{1 + \omega^2 {R_2}^2 C^2}(C\omega R_2 + i)$$

第4章

問題1 P′ 点に，P にある発生源と同じ強さの吸収源を考えればよい．(4.5) 式の [⋯] 内の第2項の符号を + から − に変えたものがこのときの $u(\boldsymbol{r}, t)$ を与える．

問題2 $u(\boldsymbol{r}, t)=\dfrac{1}{4\pi v^2 r}f\left(t-\dfrac{r}{v}\right)$

問題3 $\dfrac{A}{4\pi v^2 r}\cos(\omega_0 t-\kappa_0 r)$

で表わされる球面波，原点から外向きに発散して行く波で，波長は

$$\lambda=\frac{2\pi}{\kappa_0}=\frac{2\pi v}{\omega_0}$$

で速さは v.

複号の下側をとると，原点へ向かって収束する球面波になる．

問題4 原点から外向きに発散（複号の上側），または原点へ向かって収束（複号の下側）する球面「衝撃波」．v は速さ．

問題5 $\displaystyle\sum_{n=-\infty}^{\infty}\delta(t-nT)=\frac{1}{T}+\frac{2}{T}\sum_{n=1}^{\infty}\cos\frac{2n\pi}{T}t$

であるから，そのフーリエ変換は

$$\frac{\sqrt{2\pi}}{T}\delta(\omega)+\sqrt{\frac{\pi}{2}}\frac{2}{T}\sum_{n=1}^{\infty}[\delta(\omega+n\omega_0)+\delta(\omega-n\omega_0)]$$

となる．これは等間隔 $\omega_0=2\pi/T$ で並ぶ線スペクトル列である．これと $F(\omega)$ とのたたみこみの $\dfrac{1}{\sqrt{2\pi}}$ 倍は，

$$\frac{1}{T}F(\omega)+\frac{1}{T}\sum_{n=1}^{\infty}[F(\omega+n\omega_0)+F(\omega-n\omega_0)]$$

となって，$F(\omega)$ と同じ形が間隔 ω_0 で並んだものになる．分離可能なためには $\omega_0>2\omega_M$，すなわち $T<\pi/\omega_M$ であることが

必要.

第5章

問題1

$$F(k_x, k_y) = \frac{1}{\sqrt{2\pi}} \int_{-\infty}^{\infty} \int_{-\infty}^{\infty} f(x, y) e^{-i(k_x x + k_y y)} dxdy$$

と（5.19）とをくらべれば,

$$u(\xi, \eta) = \sqrt{2\pi} CF\left(\frac{k}{f_1}\xi, \frac{k}{f_1}\eta\right)$$

逆は

$$F(k_x, k_y) = \frac{1}{\sqrt{2\pi} C} u\left(\frac{f_1}{k}k_x, \ \frac{f_1}{k}k_y\right)$$

問題2　物体上の1点から出た光は，焦平面を一様な密度で通る（ただし，レンズが有限の大きさをもつため，通る領域は限られる）．焦平面で一点に集まるような光は，物体のあるところでは平行光線で，一様な強さをもつ.

問題3　ホログラムにあてる光を $\propto e^{i\boldsymbol{k}_1 \cdot \boldsymbol{r}}$（$|\boldsymbol{k}_1| = k$）とすると，透過関数 $f(x', y')$ に $e^{i\boldsymbol{k}_1 \cdot \boldsymbol{r}}$ がかけられることになる．したがって，$u_3(\boldsymbol{r})$ の扱いでは $\boldsymbol{k}_0$ のかわりに $\boldsymbol{k}_0 - \boldsymbol{k}_1$ が現われるだけで，本質的には同じことになる．同様に $u_4(\boldsymbol{r})$ では $\boldsymbol{k}_0 \to \boldsymbol{k}_0 + \boldsymbol{k}_1$ となる.

問題4　$f(x)$ が奇関数ならば

$$\begin{aligned} F(k) &= \frac{1}{\sqrt{2\pi}} \int_{-\infty}^{\infty} f(x) e^{-ikx} dx \\ &= \frac{1}{\sqrt{2\pi}} \int_{-\infty}^{\infty} f(x)(\cos kx - i \sin kx) dx \\ &= \frac{-i}{\sqrt{2\pi}} \int_{-\infty}^{\infty} f(x) \sin kx \, dx \end{aligned}$$

$$= \frac{-2i}{\sqrt{2\pi}} \int_0^{\infty} f(x) \sin kx\, dx$$

となり，$F(k)$ も k の奇関数である．したがって

$$f(x) = \frac{1}{\sqrt{2\pi}} \int_{-\infty}^{\infty} F(k) e^{ikx} dk$$
$$= \frac{1}{\sqrt{2\pi}} \int_{-\infty}^{\infty} F(k)(\cos kx + i \sin kx) dk$$
$$= \frac{i}{\sqrt{2\pi}} \int_{-\infty}^{\infty} F(k) \sin kx\, dk$$
$$= \frac{2i}{\sqrt{2\pi}} \int_0^{\infty} F(k) \sin kx\, dk$$

がえられる．そこで

$$F(k) = \int_0^{\infty} \tilde{f}(x) \sin kx\, dx$$

ならば

$$\tilde{f}(x) = \left(\frac{-2i}{\sqrt{2\pi}}\right) \frac{2i}{\sqrt{2\pi}} \int_0^{\infty} F(k) \sin kx\, dk$$
$$= \frac{2}{\pi} \int_0^{\infty} F(k) \sin kx\, dk$$

で与えられることがわかる．この関係をあてはめればよい．

第 7 章

問題 1　$C(\tau) = \int_0^{\infty} I_F(\omega) \cos \omega\tau\, d\omega$

$$\propto \int_0^{\infty} \cos \omega\tau d\omega$$
$$= \frac{1}{2} \int_{-\infty}^{\infty} e^{i\omega\tau} d\omega = \pi\delta(\tau)$$

問題２　$\rho^{(2)} \propto \dfrac{1}{R^2}\dfrac{e^{-K_1 r}}{r}$　（K_1 のことを相関距離という.）

第８章

問題１　$F(-i\hbar\nabla, \boldsymbol{r})\chi_j \boldsymbol{r} = f_j \chi_j(\boldsymbol{r})$,　$\int \chi_i{}^*(\boldsymbol{r})\chi_j(\boldsymbol{r})d\boldsymbol{r}$ $= \delta_{ij}$ を用いれば，(8.9) を代入して

$$\begin{aligned}\langle F\rangle &= \int \psi^*(\boldsymbol{r}, t)F(-i\hbar\nabla, \boldsymbol{r})\psi(\boldsymbol{r}, t)d\boldsymbol{r} \\ &= \sum_i \sum_j c_i{}^*(t)c_j(t)\int \chi_i{}^*(\boldsymbol{r})F(-i\hbar\nabla, \boldsymbol{r})\chi_j(\boldsymbol{r})d\boldsymbol{r} \\ &= \sum_i \sum_j c_i{}^*(t)c_j(t)f_j\delta_{ij} = \sum_j |c_j(t)|^2 f_j\end{aligned}$$

問題２　$\psi(\boldsymbol{r}, t)$ のフーリエ変換が $\zeta(\boldsymbol{k}, t)$ ならば（(8.15) 式），$x^n\psi$ のフーリエ変換は，第２章の問題１で調べたようにして

$$\left(i\frac{\partial}{\partial k_x}\right)^n \zeta(\boldsymbol{k}, t)$$

であり

$$p_x{}^n\psi(\boldsymbol{r}, t) = \left(-i\hbar\frac{\partial}{\partial x}\right)^n \psi(\boldsymbol{r}, t)$$

のフーリエ変換は

$$(-i\hbar)^n(i)^n k_x{}^n\zeta(\boldsymbol{k}, t) = \hbar^n k_x{}^n\zeta(\boldsymbol{k}, t)$$

であることがわかる．したがって，x, y, z, p_x, p_y, p_z の多項式ないしは無限級数で表わされる $F(\boldsymbol{p}, \boldsymbol{r})$ については，

通常の $(\boldsymbol{r}, t)$ 表示の波動関数を用いるときには

$$F(-i\hbar\nabla, \boldsymbol{r})$$

$(\boldsymbol{k}, t)$ を用いる運動量表示の波動関数を使うときは

$$F(\hbar\boldsymbol{k}, i\nabla_{\boldsymbol{k}})$$

とすればよい．

ただし,

$$x \text{ と } -i\hbar\frac{\partial}{\partial x},\ \ y \text{ と } -i\hbar\frac{\partial}{\partial y},\ \ z \text{ と } -i\hbar\frac{\partial}{\partial z}$$

$$\hbar k_x \text{ と } i\frac{\partial}{\partial k_x},\ \ \hbar k_y \text{ と } i\frac{\partial}{\partial k_y},\ \ \hbar k_z \text{ と } i\frac{\partial}{\partial k_z}$$

は互いに交換可能でないから($AB \neq BA$),一つの項の中にこれらが同時に現われるときには,順序のとり方に制限がある.それについてはここでは立ち入らない.

問題3 $\zeta(p) = \left(\dfrac{1}{\pi\alpha\hbar^2}\right)^{1/4} \exp\left(-\dfrac{p^2}{2\alpha\hbar^2}\right)$

であるから

$$|\varphi(x)|^2 = \left(\frac{\alpha}{\pi}\right)^{1/2} \exp(-\alpha x^2) \quad \therefore \langle x\rangle = 0$$

$$|\zeta(p)|^2 = \left(\frac{1}{\pi\alpha\hbar^2}\right)^{1/2} \exp\left(-\frac{p^2}{\alpha\hbar^2}\right) \quad \therefore \langle p\rangle = 0$$

となり,公式

$$\int_{-\infty}^{\infty} x^2 e^{-ax^2} dx = \sqrt{\frac{\pi}{4a^3}}$$

を用いれば

$$(\Delta x)^2 = \frac{1}{2\alpha},\ \ (\Delta p)^2 = \frac{\alpha\hbar^2}{2}$$

がえられる.したがって

$$\Delta x \cdot \Delta p = \frac{\hbar}{2}$$

となって,ちょうど不確定性原理の示す最小値になっている.

問題4 $\displaystyle\int V(r)e^{i\boldsymbol{k}\cdot\boldsymbol{r}}d\boldsymbol{r}$

$$= 2\pi \int_0^{\infty} r^2 V(r) \left[\int_0^{\pi} e^{ikr\cos\theta} \sin\theta d\theta\right] dr$$

$$
\begin{aligned}
&= 2\pi \int_0^\infty r^2 V(r) \left[\frac{-e^{ikr\cos\theta}}{ikr} \right]_0^\pi dr \\
&= \frac{2\pi C}{ik} \int_0^\infty (e^{ikr-\beta r} - e^{-ikr-\beta r}) dr \\
&= \frac{4\pi C}{\beta^2 + k^2}
\end{aligned}
$$

を用いると

$$
\int V(r') e^{i(\boldsymbol{k}-\boldsymbol{k}')\cdot \boldsymbol{r}'} d\boldsymbol{r}' = \frac{4\pi C}{\beta^2 + |\boldsymbol{k}-\boldsymbol{k}'|^2}
$$

であるが，$|\boldsymbol{k}| = |\boldsymbol{k}'| = k$ であって $\boldsymbol{k}$ と $\boldsymbol{k}'$ の間の角が θ なのであるから

$$
|\boldsymbol{k}-\boldsymbol{k}'| = 2k \sin\frac{\theta}{2}
$$

と表わせる．ゆえに

$$
\left| \int V(r') e^{i(\boldsymbol{k}-\boldsymbol{k}')\cdot \boldsymbol{r}'} d\boldsymbol{r}' \right|^2 = \frac{\pi^2 C^2}{\left(k \sin\dfrac{\theta}{2} \right)^4}
$$

文庫版解説

千葉　逸人

1. フーリエ級数

今日フーリエ解析と呼ばれる数学の一分野の創始者であるJoseph Fourierは1768年にフランスで生まれ，激動のフランス革命の時代を生きた数学者・物理学者・政治家である．エコール・ノルマル（École Normale Supérieure）に入学してラグランジュなどに師事したフーリエは1795年にエコール・ポリテクニク（École Polytechnique）に職を得る．1798年，フーリエはナポレオンのエジプト遠征に帯同する．遠征にあたり，ナポレオンはエジプトの歴史や地理を研究するための200名弱の学者や芸術家を帯同させたのだ（この遠征においてロゼッタストーンが発見されたことは有名である）．エジプトにおいてフーリエは教育機関の設立などに尽力したほか，(帰国後のことであるが）エジプトの調査結果をまとめた『エジプト誌』の監修を務める．この本の評価は極めて高く古代エジプト史の基本的文献とみなされており，フーリエは考古学にも名前を残すこととなる．

エジプト滞在中の業績が評価され，帰国後の1802年，ナポレオンによってフーリエは県知事に任命される．彼自身はアカデミックの世界から離れることに不満はあったようだが，政治家として手腕を奮いながらも数学の研究を続けた．1804 年ごろから物体中の熱の伝わり方の研究を始めたフーリエは，1807 年に "Mémoire sur la propagation de la chaleur dans les corps solides"（固体中の熱伝導について）と題する論文をアカデミーに提出する．その中でフーリエは熱の伝わり方の法則（本文第 3 章のフーリエの法則）を提唱し，熱伝導方程式を導出した．また，この方程式を解くために（証明なしに）「"どんな" 周期関数も三角関数の無限和に展開できる」ことを主張するフーリエ級数展開を発見した．

論文の審査委員はラグランジュ，ラプラス，モンジュといったそうそうたる顔ぶれである．今では記念碑的だとみなされているこの論文であるが，最初の審査では却下されてしまった．理由の 1 つは，フーリエ級数の数学的正当性がなかった（以下の式（1）右辺の無限級数が確かに $f(x)$ に収束することの証明がなかった）ことにある．関数列の収束についての数学的な基盤が不十分だった当時は，不連続関数でさえも滑らかな関数の和で表すことができるとするフーリエの主張は受け入れがたかったことだろう．そうした批判に常に晒されながらも，実際に熱方程式を解くことができるという有用性が評価され，数年後にはこの業績に対して賞が贈られることとなった．

こうして熱伝導方程式を解くために生まれたフーリエ

解析が，今日では物理や工学への無数の応用があり，現代科学を支えるもっとも重要な理論の1つと言っても過言ではないことは，本書の目次を見れば一目瞭然である．本書はフーリエ解析の教科書というよりも，フーリエ解析が威力を発揮するさまざまな物理現象を紹介した，いわばアドバンストな「振動・波動論」である．周期関数に関する理論であるフーリエ解析が，振動・波動をベースとする物理現象と極めて相性がよいのは言うまでもない．本書を通して，読者はフーリエ解析の使い方と（物理系の学科であれば）当然知っておいてほしい物理を効果的に学ぶことができるだろう．残念なのは，フーリエ解析は今日のデジタル社会の基盤であるにもかかわらずこの分野への応用（例えば画像や音楽の圧縮技術など）が載っていないことである．これは初版が1981年であるから仕方がない．今ではwebを使って良い解説記事がすぐに見つかるから，工学的な応用に興味がある読者は是非調べてみてほしい．

本書は数学の教科書ではないから，必要な数学の理論については最小限のことが書かれているのみで，あまり厳密性にはこだわっていない．ここではそれを補うために，フーリエ解析と超関数論について数学的なことを，できるだけ形式ばらずに紹介することを試みたい．省略されている証明や具体例・応用例については文末の参考文献［1］，［2］を参照してほしい．

今，周期 $2L$ の周期関数 $f(x)$ が与えられたとしよう．“どんな”周期関数 $f(x)$ も

$$\frac{1}{2}(f(x+0)+f(x-0))$$
$$= \frac{a_0}{2} + \sum_{n=1}^{\infty}\left(a_n \cos\frac{n\pi}{L}x + b_n \sin\frac{n\pi}{L}x\right) \tag{1}$$

と三角関数の和に展開できる，というのがフーリエの主張である．ここで係数は

$$\begin{cases} a_n = \dfrac{1}{L}\displaystyle\int_{-L}^{L} f(x)\cos\frac{n\pi}{L}x\,dx \\ b_n = \dfrac{1}{L}\displaystyle\int_{-L}^{L} f(x)\sin\frac{n\pi}{L}x\,dx \end{cases}$$

で与えられる．また $f(x\pm 0)$ は $\lim_{h\to\pm 0} f(x+h)$ を意味する（右からの極限と左からの極限）．点 x において f が連続であれば $\frac{1}{2}(f(x+0)+f(x-0))=f(x)$ である．もちろん“どんな”関数でも，というのは言い過ぎで，どのような関数ならば右辺の級数が左辺に収束するのかを調べる必要がある．さらに言えば，いったいいかなる意味で収束するのかまで知る必要がある．収束の定義にもいろいろあるからだ．これに関して次のことが知られている．なお，以下では周期 $2L$ の関数の定義域を1周期分に制限して区間 $[-L, L]$ で与えられた関数だとみなす．

定理 1.　区間 $[-L, L]$ で定義された区分的に滑らかな関数 $f(x)$ について，式（1）右辺の無限級数は左辺の $\frac{1}{2}(f(x+0)+f(x-0))$ に各点収束する．さらに不連続点以外では一様収束する．

言葉の説明をしよう．まず関数 f が**区分的に連続**であるとは，区間 $[-L, L]$ における不連続点がたかだか有限個で不連続点において右からと左からの極限が共に存在することをいう．さらに不連続点以外で導関数 f' が存在してこれも区分的連続のとき，f は**区分的に滑らか**であるという．点 x を固定するごとに右辺の無限級数が左辺，すなわち x における f の右からの極限と左からの極限の平均値に収束するわけであるが，その収束の速さは不連続点の近傍では極めて遅い．不連続点の近傍を除けば x に依らずにだいたい同じ速さで収束する，というのが一様収束の意味である．例えば関数

$$f(x) = \begin{cases} -1 & (-\pi < x < 0) \\ 1 & (0 < x < \pi) \end{cases}$$

のフーリエ級数展開は

$$\begin{aligned} &\frac{1}{2}(f(x+0)+f(x-0)) \\ &= \frac{4}{\pi}\left(\sin x + \frac{1}{3}\sin(3x) + \frac{1}{5}\sin(5x) + \cdots\right) \end{aligned} \tag{2}$$

で与えられる．次ページの図では，右辺の級数を最初の m 項までで打ち切ったものをプロットした．m を増やせば確かに元の関数 $f(x)$ に近づいていくのだが，不連続点 $x=0$ の近くにとげのようなものが残ってなかなか収束しそうにない様子が見てとれる．m を大きくするととげの幅は狭くなって $m \to \infty$ で確かに消滅するのであるが，実はとげの高さは小さくならない．このため，不連続点の

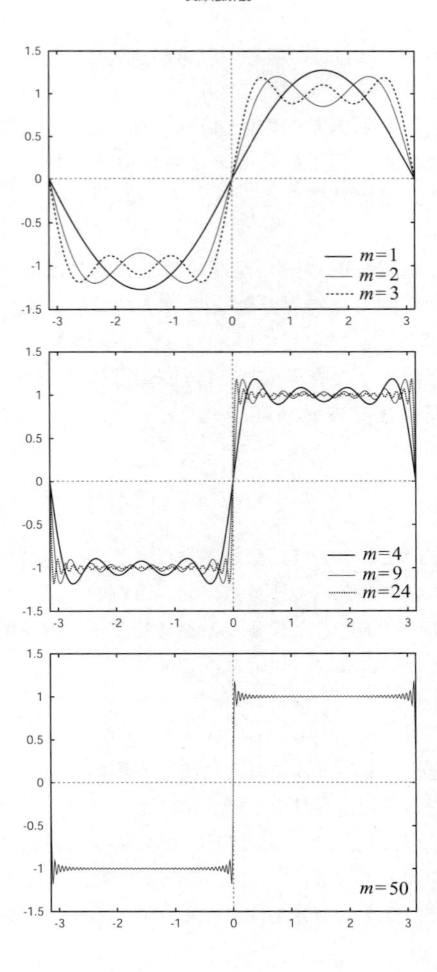

1.5
1
0.5
0
-0.5
-1
-1.5
-3
-2
-1
0
1
2
3
m=1
m=2
m=3
m=4
m=9
m=24
m=50

近傍においては右辺の級数の収束が連続点と比べて極めて遅い．このように不連続点の近くに“とげ”が残って収束が遅い現象を**ギブスの現象**という．なぜこのようなことが起こるかは，定理 1 の証明を丁寧に追えば分かるのであるが，ここでは割愛する．例えば文献［1］などを参照してほしい．

応用上は区分的に滑らかな関数を考えれば十分であろうが，数学的には**有界変動**な関数 f に対しても定理 1 が成り立つことが知られている．ここで区間 $[-L, L]$ で定義された関数 f が有界変動とは，ある正定数 M が存在して，区間の任意の分割 $-L = x_0 < x_1 < \cdots < x_n = L$ に対して

$$\sum_{j=1}^{n} |f(x_j) - f(x_{j-1})| < M$$

が成り立つことをいう．直観的には，f の不連続点におけるジャンプの大きさや連続点における振動（傾き）の大きさの総和が有限にとどまることを意味する．連続関数は有界変動とは限らない．例えば次の関数

$$f(x) = \begin{cases} x\sin(1/x) & (0 < x \leqq 1) \\ 0 & (x = 0) \end{cases}$$

は連続だが，原点近傍で無限に激しく振動しており有界変動ではない（適当なソフトウェアでグラフを図示してみるとよい）．しかしリプシッツ連続な関数や区分的に微分可能な関数は有界変動である．その他にも，定理 1 が成り立つための様々な十分条件が知られている．岩波数学辞典

[4] のフーリエ級数の項目を参照のこと．

量子力学をやるときには L^2 空間が舞台になるので，次の定理が重要になる．

定理 2. 区間 $[-L, L]$ で定義された L^2 関数 $f(x)$ について，式 (1) 右辺の無限級数は $f(x)$ に L^2 収束する．

ここで f が L^2 関数であるとは，$|f(x)|^2$ が可積分であることを意味する（$\int_{-L}^{L} |f(x)|^2 dx < \infty$）．積分はルベーグ積分で解釈しないといけないが，ここでは細かいことは気にしない．L^2 関数全体がなすベクトル空間を L^2 空間という．自然な内積

$$(f, g) := \int_{-L}^{L} f(x)\overline{g(x)}dx$$

が定義され，ヒルベルト空間の代表格である．L^2 収束の意味は，級数を有限で打ち切ったものとの 2 乗誤差

$$\int_{-L}^{L}\left|f(x)-\left(\frac{a_0}{2}+\sum_{n=1}^{M}\left(a_n\cos\frac{n\pi}{L}x+b_n\sin\frac{n\pi}{L}x\right)\right)\right|^2 dx$$

が $M \to \infty$ で 0 に収束するということである．f の不連続点についての言及がないのは，たかだか可算個の不連続点は積分値に影響しないからだ（不連続点で積分区間を分ければ連続関数の積分の和に帰着できる）．例えば f が波動関数の場合には各点の値そのものよりも適当な区間における積分値に興味がある場合が多いから L^2 収束を考えれば十分である．

応用上は，式（1）の右辺の級数がどれくらいの速さで左辺の f に収束するかも知りたい．無限級数を具体的に計算できることは滅多にないので，大抵は有限で打ち切って評価するからだ．これについて，

定理 3.　有界変動な関数 $f(x)$ について，フーリエ級数の係数は $|a_n|, |b_n| \sim O\left(\dfrac{1}{n}\right)$ を満たす．

つまり，右辺の級数の収束の速さのオーダーは $1/n$ である．式（2）の例では係数は $\dfrac{4}{\pi}\dfrac{1}{2n-1}$ であるから確かに定理を満たしている．しかし，これはかなり荒っぽい上からの評価だ．というのも，先に言及したように不連続点近傍では収束がかなり遅いためである．実際には，微分可能な点ではもっと収束は速い．今，f は 2 回微分可能であるとしよう．このとき f のフーリエ級数

$$f(x) = \frac{a_0}{2} + \sum_{n=1}^{\infty}\left(a_n \cos\frac{n\pi}{L}x + b_n \sin\frac{n\pi}{L}x\right)$$

の右辺は項別微分可能（[1] の定理 A. 13）であることが知られているから導関数の展開は

$$f'(x) = \sum_{n=1}^{\infty}\left(-a_n\frac{n\pi}{L}\cdot\sin\frac{n\pi}{L}x + b_n\frac{n\pi}{L}\cdot\cos\frac{n\pi}{L}x\right)$$

となる．仮定より f' は微分可能で定理 3 を満たすから，右辺の級数の係数のオーダーは $1/n$ である．したがって，f のフーリエ係数である a_n, b_n のオーダーは $1/n^2$ であることが分かる．同様の議論を繰り返せば，r 回連続的微分可能な関数のフーリエ級数の係数 a_n, b_n のオーダーは

$1/n^r$ となって滑らかであればあるほど収束が速いことが分かる.

定理 1 の証明を与えるにはこの記事の余白が足りないが, 証明において用いられる**リーマン・ルベーグの補題**（[1] の定理 5.8）は解析学においてしばしば用いられる重要な命題であるから紹介しておこう.

定理 4. 区間 $[b,a]$ で定義された関数 $f(x)$ が絶対可積分（$\int_b^a |f(x)|dx < \infty$）のとき,

$$\lim_{\omega\to\pm\infty}\int_b^a f(x)e^{-i\omega x}dx = 0 \tag{3}$$

が成り立つ. なお, $a=+\infty, b=-\infty$ でもかまわない.

2. フーリエ変換

次にフーリエ変換について簡単に述べよう.

定理 5. f を $\mathbf{R}$ 上で区分的滑らかかつ絶対可積分な関数とする. このとき, 関数

$$F(\omega) = \frac{1}{\sqrt{2\pi}}\int_{-\infty}^{\infty} f(x)e^{-i\omega x}dx \tag{4}$$

が存在し, これを f の**フーリエ変換**という. また逆変換の公式

$$\frac{1}{2}\left(f(x+0)+f(x-0)\right) = \frac{1}{\sqrt{2\pi}}\int_{-\infty}^{\infty} F(\omega)e^{i\omega x}d\omega \tag{5}$$

が成り立つ.

区分的滑らかの条件を弱めて有界変動や L^2 関数に置き換えても定理がそのまま成り立つことはフーリエ級数の場合と同様である．リーマン・ルベーグの補題より，$\omega\to\pm\infty$ で $F(\omega)\to 0$ であることが分かるが，どれくらいの速さで0に収束するかがしばしば問題になる．これもフーリエ級数の場合と同じで，f の regularity で決まる．これは余談であるが，数学者はよく「関数 f の regularity がよいとき……」と言う．regularity という言葉に数学的な定義はなく，今議論している問題に対して「必要なだけ f が良い性質を持っていれば……」という意味合いである．大抵は f が十分滑らかであることを意味する．さて，f が微分可能かつ導関数 f' がフーリエ変換可能だとしよう．式（5）を積分記号下で微分すると

$$f'(x)=\frac{1}{\sqrt{2\pi}}\int_{-\infty}^{\infty} i\omega F(\omega)e^{i\omega x}d\omega. \tag{6}$$

仮定よりこの積分が存在するのだから $\omega\to\pm\infty$ で $|\omega F(\omega)|\to 0$，すなわち $|F(\omega)|\sim O(1/\omega)$ である．同様の議論を繰り返せば，f が r 回微分可能であれば $|F(\omega)|\sim O(1/\omega^r)$ が分かる．特に regularity が究極に良い場合，f が解析関数の場合には $|F(\omega)|$ は指数関数の速さで減衰する．その証明には複素関数論が必要であるが，重要なアイデアであるから紹介しておこう．式（4）の積分において，f が実軸まわりの帯領域 $D=\{z\in\mathbf{C}\mid -a<\mathrm{Im}(z)<a\}$ で複素解析的であるとしよう．コーシーの積分定理により，式（4）の積分路を D 内に限り自由に変形できるか

ら，上半面に a くらい平行移動させると

$$\begin{aligned} F(\omega) &= \frac{1}{\sqrt{2\pi}} \int_{-\infty}^{\infty} f(x) e^{-i\omega x} dx \\ &= \frac{1}{\sqrt{2\pi}} \int_{ai-\infty}^{ai+\infty} f(x) e^{-i\omega x} dx \\ &= \frac{1}{\sqrt{2\pi}} \int_{-\infty}^{\infty} f(ai+x) e^{-i\omega(ai+x)} dx \\ &= \frac{e^{\omega a}}{\sqrt{2\pi}} \int_{-\infty}^{\infty} f(ai+x) e^{-i\omega x} dx \end{aligned}$$

なので，$F(\omega)$ は $\omega \to -\infty$ でだいたい $e^{\omega a}$ の速さで 0 に収束する．$\omega \to +\infty$ の場合は積分路を下半面に平行移動させれば同様．

フーリエ変換は L^2 空間上の線形変換とみなすとより味わい深い．本文第 2 章のパーセバルの等式

$$\int_{-\infty}^{\infty} |f(x)|^2 dx = \int_{-\infty}^{\infty} |F(\omega)|^2 d\omega \tag{7}$$

は，フーリエ変換が L^2 空間上のユニタリ変換であることを意味している．特に量子力学の文脈においてはフーリエ変換は位置と運動量の役割を入れ替える操作に相当し，ユニタリ変換であることは両者が等価な理論であることを意味する．あるいは式 (6) は $f'(x)$ のフーリエ変換が $i\omega F(\omega)$ であることを示している．したがってフーリエ変換は微分と掛算を入れ替える役割も果たす．

3. シュワルツ超関数

本文ではディラックのデルタ関数が頻繁に現れる．デルタ入力（撃力）に対してシステムの状態変数がどれくらい変化するかが，システムの特性を理解するための骨格になるからである．任意の入力（外力）$F(x)$ は

$$F(x) = \int_{-\infty}^{\infty} F(x')\delta(x'-x)dx'$$

と書ける．システムが線形であれば重ね合わせの原理が成り立つので，デルタ入力に対する応答だけ分かれば十分というわけだ．多くの物理や工学の本では，デルタ関数は

$$\delta(x) = \begin{cases} \infty & (x=0) \\ 0 & (x \neq 0) \end{cases} \tag{8}$$

かつ

$$\int_{-\infty}^{\infty} f(x)\delta(x-a)dx = f(a) \tag{9}$$

を満たすものとして与えられている．しかし，これは果たして“関数”の定義を満たしているのだろうか？ 値を入力すると唯一つの値を出力することが関数の定義であるが，∞ という値は存在しないし，何しろ式 (9) の積分も well-defined でない．一点でのみ 0 でない関数の積分は，普通は 0 だ．数学的にいえば，デルタ関数は普通の関数ではなく，シュワルツ超関数というクラスに属する．なお，本文第 1 章では超関数の英訳が hyperfunction となっているが，hyperfunction は佐藤超関数の訳語である．本文で扱われているシュワルツ超関数の英語は

distribution であるから注意されたい．シュワルツ超関数の数学的に厳密な取り扱いはかなり難しいが，ここではそれをややラフな形で解説しよう．より詳しい超関数論（しかし物理・工学向け）については［1］，［2］などを参照されたい．

今，$\mathcal{D}=C_0^\infty(\mathbf{R})$ を，$\mathbf{R}$ 上の無限回微分可能な関数で，かつその台（$f(x)\neq 0$ なる点 x の集合）が有界なものの全体がなす（無限次元の）ベクトル空間としよう．$C_0^\infty(\mathbf{R})$ の 2 つの元 f と g に対して，導関数まで込みでその値が近いときに f と g は近いと定義することによって $C_0^\infty(\mathbf{R})$ に位相（2 つの元の近さを表す概念）を入れる．すなわち十分小さい数 ε_i たちに対して

$$\sup_{x\in\mathbf{R}}|f^{(i)}(x)-g^{(i)}(x)|<\varepsilon_i \quad (i=0,1,\cdots)$$

が成り立つときに f と g は近いとするのである．特に任意の i に対して $\sup|f_n^{(i)}(x)|\to 0$ であれば関数列 $\{f_n\}_{n=1}^\infty$ は 0 に収束するものと定義する．この $C_0^\infty(\mathbf{R})$ のことを**テスト関数空間**といって $\mathcal{D}$ と表す．

$\mathcal{D}$ 上の連続線形汎関数を**シュワルツ超関数**という．ここで，$\mathcal{D}$ 上の汎関数 μ とは，$\mathcal{D}$ の元 φ を入力するとある複素数値 $\mu[\varphi]$ を返す装置のことである．μ が線形，および連続であるとはスカラー $a,b\in\mathbf{C}$ と $f,g\in\mathcal{D}$ に対して

$$\begin{cases} \mu[af+bg]=a\cdot\mu[f]+b\cdot\mu[g] \\ f_n\to 0\ (n\to\infty) \text{ ならば } \lim_{n\to\infty}\mu[f_n]=0 \end{cases} \tag{10}$$

を満たすことをいう．このような性質を満たす $\mu:\mathcal{D}\to\mathbf{C}$ をシュワルツ超関数と呼ぶのである．シュワルツ超関数の全体を $\mathcal{D}'$ と表して $\mathcal{D}$ の**双対空間**という．例えば，入力されたテスト関数 $\varphi(x)$ に対し $\varphi(0)$ を出力するもの $\mu[\varphi]=\varphi(0)$ や，適当な区間での $\varphi(x)$ の定積分を出力するもの $\mu[\varphi]=\int_a^b \varphi(x)dx$ はいずれも超関数である．前者のほうがディラックのデルタ関数であり，普通は $\mu=\delta$ と表す：$\delta[\varphi]=\varphi(0)$.

超関数 μ の導関数 μ' を

$$\mu'[\varphi] = -\mu[\varphi'] \tag{11}$$

を満たすものとして定義する．ここで $\varphi'=d\varphi/dx$ はテスト関数の普通の意味での導関数である．右辺の負号の意味はこの後すぐ明らかになる．デルタ関数の微分は

$$\delta'[\varphi] = -\delta[\varphi'] = -\varphi'(0)$$

で与えられる．これを繰り返すと n 回微分については

$$\delta^{(n)}[\varphi] = (-1)^n\varphi^{(n)}(0) \tag{12}$$

が分かる．読者は，この定義にしたがってヘビサイド関数の微分がデルタ関数になることを自ら確認されたい（本文 (1.28) のあたりを参照）.

次に，超関数の列の収束に関する定理を紹介する．

定理 6. 超関数列 $\{\mu_n\}_{n=1}^{\infty}$ について，任意のテスト関数 $\varphi(x)$ に対し $\mu_n[\varphi]$ が $n\to\infty$ である値に収束するならば，ある超関数 μ が存在して

$$\lim_{n\to\infty} \mu_n[\varphi] = \mu[\varphi] \tag{13}$$

が成り立つ．このとき μ_n は μ に収束するといい $\lim_{n\to\infty} \mu_n = \mu$ と表す．

物理・工学系の多くの教科書ではデルタ関数は式（8），（9）を満たすものとして定義されているが，本来デルタ関数は普通の関数ではないのだからこれは正確ではない．しかしこの記法にはそれなりに根拠がある．今，超関数 μ を普通の関数 $\mu(x)$ のように思い，

$$\mu[\varphi] = \int_{-\infty}^{\infty} \mu(x)\varphi(x)dx \tag{14}$$

と書いてみよう．右辺の積分は記号的なものであり，実際の積分を意味するものではない．実はこのように書くと，超関数の性質が積分の性質の一般化であることが分かる．例えば導関数 μ' に対してこの記法を用い，部分積分を適用してみると

$$\begin{aligned}
\mu'[\varphi] &= \int_{-\infty}^{\infty} \mu'(x)\varphi(x)dx \\
&= [\mu(x)\varphi(x)]_{-\infty}^{\infty} - \int_{-\infty}^{\infty} \mu(x)\varphi'(x)dx \\
&= -\int_{-\infty}^{\infty} \mu(x)\varphi'(x)dx = -\mu[\varphi']
\end{aligned}$$

を得る．ここでテスト関数の定義より $\lim_{x\to\pm\infty} \varphi(x) = 0$ を用いた．これは，式（11）による超関数の微分の定義が

部分積分の公式の一般化であることを意味する．ここには書ききれないが，その他の超関数の性質も積分の性質の一般化であることが示せる．

式（13）をこの記法で書き変えてみよう．μ_n と μ を普通の関数のように思って式（14）の記法を採用すると

$$\lim_{n\to\infty}\int_{-\infty}^{\infty}\mu_n(x)\varphi(x)dx=\int_{-\infty}^{\infty}\mu(x)\varphi(x)dx$$

であるが，定理 6 によると μ は μ_n の極限であったから

$$\lim_{n\to\infty}\int_{-\infty}^{\infty}\mu_n(x)\varphi(x)dx=\int_{-\infty}^{\infty}\lim_{n\to\infty}\mu_n(x)\varphi(x)dx$$

と書ける．これは，超関数の世界においては lim と $\int$ が自由に交換可能であることを意味する．同様に，lim と微分 d/dx の交換や項別積分，項別微分も可能となる（普通の関数に対しては可能でない．［1］の A. 3 節を参照）．

次に，普通の関数は超関数の特別な場合だとみなせることを説明しよう．今，f を可積分な関数，$\varphi\in\mathcal{D}$ を任意のテスト関数とする．テスト関数の定義より φ の台が有界なので積分値 $\int_{-\infty}^{\infty}f(x)\varphi(x)dx$ は確定するから，f のテスト関数への作用を

$$f[\varphi]=\int_{-\infty}^{\infty}f(x)\varphi(x)dx \tag{15}$$

と定めればこれは（10）の条件を満たす汎関数となる．このようにして可積分関数は超関数ともみなすことができる．（14）の右辺の積分は単なる記法で実際の積分を意味

するものではないが，上式の積分は本当の積分を表すことに注意しよう．特にこのようにして L^2 関数は超関数とみなすこともできる．この場合に定理 6 を再び述べると

定理 6′. L^2 関数の列 $\{f_n\}_{n=1}^{\infty}$ について，任意のテスト関数 $\varphi(x)$ に対し $f_n[\varphi]=\int_{-\infty}^{\infty} f_n(x)\varphi(x)dx$ が $n\to\infty$ である値に収束するならばある超関数 $\mu\in\mathcal{D}'$ が存在して

$$\mu[\varphi]=\lim_{n\to\infty}\int_{-\infty}^{\infty} f_n(x)\varphi(x)dx \tag{16}$$

が成り立つ．これを $\mu=\lim_{n\to\infty} f_n$ と表す．

一般には収束先の μ はもはや L^2 関数ではなく超関数であるが，場合によっては普通の関数に収束することもある．例えば列 $\{f_n\}_{n=1}^{\infty}$ の L^2 ノルムが有界であれば収束先の μ は L^2 関数になる（ヒルベルト空間の弱コンパクト性）．ちなみに定理 6′ は逆も成り立つことが知られている．すなわち，任意の超関数 $\mu\in\mathcal{D}'$ に対してある L^2 関数列 $\{f_n\}_{n=1}^{\infty}$ が存在して（16）が成り立つ．これは，任意の超関数は普通の関数で十分よく近似できることを意味する．

定理 6′ を具体例で確認してみよう．平均 0，分散 s の正規分布は

$$f_s(x)=\frac{1}{\sqrt{2\pi s}}\exp\left(-\frac{x^2}{2s}\right)$$

で定義される．$x\neq 0$ ならば $f_s(x)$ は $s\to 0$ で急速に 0 に

収束するが，$x=0$ のときは値が発散してしまう．したがって関数列 $\{f_s(x)\}$ は $s\to 0$ でいかなる関数にも収束しない．ところが，任意のテスト関数 $\varphi(x)$ に対して積分値 $\int_{-\infty}^{\infty} f_s(x)\varphi(x)dx$ は $s\to 0$ でも確定する．実際，$x=0$ の十分小さな近傍の外側では $f_s(x)$ は $s\to 0$ で急速に 0 に近づくため，積分値に寄与するのは $x=0$ の近傍だけである．テスト関数は滑らかであるから原点近傍で

$$\varphi(x)=\varphi(0)+\varphi'(0)x+O(x^2)$$

とテイラー展開できる．したがって高次の項を無視すれば

$$\lim_{s\to 0}\int_{-\infty}^{\infty} f_s(x)\varphi(x)dx$$
$$\sim \frac{1}{\sqrt{2\pi s}}\int_{-\infty}^{\infty}\exp\left(-\frac{x^2}{2s}\right)\varphi(0)dx=\varphi(0)$$

を得る．これは，関数列 $\{f_s(x)\}$ は超関数としては収束してその極限がデルタ関数に他ならないことを意味する：$\lim_{s\to 0} f_s=\delta$.

参考：テスト関数は定義から自明に 2 乗可積分なので，集合として $\mathcal{D}\subset L^2(\mathbf{R})$ が成り立つ．一方，すぐ上で説明したように L^2 関数は超関数ともみなせるから $L^2(\mathbf{R})\subset\mathcal{D}'$，よって 3 つの関数空間の入れ子

$$\mathcal{D}\subset L^2(\mathbf{R})\subset\mathcal{D}' \qquad (17)$$

が得られたことになる．さらに，$\mathcal{D}$ は $L^2(\mathbf{R})$ の稠密な部分空間である（任意の $L^2(\mathbf{R})$ の元に対してそれに収束する $\mathcal{D}$ 内の列が取れること）．また上で述べた定理 6′ の逆

より，$L^2(\mathbf{R})$ は $\mathcal{D}'$ の稠密な部分空間である．実は（17）はゲルファントの3つ組と呼ばれるものの特別な場合である．

X をあるクラスの関数全体がなすベクトル空間としよう．例えば C^r 級関数の全体とかある領域上の正則関数全体である．X に適当な位相（近さの概念）が定義されているとき，これを**線形位相空間**という．次に，X 上の連続線形汎関数の全体を X の**双対空間**といって X' と表す．つまり X の元 f を入力するとある複素数値 $\mu[f]$ を返す装置であって（10）を満たすもの全体である．今，あるヒルベルト空間 $\mathcal{H}$ で，$X \subset \mathcal{H}$ なるものがあるとする．X が $\mathcal{H}$ の稠密な部分空間ならば，双対空間のほうは $\mathcal{H}$ より大きくなって $\mathcal{H} \subset X'$ となることが示せる．よって $X \subset \mathcal{H} \subset X'$ という3つ組が得られ，これを**ゲルファントの3つ組**という．X が核型空間と呼ばれるクラス（位相に対するある条件）を満たすとき，X' の元を超関数と呼ぶ，というのがシュワルツ超関数をより一般化したゲルファントによる超関数の理論である（[3] 参照，なお，この段落は難しいからあまり気にしないでよい）．

4. 超関数のフーリエ解析

定理5に示したように，フーリエ変換可能な関数は $\mathbf{R}$ 上で可積分なものに限られているが，本文では定数関数や三角関数といった $\mathbf{R}$ 全体では可積分でないもののフーリエ変換がしばしば現れる．これを超関数論を用いて正当化しよう．以下では関数 f のフーリエ変換を $\hat{f}$ のようにハットを付けて表す．

前節ではテスト関数空間として $\mathcal{D}=C_0^\infty(\mathbf{R})$ を採用したが，超関数のフーリエ解析を展開するにはこれでは不適切である．というのも，一般に $\varphi\in\mathcal{D}$ のフーリエ変換 $\hat{\varphi}$ は $\mathcal{D}$ に属さないからである（具体例を挙げてみよう）．そこで，この節ではテスト関数として無限回微分可能かつ自身とその任意階数の導関数が遠方で $1/|x|$ のどんなべきよりも速く減少するようなものを選ぶ．つまり，ある定数 $M>0$ と任意の自然数 k に対し

$$|\varphi^{(n)}(x)| \leqq \frac{M}{|x|^k} \quad (n=0,1,2,\cdots) \tag{18}$$

なる評価を満たすものを考える．このような関数を**急減少関数**といい，その全体を $\mathcal{S}$ と表す．このとき，$\varphi\in\mathcal{S}$ ならば $\hat{\varphi}\in\mathcal{S}$ であることが知られており，フーリエ変換と相性がよい．そこで以下では $\mathcal{S}$ 上の連続線形汎関数を超関数と呼ぶことにし，その全体を $\mathcal{S}'$ とする（上の参考の言葉で言えば，$\mathcal{S}\subset L^2(\mathbf{R})\subset\mathcal{S}'$ なる3つ組に基づいた超関数論を考えることになる）．

超関数 $\mu\in\mathcal{S}'$ には $\mathcal{S}$ に属するテスト関数を代入できるが，$\varphi\in\mathcal{S}$ ならば $\hat{\varphi}\in\mathcal{S}$ ということだったので，$\mu[\hat{\varphi}]$ はきちんと定義可能である．そこで，超関数 $\mu\in\mathcal{S}'$ のフーリエ変換 $\hat{\mu}$ を

$$\hat{\mu}[\varphi]=\mu[\hat{\varphi}] \tag{19}$$

によって定義する．

この定義は普通の関数のフーリエ変換を拡張したものになっている．実際，可積分な普通の関数 f は式（15）によって超関数とみなせるのであった．このとき

$$\begin{aligned}\hat{f}[\varphi] &= \int_{-\infty}^{\infty} \hat{f}(\omega)\varphi(\omega)d\omega \\ &= \frac{1}{\sqrt{2\pi}}\int_{-\infty}^{\infty} \varphi(\omega)d\omega \int_{-\infty}^{\infty} f(x)e^{-i\omega x}dx \\ &= \frac{1}{\sqrt{2\pi}}\int_{-\infty}^{\infty} f(x)dx \int_{-\infty}^{\infty} \varphi(\omega)e^{-i\omega x}d\omega \\ &= \int_{-\infty}^{\infty} f(x)\hat{\varphi}(x)dx = f[\hat{\varphi}]\end{aligned}$$

であり，確かに式（19）が得られた．

デルタ関数のフーリエ変換を求めてみよう．定義より

$$\begin{aligned}\hat{\delta}[\varphi] = \delta[\hat{\varphi}] &= \hat{\varphi}(0) \\ &= \frac{1}{\sqrt{2\pi}}\int_{-\infty}^{\infty} \varphi(x)e^{-i\omega x}dx\bigg|_{\omega=0} \\ &= \frac{1}{\sqrt{2\pi}}\int_{-\infty}^{\infty} \varphi(x)dx\end{aligned}$$

一方，恒等的に1である定数関数を $\mathbf{1}$ と表すことにしてこれを（15）のルールで超関数だとみなすと

$$\mathbf{1}[\varphi] = \int_{-\infty}^{\infty} \mathbf{1}\cdot\varphi(x)dx = \int_{-\infty}^{\infty} \varphi(x)dx$$

以上の2式を比較すれば

$$\hat{\delta} = \frac{1}{\sqrt{2\pi}}, \tag{20}$$

すなわちデルタ関数のフーリエ変換は定数関数になることが分かった．他の様々な例については参考文献［1］を参照してほしい．

参考文献

［1］千葉逸人『これならわかる 工学部で学ぶ数学』（プレアデス出版，2009）．
［2］L. シュワルツ『物理数学の方法』（岩波書店，1966）．
［3］I. M. Gelfand, N. Ya. Vilenkin, Generalized functions. Vol. 4. Applications of harmonic analysis, Academic Press, New York-London, 1964.
［4］『岩波数学辞典』日本数学会編（岩波書店，2007）．

（ちば・はやと／九州大学マス・フォア・インダストリ研究所）

索　引

ア　行

カ　行

サ 行

タ 行

ナ　行

ハ　行

マ　行

ヤ　行

ラ　行

ワ　行

本書は一九八一年九月一日、東京大学出版会から刊行された。

物理現象のフーリエ解析　小出昭一郎

熱・光・音の伝播から量子論まで、振動・波動にもとづく物理現象とフーリエ変換の関わりを丁寧に解説。物理学の泰斗による名教科書。（千葉逸人）

ガロワ正伝　佐々木力

最大の謎、決闘の理由がついに明かされる！　難解なガロワの数学思想をひもといた後世の数学者たちにも迫った、文庫版オリジナル書き下ろし。

ブラックホール　佐藤文隆／R・ルフィーニ

相対性理論から浮かび上がる宇宙の「穴」。星と時空の謎に挑んだ物理学者たちの奮闘の歴史と今日的課題に迫る。写真・図版多数。

はじめてのオペレーションズ・リサーチ　齊藤芳正

問題を最も効率よく解決するための科学的意思決定の手法。当初は軍事作戦計画として創案されたが、現在では経営科学等多くの分野で用いられている。

システム分析入門　齊藤芳正

意思決定の場に直面した時、問題を解決し目標を達成する多くの手段から、最適な方法を選択するための論理的思考。その技法を丁寧に解説する。

数学をいかに使うか　志村五郎

「何でも厳密に」などとは考えてはいけない」――。世界的数学者が教える「使える」数学とは。文庫版オリジナル書き下ろし。

数学をいかに教えるか　志村五郎

日米両国で長年教えてきた著者が日本の教育を斬る！　掛け算の順序問題、悪い証明と間違えやすい公式のことから外国語の教え方まで。

記憶の切繪図　志村五郎

世界的数学者の自伝的回想。幼年時代、プリンストンでの研究生活と数多くの数学者との交流と評価。巻末に「志村予想」への言及を収録。（時枝正）

通信の数学的理論　C・E・シャノン／W・ウィーバー　植松友彦訳

IT社会の根幹をなす情報理論はここから始まった。発展いちじるしい最先端の分野に、今なお根源的な洞察をもたらす古典的論文が新訳で復刊。

情報理論　甘利俊一

「大数の法則」を押さえれば、情報理論はよくわかる！　シャノン流の情報理論から情報幾何学の基礎まで、本質を明快に解説した入門書。

理工学者が書いた数学の本
線形代数　甘利俊一　金谷健一

〝線形代数の基本概念や構造がなぜ重要か、どんな状況で必要になるか〟理工系学生の視点に沿った、数学の専門家では書き得なかった入門書。

神経回路網の数理　甘利俊一

複雑な神経細胞の集合・脳の機能に数理モデルで迫り、ニューロコンピュータの基礎理論を確立した記念碑的名著。ＡＩの核心技術、ここに始まる。

アインシュタイン論文選　アルベルト・アインシュタイン　ジョン・スタチェル編　青木薫訳

「奇跡の年」こと一九〇五年に発表された、ブラウン運動・相対性理論・光量子仮説についての記念碑的論文五篇を収録。編者による詳細な解説付き。

アインシュタイン回顧録　アルベルト・アインシュタイン　渡辺正訳

相対論など数々の独創的な理論を生み出した天才が、生い立ちと思考の源泉、研究態度を語った唯一の自伝。貴重写真多数収録。新訳オリジナル。

入門　多変量解析の実際　朝野熙彦

多変量解析の様々な分析法。それらをどう使いこなせばいい？　マーケティングの例を多く紹介し、ユーザー視点に貫かれた実務家必読の入門書。

公理と証明　彌永昌吉　赤攝也

数学の正しさ、「無矛盾性」はいかにして保証されるのか。あらゆる数学の基礎となる公理系のしくみと証明論の初歩を、具体例をもとに平易に解説。

地震予知と噴火予知　井田喜明

巨大地震のメカニズムはそれまでの想定とどう違っていたのか。地震理論のいまと予知の最前線を明快に整理し、その問題点を鋭く指摘した提言の書。

ゆかいな理科年表　スレンドラ・ヴァーマ　安原和見訳

えっ、そうだったの！　数学や科学技術の大発見大発明大流行の瞬間をリプレイ。ときにニヤリ、ときになるほどとうならせる、愉快な読みきりコラム。

ちくま学芸文庫

物理現象のフーリエ解析

二〇一八年二月 十 日 第一刷発行
二〇二四年三月二十日 第三刷発行

著 者 小出昭一郎（こいで・しょういちろう）
発行者 喜入冬子
発行所 株式会社 筑摩書房
東京都台東区蔵前二―五―三 〒一一一―八七五五
電話番号 〇三―五六八七―二六〇一（代表）
装幀者 安野光雅
印刷所 大日本法令印刷株式会社
製本所 加藤製本株式会社

ISBN978-4-480-09837-5 C0142